21 世纪高等学校计算机教育实用规划教材

大学计算机基础应用实践

岳溥庥　朱韶红　等编著

U0944260

清华大学出版社
北京

内容简介

本书既可作为实践教程单独使用，也可作为与《大学计算机基础》教材配套的实践教程，用于辅助教师实践教学并指导学生更好地做好大学计算机基础课程的实验，提高上机实验的效率。学生通过学习案例和完成实验，培养计算机基本应用能力。书中绝大部分实验样例都源自实际问题，并经过整理和组织，能更好地指导实际应用。

全书共分为7章，分别介绍计算机基础知识、Windows 7 操作系统、Office 2010 常用办公软件、计算机网络应用基础、信息安全、多媒体技术和 Dreamweaver CS5 网页制作。通过案例引导学生快速掌握各种软件的基本功能及操作技术。

本书封面贴有清华大学出版社防伪标签，无标签者不得销售。
版权所有，侵权必究。举报：010-62782989，beiqinquan@tup.tsinghua.edu.cn。

图书在版编目(CIP)数据

大学计算机基础应用实践/岳溥庥等编著. —北京：清华大学出版社，2012.9(2022.7重印)
(21世纪高等学校计算机教育实用规划教材)
ISBN 978-7-302-29738-3

Ⅰ. ①大… Ⅱ. ①岳… Ⅲ. ①电子计算机－高等学校－教材 Ⅳ. ①TP3

中国版本图书馆 CIP 数据核字(2012)第 183951 号

责任编辑：付弘宇 薛 阳
封面设计：常雪影
责任校对：焦丽丽
责任印制：朱雨萌

出版发行：清华大学出版社
网　　址：http://www.tup.com.cn，http://www.wqbook.com
地　　址：北京清华大学学研大厦A座　　**邮　　编**：100084
社 总 机：010-83470000　　**邮　　购**：010-62786544
投稿与读者服务：010-62776969，c-service@tup.tsinghua.edu.cn
质量反馈：010-62772015，zhiliang@tup.tsinghua.edu.cn
课件下载：http://www.tup.com.cn，010-83470236
印 装 者：三河市君旺印务有限公司
经　　销：全国新华书店
开　　本：185mm×260mm　　**印　　张**：14　　**字　　数**：343千字
版　　次：2012年9月第1版　　**印　　次**：2022年7月第10次印刷
印　　数：14701～15800
定　　价：22.00元

产品编号：048072-01

前　言

本书是根据教育部提出的《关于进一步加强高等学校计算机基础教学的意见暨计算机基础课程教学基本要求》中对计算机基础教学提出的新要求编写而成的。根据大学计算机基础课程涉及面广、知识更新快的特点，本书实验主要基于 Windows 7、Office 2010 和一些流行的常用软件设计而成，编写的宗旨是使读者能够快速掌握办公自动化应用技术，掌握在网络环境下操作计算机进行信息处理的基本技能。

全书共分为 7 章，主要内容包括计算机基础知识、Windows 7 操作系统、Office 2010 常用办公软件、计算机网络应用基础、信息安全、多媒体技术和 Dreamweaver CS5 网页制作。为了让读者能够更好地了解实验过程和对实验有所准备，每一章首先给出了实验环境，进而是多个精心设计的案例，每个案例有明确的实验目的和实验内容，有清晰简洁的实验步骤，通过案例可以引导学生快速掌握各种软件的基本功能及操作技术；同时还以实验任务和思考的形式为每个实验设计了创造性的实验和问题，为读者提供了在实践验证性实验后进一步创造、探索的空间。

本书案例丰富，涉及的应用层知识面宽，循序渐进，由浅入深，可以适应多层次教学，以适应不同基础学生的学习。在教学中，可以根据实际教学时数和学生的基础选择教学内容。对各部分内容的学习采用不同的教学方式，也可以根据学生的兴趣和专业特点安排教学内容。

本书以掌握计算机应用的基本技能为目的，内容丰富、新颖，面向应用，重视操作能力、综合应用和创造能力的培养，结构合理，内容详实。适用于非计算机专业计算机公共基础课程的实验教学，也可作为相关课程的培训教材和自学用书。

本书第 1 章由郭风、董萍萍编写，第 2 章由郭风编写，第 3 章 Word 部分由秦惠林编写，第 3 章 Excel 部分由刘俊娥编写，第 3 章 PowerPoint 和 PDF 部分由孙媛编写，第 3 章 Prezi 部分由岳溥庥编写，第 4 章由张博编写，第 5 章和第 6 章由岳溥庥编写，第 7 章由朱韶红编写。

由于时间仓促和作者水平有限，书中难免有疏漏和不妥之处，敬请读者提出宝贵意见。

编　者

2012 年 5 月

前 言

目 录

第1章 计算机基础知识

实验环境

1. 微机硬件系统
2. 中文 Windows 7 操作系统

实验1 微机组成

一、实验目的

1. 熟悉微机的硬件组成及连接方式
2. 掌握微机的启动方法

二、案例

1. 观察微机系统的硬件组成

(1) 观察外观,微机系统的硬件包括:主机和外设,其中外设有:显示器、键盘、鼠标、打印机等。

(2) 打开主机箱,观察主板。

(3) 观察 CPU 在主板上的位置、CPU 的形状和型号。

(4) 观察主板上的内存(Random Access Memory,RAM)区,识别有几片 RAM 芯片。

(5) 观察主板上的扩展槽及各种接口卡,主要包括 I/O 扩展槽,声卡、显卡、网卡等接口卡。

(6) 观察硬盘在主机箱中的位置、硬盘形状和型号,观察软盘驱动器在主机箱中的位置及其组成。

(7) 观察总线的连接方式。

提示:本实验需要打开主机箱,故应在机房管理人员或任课教师的指导下完成。

2. 微机系统的连接

(1) 将主机与显示器连接。

(2) 将主机与键盘、鼠标连接。

(3) 将主机与打印机连接。

(4) 电源线的连接。

提示:连接过程中注意一些相关接口(如 USB 接口),以便移动硬盘、无线设备等一些外设的正确连接。计算机配件的许多接口都有防插反的设计,一般不会插反,如果安装位置不到位或过分用力，会导致配件折断或变形。

3. 微机启动与退出

(1) 做好开机前的准备工作(如：连接好电源)。

(2) 冷启动：先打开外设(如：显示器、打印机等)，再按下主机箱上的 Power 按钮。

(3) 复位(Reset)启动：当微机在使用过程中死机，而键盘和鼠标都无法使用时，可按主机箱上的复位按钮复位启动。

(4) 重新加载操作系统(Roboot)启动。

(5) 退出操作系统并关机：由教师演示不同操作系统(如：Windows 7、Linux 等)下的退出过程。

(6) 强制关机：按下主机箱上的 Power 按钮。

提示：开机顺序：先外设，后主机；关机顺序：先主机，后外设。

三、实验任务

1. 组装微机主机。
2. 连接打印机。
3. 连接耳机和音箱。
4. 连接网线。

提示：微机常规的安装顺序为主板→CPU→散热器→内存→电源→显卡→声卡→网卡→硬盘→光驱→软驱→数据线→键盘→鼠标→显示器。

四、思考题

1. 微机组装前有哪些准备工作?
2. 热启动与冷启动有何区别?

实验 2　键盘的使用

一、实验目的

1. 熟悉键盘布局
2. 掌握不同字符的输入方法及组合键的使用

二、案例

1. 观察键盘布局，掌握不同区域分布的不同字符

键盘布局如图 1-1 所示。

(1) 主键盘区：位于键盘左侧的大部分区域中分布着字母键、数字键、符号键和一些组合控制键。

(2) 功能区：位于键盘区上面，分布着 F1～F12 键和 Esc 键。

(3) 数字小键盘区：位于键盘右侧，主要分布数字与控制功能组合的双符键。

(4) 控制区：主键盘区与小键盘区之间分布着起控制功能的按键。

2. 键盘输入练习

(1) 双符键的输入：双符键上面的字符称为上档键，下面的字符称为下档键。下档键直接输入即可，上档键输入时应先按下 Shift 键(换档键)不放，再输入上档键即可。

(2) 大小写字母的输入：在 CapsLock 指示灯不亮时输入的字母为小写字母；在 CapsLock 指示灯亮时，输入的字母为大写字母；或在 CapsLock 指示灯不亮时，按下 Shift 键输入的字母也为大写字母。

(3) 两个键组成的组合键：先按下第一个键不放，再按下第二个键，然后同时放手。如 Shift＋A、Ctrl＋S 等。

(4) 三个键组成的组合键：先按下前两个键不放，再按下第三个键，然后同时放手。如 Ctrl＋Alt＋Del。

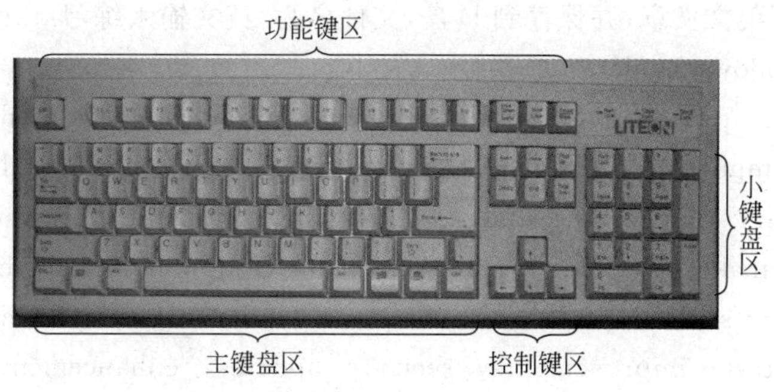

图 1-1 键盘布局

三、实验任务

1. 选择"开始"→"所有程序"→"附件"→"写字板"，打开"写字板"应用程序，在其中输入以下三行字符，主要练习上档键、大小写转换键和小键盘区数字键的使用。

jsjjc8088@sina.com

Microsoft Word

3.1415926

2. 选中第一行字符，用组合键 Ctrl＋C 复制第一行，用组合键 Ctrl＋V 粘贴使其成为第四行。用同样的方法将第二行和第三行字符分别复制成第五行和第六行。

3. 用组合键 Ctrl＋S 打开"另存为"对话框，将该文件保存到 D 盘，文件名为"键盘输入练习.txt"。

4. 用组合键 Ctrl＋Alt＋Del 启动"任务管理器"，结束"写字板"应用程序。

四、思考题

1. CapsLock 键有何作用？
2. 如何使用数字小键盘区进行数字和控制功能的转换？
3. 复制屏幕用哪个组合键？复制当前窗口用哪个组合键？

实验 3 字符输入训练

一、实验目的

1. 掌握正确的指法输入方式

2. 提高字符输入速度

二、案例

1. 英文字符输入训练

(1) 选择“开始”→“所有程序”→“附件”→“记事本”,打开“记事本”应用程序。

(2) 输入以下字母,并保存到 D 盘,文件名为“英文输入练习.txt”。

GFDSABVCXZNMHJKLTREWQUIOP

Yuioptrewqhjklgfdsabvcxznm

(3) 输入以下英文文章,并保存到 D 盘,文件名为“英文输入练习.txt”。

Why use Windows Update?

Windows Update is an alternative to picking and choosing the updates you need for your particular computer and software from the large library of all available. Because the service can identify the correct updates for your particular hardware and software, Windows Update makes it easier to make sure your computer has all the latest operating system improvements. You can use the Windows Update website to review, select, and install all the latest, improvements, security updates, enhancements, and hardware drivers for your computer, whenever you like.

In addition, we recommend that you use the Automatic Update feature, which will help make sure that the most critical updates are delivered to you and installed as they become available, helping to ensure that your computer stays up to date and secure.

2. 汉字输入训练

(1) 选择“开始”→“所有程序”→“附件”→“记事本”,打开“记事本”应用程序。

(2) 单击任务栏指示器中的输入法按钮,弹出图 1-2 所示的输入法选择对话框,选择一种自己熟悉的汉字输入法。

提示: 因不同的计算机所安装的输入法不同,图 1-2 表现得也会有所不同。在输入过程中经常会遇到输入法的切换或中英文的切换问题,使用组合键可以实现快速切换。其中,Ctrl+Shift 组合键可以实现各种输入法的切换;Ctrl+Space 组合键可以实现中英文切换。一般先用 Ctrl+Shift 组合键切换到自己熟悉的输入法,再通过 Ctrl+Space 组合键在选定的汉字输入法和英文输入法之间切换。

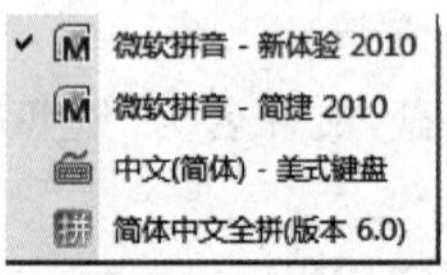

图 1-2 输入法选择对话框

(3) 输入以下短文,并保存到 D 盘,文件名为“汉字输入练习.txt”。

矢量字体(Vector font)中每一个字形是通过数学曲线来描述的,它包含了字形边界上的关键点,连线的导数信息等,字体的渲染引擎通过读取这些数学矢量,然后进行一定的数学运算来进行渲染。这类字体的优点是字体实际尺寸可以任意缩放而不变形、变色。目前主流的矢量字体格式有 3 种:Type1,TrueType 和 Open Type,这三种格式都是与平台无关的。

Type1 是 1985 年由 Adobe 公司提出的一套矢量字体标准,由于这个标准是基于 PDL 的,而 PDL 又是高端打印机首选的打印描述语言,所以 Type1 迅速流行起来。但是 Type1 是非开放字体,Adobe 对使用 Type1 的公司征收高额的使用费。TrueType 是 1991 年由

Apple 公司与 Microsoft 公司联合提出的另一套矢量字体标准。

OpenType 则是 Type1 与 TrueType 之争的最终产物，1995 年由 Adobe 公司和 Microsoft 公司联手开发的一种兼容 Type1 和 TrueType，并且真正支持 Unicode 的字体。OpenType 可以嵌入 Type1 和 TrueType，这样就兼有了二者的优点，无论是在屏幕上察看还是打印，质量都非常优秀。可以说 OpenType 是一个三赢的结局，无论是 Adobe，Microsoft 还是最终用户，都从 OpenType 中得到了好处。Windows 家族从 Windows 2000 开始，正式支持 OpenType。

提示：达到一定的输入速度是对每个大学生的必要要求，输入速度至少应在每分钟 30 字以上。

三、实验任务

1. 在写字板中输入一段英文，内容自定。
2. 在记事本中输入一段中文，内容自定。

提示：自己记录一下时间，计算一下输入速度。

四、思考题

1. 如何才是正确的指法输入方式？
2. 如何实现各种输入法的切换？
3. 如何实现中英文输入法的快速切换？
4. 有些输入法提供混拼编码、简拼编码，以提高输入速度，看看哪些输入法具有这样的功能，进而选择一种适合自己的输入法。

实验 4　特殊字符和生僻字的输入

一、实验目的

1. 了解特殊字符的输入方式
2. 了解生僻汉字的输入方式

二、案例

使用字符映射表可以查看所选字体中可用的字符，可以将单个字符或字符组复制到剪贴板中，然后将其粘贴到可以显示它们的任何程序中。

1. 使用字符映射表输入特殊字符

使用字符映射表在记事本中输入隶书中的如图 1-3 所示的大写和小写罗马数字。

(1) 选择“开始”→“所有程序”→“附件”→“记事本”，打开“记事本”应用程序。

(2) 选择“开始”→“所有程序”→“附件”→“系统工具”→“字符映射表”，打开“字符映射表”应用程序，如图 1-4 所示。

(3) 在“字体”下拉列表框中选择“隶书”选项；移动字符列表框右侧的滚动条，找到大写和小写罗马数字。

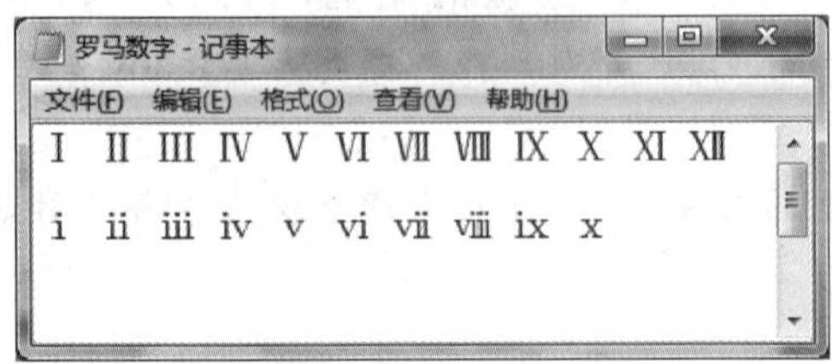
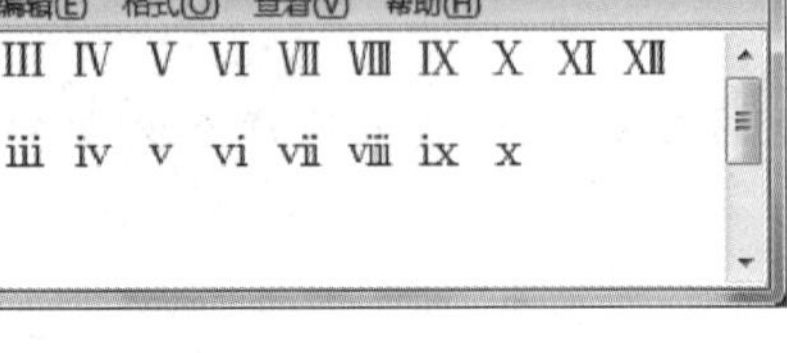

图 1-3 隶书体罗马数字

图 1-4 字符映射表

(4) 单击“Ⅰ”,然后单击“选择”按钮,“Ⅰ”便出现在“复制字符”文本框中;用相同的方法,将其后的各个大写罗马数字都选择到“复制字符”文本框中,如图 1-5 所示。

(5) 单击“复制”按钮,将“Ⅰ Ⅱ Ⅲ Ⅳ Ⅴ Ⅵ Ⅶ Ⅷ Ⅸ Ⅹ Ⅺ Ⅻ”复制;回到记事本窗口,并在文档中将要显示特殊字符的位置单击,然后选择“编辑”→“粘贴”命令,将“Ⅰ Ⅱ Ⅲ Ⅳ Ⅴ Ⅵ Ⅶ Ⅷ Ⅸ Ⅹ Ⅺ Ⅻ”复制到记事本中。

(6) 选择小写罗马数字,重复第(4)和第(5)步骤,可将小写罗马数字“ⅰ ⅱ ⅲ ⅳ ⅴ ⅵ ⅶ ⅷ ⅸ ⅹ”复制到记事本中,保存该文件为“罗马数字.txt”,如图 1-3 所示。

提示:可以使用字符映射表将特殊字符插入文档中,特殊字符是键盘上找不到的字符,这些字符包括高级数学运算符、科学记数法、商标符号、货币符号以及其他语言中的字符。

2. 使用字符映射表输入生僻汉字

使用字符映射表在记事本中输入宋体中的如图 1-6 所示的生僻汉字。

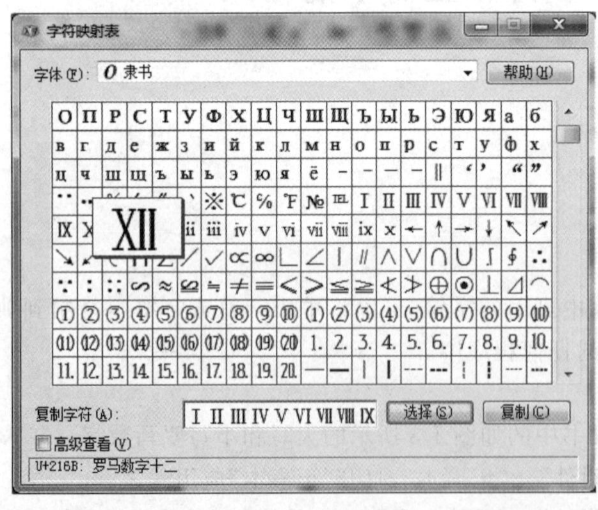

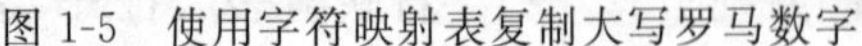

图 1-5 使用字符映射表复制大写罗马数字

图 1-6 宋体生僻汉字

(1) 选择“开始”→“所有程序”→“附件”→“记事本”,打开“记事本”应用程序。

(2) 选择“开始”→“所有程序”→“附件”→“系统工具”→“字符映射表”,打开“字符映射表”应用程序，如图 1-4 所示。

(3) 在“字体”下拉列表框中选择“宋体”选项；选中“高级查看”复选框，在“分组依据”下拉列表框中选择“按偏旁部首分类的表意文字”选项。

(4) 在打开的“分组”对话框中选择“足”选项，在字符映射表的 7 栏中找到汉字“踁”并单击，然后单击“选择”按钮，“踁”便出现在“复制字符”文本框中，如图 1-7 所示。

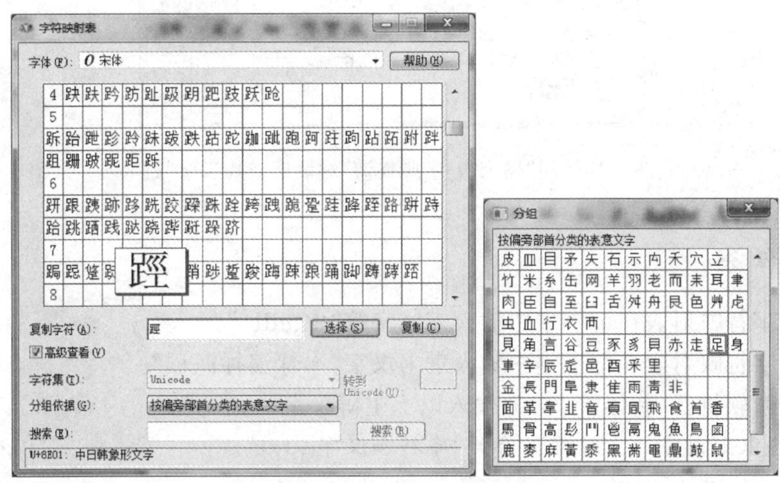

图 1-7 输入宋体生僻汉字“踁”

(5) 单击“复制”按钮，将“踁”复制；回到记事本窗口，并在文档中要显示特殊汉字的位置单击，然后选择“编辑”→“粘贴”命令，将“踁”复制到记事本中。

(6) 重复第(4)和第(5)步骤，根据部首和笔画选择其余的汉字，将其余生僻汉字复制到记事本中，保存该文件为“生僻字.txt”，如图 1-6 所示。

提示：*本例中通过“按偏旁部首分类的表意文字”分组，适合输入不认识的生僻汉字，类似于在字典中的按偏旁部首查找汉字。*

3. 使用“微软拼音-新体验 2010”输入生僻汉字“踁”

(1) 切换到汉字输入法“微软拼音-新体验 2010”，其状态栏如图 1-8 所示。

(2) 单击 (开启/关闭输入板)按钮，打开如图 1-9 所示的“输入板-字典查询”对话框。

图 1-8 “微软拼音-新体验 2010”状态栏

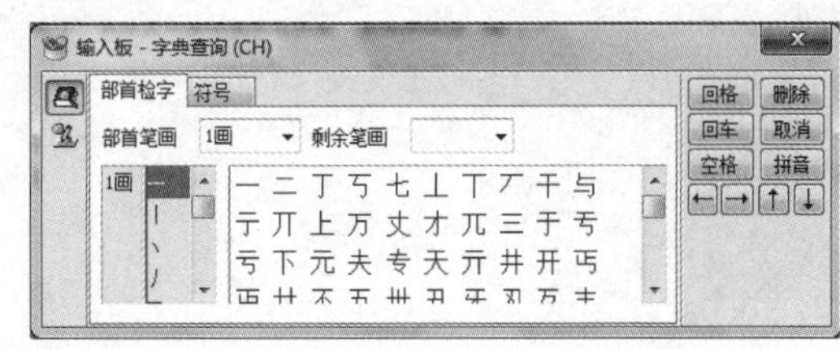

图 1-9 “输入板-字典查询”对话框

(3) 在“部首笔画”下拉列表框中选择“7 画”，在“7 画”部首列表框中移动滚动条找到部首“足”并单击，则右侧列表框中显示出以“足”为部首的汉字。

(4) 在“剩余笔画”下拉列表框中选择“7 画”，则右侧列表框中显示出以“足”为部首的 7

画汉字，如图 1-10 所示。

(5) 将鼠标指针指向“踁”字，则出现该汉字读音及编码提示，如图 1-10 所示。单击该汉字可将其插入到编辑文档中。

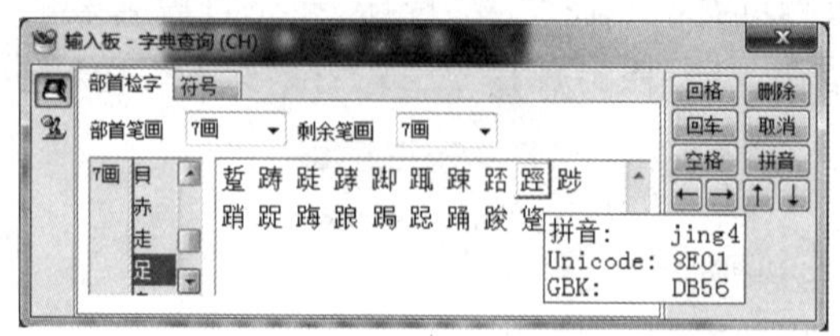

图 1-10　用“输入板-字典查询”对话框查找汉字“踁”

三、实验任务

1. 通过字符映射表在记事本中输入宋体字符“ΨζδЩ∮”。
2. 通过字符映射表在记事本中输入隶书汉字“岿怺煸抙汎秫”。
3. 使用微软拼音(新体验 2010)输入以上生僻汉字。

提示：将以上内容的文件名保存为“字符和汉字 .txt”。

四、思考题

1. 不认识又不知道读音的汉字如何输入？
2. 如何使用字符映射表中“分组依据”中的“按拼音分类的简体中文”来输入汉字？

第2章 操作系统

实验环境

中文 Windows 7 操作系统

实验1 Windows 7 的启动和退出

一、实验目的

1. 正确地启动和退出 Windows 7
2. 掌握鼠标操作
3. 熟悉 Windows 7 的窗口
4. 掌握帮助方法

二、案例

1. 启动 Windows 7

(1) 如果 Windows 7 已经正常安装,微机加电冷启动,系统自动引导进入 Windows 7。

(2) 在 Windows 7 启动对话框中输入正确的用户名和口令,然后按 Enter 键或者单击文本框右侧的按钮,即可开始加载个人设置,进入如图 2-1 所示的 Windows 7 系统桌面。

(3) 熟悉 Windows 的窗口组成。

2. 退出 Windows 7

(1) 单击开始按钮,在弹出的"开始"菜单中单击 关机 按钮,系统会自动保存相关的信息,退出系统。

(2) 若单击 关机 按钮中的指向右侧的三角按钮,则弹出如图 2-2 所示的关机选项菜单,选择相应的选项,也可完成不同程度上的系统退出。

3. 通过 Windows 7 的桌面练习鼠标操作

(1) 单击鼠标左键选择或打开一个对象:单击"计算机",则"计算机"被选中,呈深色。

(2) 单击鼠标右键弹出针对对象的快捷菜单:右键单击"计算机",则弹出如图 2-3 所示的快捷菜单。

(3) 双击鼠标左键打开一个对象:左键双击"计算机",则打开如图 2-4 所示的"计算机"窗口。

(4) 按住鼠标左键拖曳选定对象可移动该对象:拖曳"计算机",改变其在桌面上的位置。

图 2-1　Windows 7 系统桌面

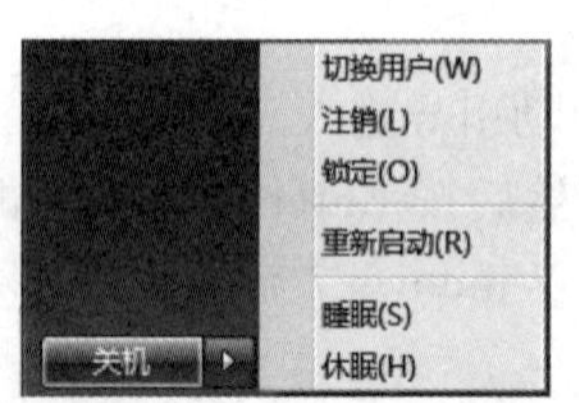

图 2-2　“关机”菜单

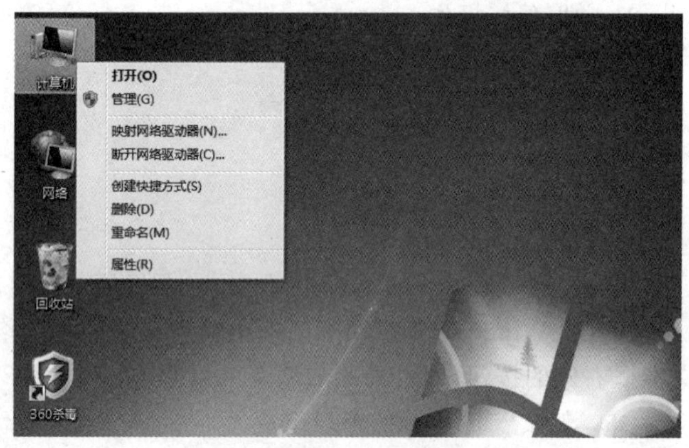

图 2-3　“计算机”的快捷菜单

4. 改变窗口的大小和位置

(1) 打开“计算机”窗口。

(2) 最小化窗口：单击窗口右上方的最小化按钮。

(3) 最大化窗口：单击窗口右上方的最大化按钮。

(4) 还原窗口：单击窗口右上方的还原按钮。

(5) 拖动方式任意改变窗口大小：将鼠标移动到窗口的一个边或一个角上，此时鼠标指针将变成或水平或垂直或倾斜 45°角的双向箭头，按下鼠标左键拖动，将任意改变窗口大小。

(6) 将鼠标指针指向标题栏，按下鼠标左键拖动鼠标，可以改变窗口位置。

5. 练习“帮助”的使用

(1) 单击 Windows 7 窗口中的按钮。

(2) 在显示的“开始”菜单中选择“帮助和支持”选项，在打开的“帮助”窗口的顶部单击 按钮(即“浏览帮助”按钮)，如图 2-5 所示。

图 2-4 “计算机”窗口

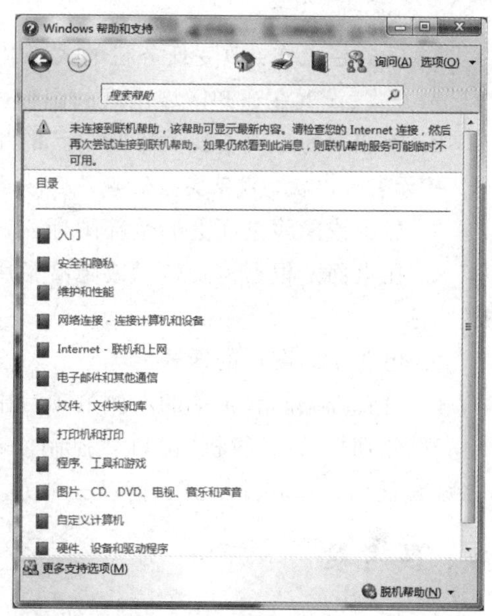

图 2-5 “帮助和支持”窗口的分类浏览

(3) 在图 2-5 中可以分类阅读帮助。如：单击“入门”→“Windows 基础知识”→“了解计算机”→“计算机简介”，可打开如图 2-6 所示的窗口，介绍相关内容。

(4) 在图 2-5 的“搜索帮助”文本框中输入“字符映射表”，可以使用搜索查找相关的帮助信息，搜索结果如图 2-7 所示，选择相应选项查看具体内容。

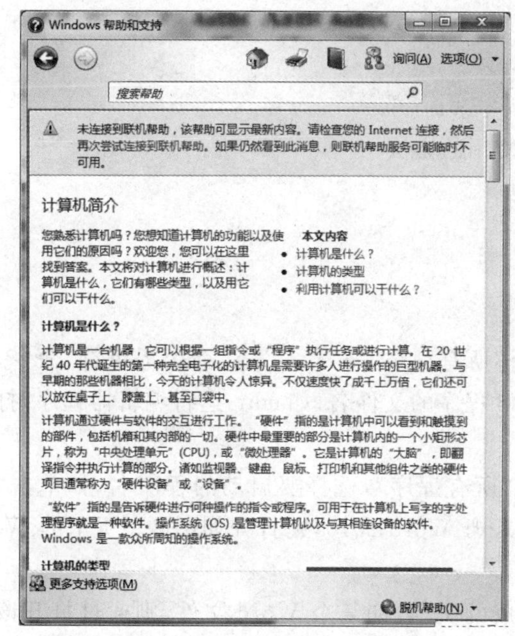

图 2-6 “帮助和支持”窗口的帮助内容

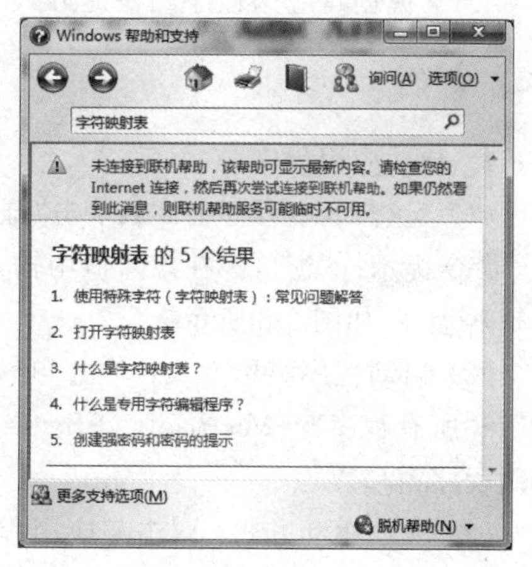

图 2-7 搜索“字符映射表”的结果

(5) 单击图 2-5 右下角的下拉选项中的“脱机帮助”按钮，还可以获得更为丰富的帮助信息。

三、实验任务

1. 任务栏操作：改变任务栏的大小和位置、锁定任务栏、自动隐藏任务栏、任务栏按钮的显示方式、设置在通知区域出现的图标。

2. 用搜索的方式查找关于“图标”的相关信息。

提示：可以在完成了实验任务 2 后，根据获得的帮助信息来完成实验任务 3～实验任务 5。

3. 显示或隐藏桌面上的全部图标。

4. 在桌面上根据需要显示或隐藏常用图标，如显示或隐藏“计算机”、“网络”、“控制面板”图标。

5. 更改桌面图标的样式。

6. 设置在“开始”菜单的右侧的项目中不显示“计算机”。

7. 分别打开“计算机”窗口、“控制面板”窗口、“画图”窗口，然后分别使用层叠显示窗口、堆叠显示窗口和并排显示窗口三种方式排列窗口。

四、思考题

1. 如何通过对话框中的“?”按钮获得帮助?
2. 如何自动排列桌面上的图标?
3. 如何向任务栏中添加“地址”栏?

实验 2 Windows 7 应用程序的管理

一、实验目的

1. 熟悉启动、退出应用程序
2. 掌握使用任务管理器结束任务的方法
3. 掌握 Windows 7 应用程序的安装和使用的方法
4. 掌握创建应用程序的快捷方式的方法

二、案例

1. 启动应用程序

(1) 运行 DOS 程序方式：单击“开始”→“所有程序”→“附件”→“命令提示符”命令，打开“命令提示符”窗口。在该窗口中输入 DOS 程序的文件名，如 edit，运行编辑器程序，打开编辑器程序，如图 2-8 所示。

(2) 启动程序菜单方式：单击“开始”→“所有程序”，选择要启动的程序名，如单击“开始”→“所有程序”→Microsoft Office→Microsoft Word 2010，则打开如图 2-9 所示的 Word 应用程序窗口。

(3) 文档驱动方式：双击某应用程序生成的文档，如某个 Word 文件，则通过打开该文件而驱使 Word 应用程序被打开。

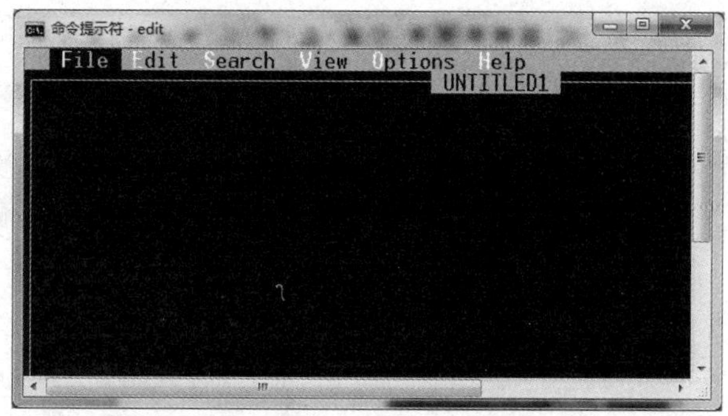

图 2-8　edit 程序窗口

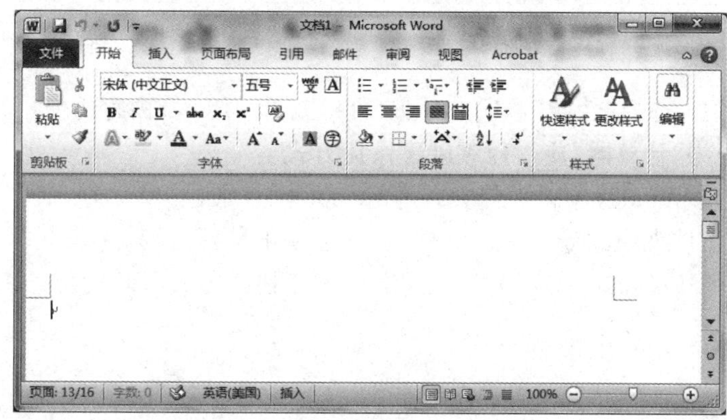

图 2-9　Word 应用程序窗口

2. 退出或关闭应用程序

关闭如图 2-9 所示的 Word 应用程序窗口。

(1) 方法一：单击窗口右上角的关闭按钮。

(2) 方法二：单击“文件”→“退出”命令。

提示：Word 中的“文件”→“关闭”命令是关闭 Word 文档，不是退出 Word 应用程序。

(3) 方法三：双击标题栏左侧的“窗口控制菜单”按钮。

(4) 方法四：单击标题栏左侧的“窗口控制菜单”按钮，在弹出的下拉菜单中选择“关闭”。

(5) 方法五：按组合键 Alt+F4。

3. Windows 任务管理器的使用

(1) 打开任务管理器：按下组合键 Ctrl + Alt + Del(或 Ctrl + Shift + Esc)，弹出“Windows 任务管理器”对话框，如图 2-10 所示。

(2) 结束任务：在“应用程序”选项卡显示窗口中，选择欲结束任务的应用程序，如“计算机”，单击“结束任务”按钮，可关闭该应用程序。

(3) 程序切换：该窗口的“切换至”按钮可以实现应用程序间的切换。

(4) 结束进程：选择“进程”选项卡，此时“Windows 任务管理器”对话框如图 2-11 所示，选中“映像名称”为 calc.exe 的选项(该映像为图 2-10 中“计算器”所对应的应用程序)，单击“结束进程”按钮，可结束该应用程序。

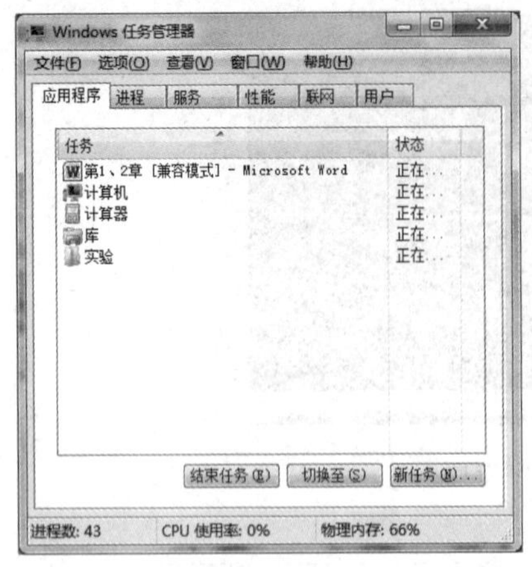

图 2-10 “应用程序”选项卡

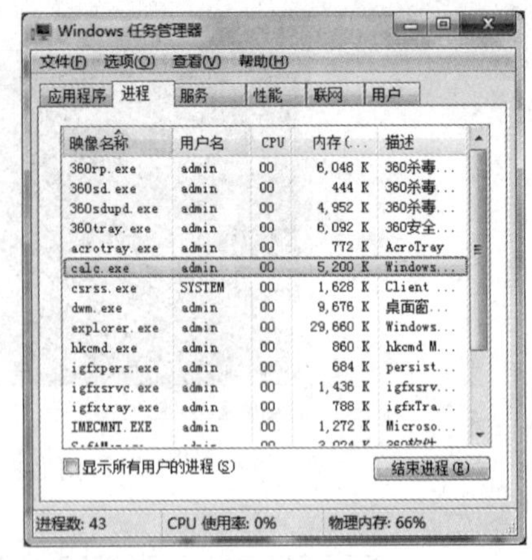

图 2-11 “进程”选项卡

(5) 查看性能：选择“性能”选项卡，用户可以查看 CPU 及内存的使用状况。

4. 在桌面上为“计算器”应用程序创建快捷方式

(1) 打开 C 盘 Windows 文件夹中的 system32 文件夹。

(2) 选中该文件夹中的 calc.exe 文件，在其上单击鼠标右键。

(3) 在弹出的快捷菜单中选择“发送到”→“桌面快捷方式”即可。

三、实验任务

1. 运行“画图”程序。
2. 在桌面上创建 Excel 应用程序的快捷方式。
3. 用多种方法实现多个打开的应用程序间的切换。
4. 完成一款应用程序的安装和卸载。

四、思考题

1. 从应用程序所在的文件夹将应用程序删除，这种方法可以彻底删除应用程序吗？

2. 从 Internet 下载安装程序，要确保该程序的发布者以及提供该程序的网站是值得信任的，这一点有何重要性？

实验 3　计算机性能查看

一、实验目的

掌握查看计算机性能的方法

二、案例

(1) 启动“Windows 任务管理器”，在“性能”选项卡中可以查看当前计算机的性能参数，如图 2-12 所示。

(2) Windows 任务管理器提供了有关计算机性能的信息，并显示了计算机上所运行的程序和进程的详细信息。在图 2-12 中，上半部分显示 CPU 使用率，多个核心的使用记录，当前 CPU 型号为 Inter(R) Core(TM) i5-2500K，为四核 CPU，使用记录就会分为 4 个图表显示各个核心的使用情况；下半部分为内存使用情况，表明简单的内存使用统计以及系统运行概况。

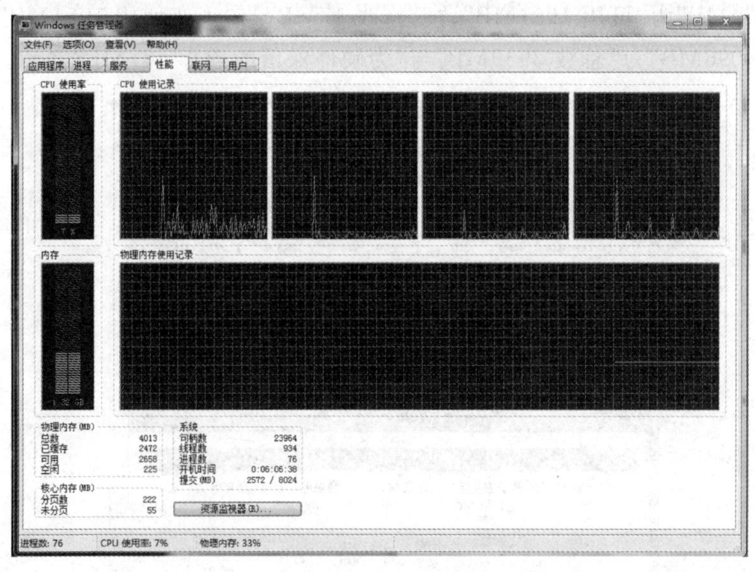

图 2-12 “Windows 任务管理器”界面

(3) 若想了解更加详细的使用情况，则单击“资源监视器”，在打开的“资源监视器”窗口中选择 CPU 选项卡，如图 2-13 所示。在该图中可以看到正在运行的进程以及它们的 CPU 使用率、内存占用率、磁盘读写状况、网络连接状况等。如在图 2-13 中可以查看 Photoshop 进程的 CPU 资源占用、线程个数、关联的文件句柄等。

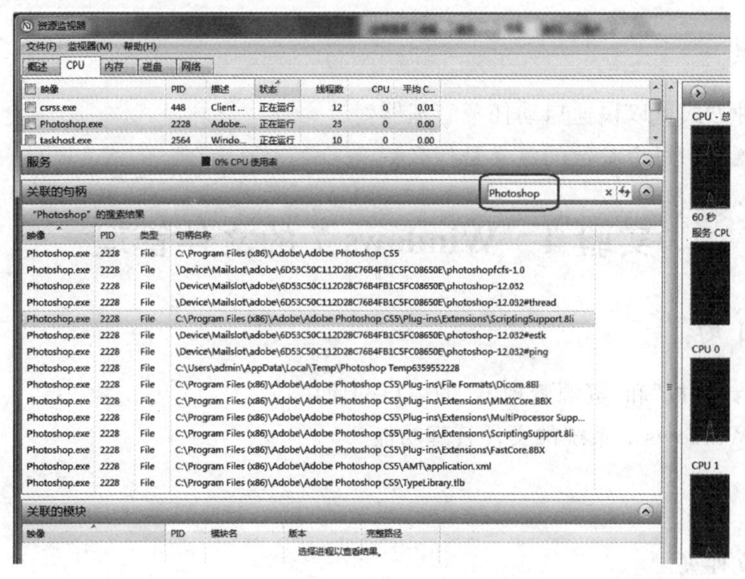

图 2-13 Windows 资源监视器 CPU 界面

(4) 选择“内存”选项卡，如图 2-14 所示，显示了目前计算机内存的使用情况。在图 2-14 中：

“可用 1961MB”为“备用 1897MB”与“可用 64MB”之和；

“缓存 1944MB”为“备用 1897MB”与“已修改 47MB”之和；

“总数 3959MB”为“可用 1961MB”、“已修改 47MB”与“正在使用 1951MB”之和；

“已安装 4096MB”为“总数 3959MB”与“为硬件保留的内存 137MB”之和。

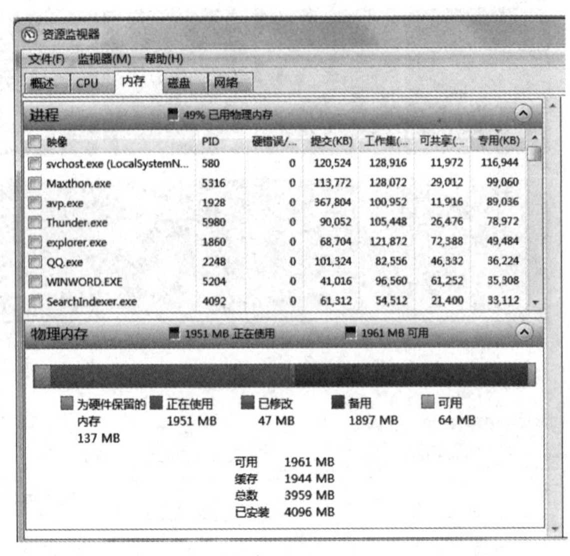

图 2-14　Windows 资源监视器内存界面

三、实验任务

打开若干程序，观察 CPU 使用率、内存使用情况的变化。

四、思考题

1. 有几种方式可以快速启动任务管理器？
2. 系统概况中每个参数的意义是什么？

实验 4　Windows 7 的文件管理

一、实验目的

1. 掌握“计算机”和“资源管理器”的窗口和使用
2. 掌握 Windows 7 系统的文件管理功能

二、案例

1. 创建文件夹

在 D 盘（或自己的优盘）下建立如图 2-15 所示的文件夹结构。

提示：操作时文件夹“自己的名字”应改为自己真实的名字，如“张三”，并将以后需要或创建的文件都存放在该文件夹中，方便查找和管理。

(1) 双击桌面上的“计算机”图标，在打开的“计算机”窗口中双击 D 盘(或 U 盘)。

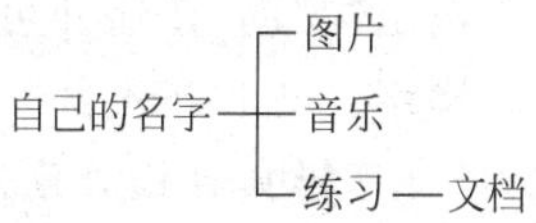

(2) 单击窗口工具栏中的“新建文件夹”按钮，新建一个文件夹并将其命名为“自己的名字”，按 Enter 键。

自己的名字—图片
自己的名字—音乐
自己的名字—练习—文档

图 2-15 文件夹结构

(3) 打开以“自己的名字”命名的文件夹，单击窗口工具栏中的“新建文件夹”按钮，新建一个文件夹并将其命名为“图片”，按 Enter 键。

(4) 利用(3)中的方法(或者在空白处单击鼠标右键，在弹出的快捷菜单中选择“新建”→“文件夹”)，创建名为“音乐”的文件夹。

(5) 利用上述方法实现其他文件夹的创建，注意各文件夹之间的隶属关系。

2. 创建文件

在“练习”文件夹下创建一个名为 ABC. txt 的文本文件。

(1) 打开“练习”文件夹。

(2) 选择“文件”→“新建”→“文本文档”，创建一名为“新建文本文档”的文本文件(或者可以通过快捷菜单来创建)。

(3) 在该文件上单击鼠标右键，在弹出的快捷菜单中选择“重命名”，将该文件名修改为 ABC. txt 即可。

3. 移动文件

将第 1 章实验 2 和实验 3 中所创建的文件“键盘输入练习. txt”、“英文输入练习. txt”和“汉字输入练习. txt”移动到文件夹“文档”中。

(1) 利用菜单操作：选中文件“键盘输入练习. txt”，选择“编辑”→“剪切”，然后再打开文件夹“文档”，选择“编辑”→“粘贴”即可。

(2) 利用工具栏操作：选中文件“键盘输入练习. txt”，单击工具栏“组织”→“剪切”，然后再打开文件夹“文档”，单击工具栏“组织”→“粘贴”即可。

(3) 利用快捷菜单操作：选中文件“键盘输入练习. txt”，在该文件上单击鼠标右键，在弹出的快捷菜单中选择“剪切”，然后再打开文件夹“文档”，在该文件夹中单击鼠标右键，在弹出的快捷菜单中选择“粘贴”即可。

(4) 利用快捷键操作：选中文件“键盘输入练习. txt”，按下键盘上的快捷键 Ctrl+X，然后再打开文件夹“文档”，按下键盘上的快捷键 Ctrl+V 即可。

提示：以上 4 种方法可归纳为通过“剪切”和“粘贴”的配合使用完成移动操作。

(5) 利用鼠标左键操作：将文件“键盘输入练习. txt”所在文件夹和“文档”文件夹同时打开，选中文件“键盘输入练习. txt”，按住鼠标左键的同时按住键盘上的 Shift 键，拖动该文件到文件夹“文档”中即可。

(6) 利用鼠标右键操作：将文件“键盘输入练习. txt”所在文件夹和“文档”文件夹同时打开，选中文件“键盘输入练习. txt”，按住鼠标右键拖动该文件到文件夹“文档”中放开右键，在弹出的快捷菜单中选择“移动到当前位置”即可。

提示：以上(5)和(6)两种方法可归纳为通过鼠标拖动方式完成移动操作。

(7) 利用“移动到文件夹”菜单项操作：选中文件“键盘输入练习. txt”，选择“编辑”→

"移动到文件夹"选项,在打开的如图 2-16 所示的"移动项目"对话框中,选择目标文件夹"文档",单击"移动"按钮即可。

提示:以上 7 种方法均可实现文件或文件夹的移动操作,用户可根据自己的习惯选择。

(8) 选择以上任意一种方法,将文件"英文输入练习.txt"和"汉字输入练习.txt"移动到"文档"文件夹中。

图 2-16 "移动项目"对话框

4. 复制文件

将第 1 章实验 4 中所创建的文件"罗马数字.txt"和"生僻字.txt"复制到文件夹"文档"中。

(1) 利用菜单操作:选中文件"罗马数字.txt",选择"编辑"→"复制",然后再打开文件夹"文档",选择"编辑"→"粘贴"即可。

(2) 利用工具栏操作:选中文件"罗马数字.txt",单击工具栏"组织"→"复制",然后再打开文件夹"文档",单击工具栏"组织"→"粘贴"即可。

(3) 利用快捷菜单操作:选中文件"罗马数字.txt",在该文件上单击鼠标右键,在弹出的快捷菜单中选择"复制",然后再打开文件夹"文档",在该文件夹中单击鼠标右键,在弹出的快捷菜单中选择"粘贴"即可。

(4) 利用快捷键操作:选中文件"罗马数字.txt",按下键盘上的快捷键 Ctrl+C,然后再打开文件夹"文档",按下键盘上的快捷键 Ctrl+V 即可。

提示:以上 4 种方法可归纳为通过"复制"和"粘贴"的配合使用完成复制操作。

(5) 利用鼠标左键操作:将文件"罗马数字.txt"所在文件夹和"文档"文件夹同时打开,选中文件"罗马数字.txt",按住鼠标左键的同时按住键盘上的 Ctrl 键,拖动该文件到文件夹"文档"中即可。

(6) 利用鼠标右键操作:将文件"罗马数字.txt"所在文件夹和"文档"文件夹同时打开,选中文件"罗马数字.txt",按住鼠标右键拖动该文件到文件夹"文档"中放开右键,在弹出的快捷菜单中选择"复制到当前位置",即可。

提示:以上(5)和(6)两种方法可归纳为通过鼠标拖动方式完成复制操作。

(7) 利用"复制到文件夹"菜单项操作:选中文件"罗马数字.txt",选择"编辑"→"复制到文件夹"选项,在打开的"复制项目"对话框中,选择目标文件夹"文档",单击"复制"按钮即可。

提示:以上 7 种方法均可实现文件或文件夹的复制操作,用户可根据自己的习惯选择。

(8) 选择以上任意一种方法,将文件"生僻字.txt"复制到"文档"文件夹中。

5. 删除文件

将文件夹"练习"中的文件 ABC.txt 删除。

(1) 利用菜单操作:选定要删除的文件 ABC.txt,选择"文件"→"删除"命令,在弹出的如图 2-17 所示的"删除文件"对话框中,单击"是"即可。

(2) 利用工具栏操作:选定要删除的文件 ABC.txt,单击工具栏"组织"→"删除",在弹出的"删除文件"对话框中,单击"是"即可。

(3) 利用快捷菜单操作:选定要删除的文件 ABC.txt,在该文件上右击,在弹出的快捷菜单中选择"删除",在弹出的"删除文件"对话框中,单击"是"即可。

(4) 直接拖入"回收站":选定要删除的文件 ABC.txt,在回收站图标可见的情况下,按住鼠标左键拖动该文件到“回收站”中即可。

(5) 利用键盘操作：选定要删除的文件 ABC. txt，按下键盘上的 Delete 键，在弹出的“删除文件”对话框中，单击“是”即可。

(6) 彻底删除文件：选定要删除的文件 ABC. txt，按下键盘组合键 Shift+Delete，弹出如图 2-18 所示提示对话框。单击“是”按钮，即可将所选文件彻底删除。

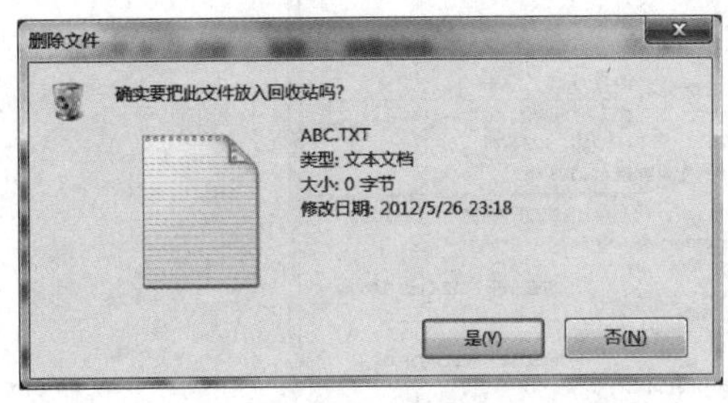

图 2-17 “删除文件”对话框

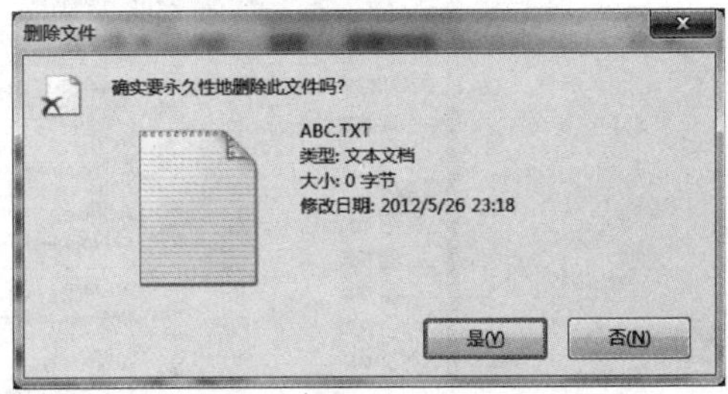

图 2-18 彻底删除信息提示对话框

提示：该方法删除的文件没有放入回收站中，不能还原，故用此方法删除需慎重。删除文件夹的操作与删除文件的操作方法相同，可以自己练习。

6. “回收站”的使用

将从文件夹“练习”中删除的文件 ABC. txt 还原。

(1) 打开“回收站”，选中被删除的文件 ABC. txt。

(2) 选择菜单“文件”→“还原”，则被删除的文件 ABC. txt 被还原到文件夹“练习”中。

提示：被还原的文件“哪来哪去”。还需要注意的是“回收站”中的对象若被从“回收站”中“删除”，或者“回收站”被“清空”，则属于彻底删除，就无法再还原了。

7. 查找文件

在 C 盘的 Program Files 文件夹中查找以字母 a 开头的所有文件，要求该类文件大小在 1～16MB，且是今年以来修改过的文件。

(1) 打开 C 盘的 Program Files 文件夹窗口，在其窗口顶部的“搜索”文本框中输入 a*.*，则开始搜索，搜索结果如图 2-19 所示。

图 2-19 按 a*.* 搜索的搜索结果

（2）单击图 2-19 的“搜索”文本框，在弹出的搜索筛选器中，选择“大小”→“大(1-16MB)”，如图 2-20 所示。搜索结果如图 2-21 所示，搜索到的符合条件的对象由 3349 个变为 143 个。

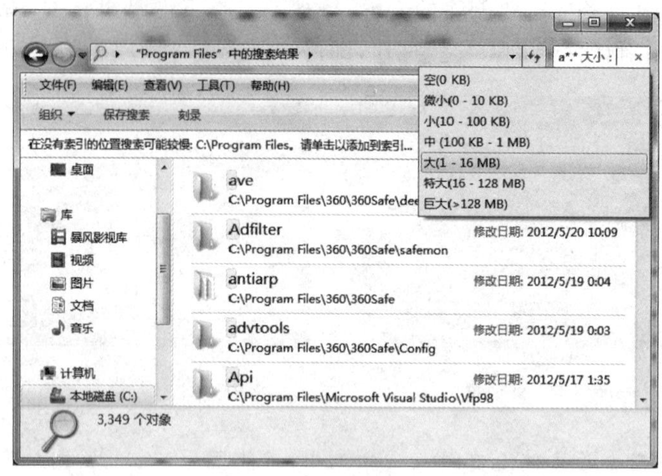

图 2-20 设置搜索大小

（3）单击图 2-21 的“搜索”文本框，在弹出的搜索筛选器中，选择“修改日期”→“今年的早些时候”，如图 2-22 所示。搜索结果如图 2-23 所示，搜索到的符合条件的对象由 143 个变为 16 个。

图 2-21 按“大小”搜索的搜索结果

8. 设置文件和文件夹的属性

将文件夹“练习”中的文件 ABC.txt 的属性设置为“只读”和“隐藏”。

（1）选定文件 ABC.txt，在该文件上右击，在弹出的快捷菜单中选择“属性”，弹出该文件的属性设置对话框。

（2）在该对话框中选择“只读”和“隐藏”复选框，单击“确定”即可。

9. “文件夹选项”对话框的使用

将文件夹“练习”中隐藏的文件 ABC.txt 显示出来，且显示该文件的扩展名。

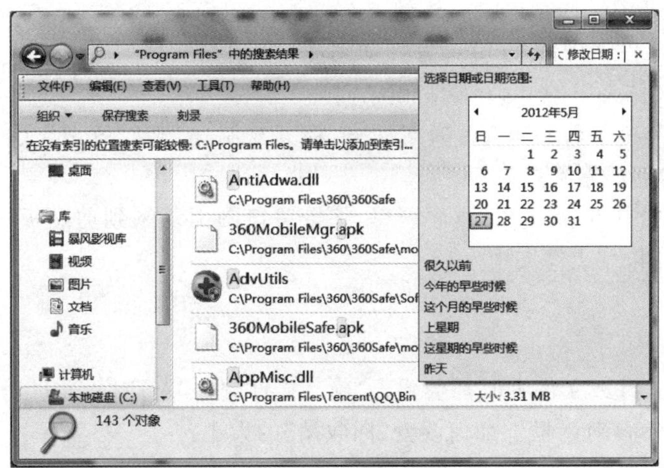

图 2-22　设置搜索日期

(1) 打开“练习”文件夹，选择菜单“工具”→“文件夹选项”，在弹出的“文件夹选项”对话框中选择“查看”选项卡，如图 2-24 所示。

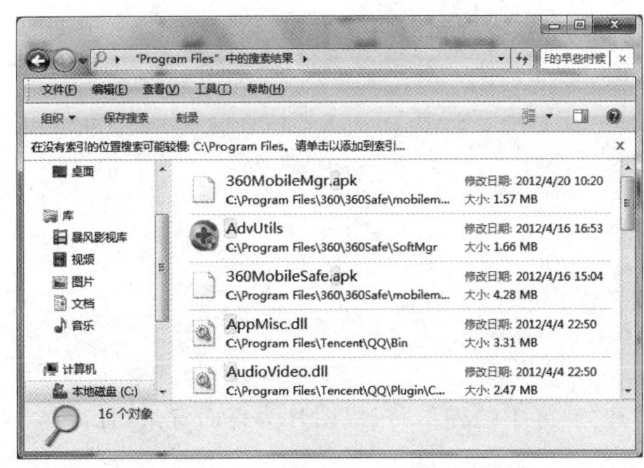

图 2-23　按“修改日期”搜索的搜索结果

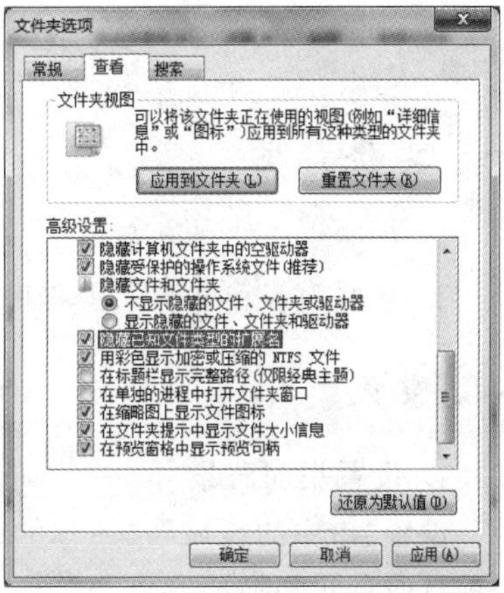

图 2-24　“文件夹选项”对话框

(2) 在该对话框的“高级设置”区，选择“隐藏文件和文件夹”→“显示所有文件和文件夹”单选按钮，则隐藏的文件也会显示出来。

(3) 在该对话框的“高级设置”区，将“隐藏已知文件类型的扩展名”复选框中的对号去掉，则将显示已知文件的扩展名。

(4) 单击“确定”按钮，完成设置。

三、实验任务

1. 查找在 C 盘 Windows 目录下的所有 bmp 格式的文件，并将查找结果中的某个 bmp 文件复制到“音乐”文件夹中。

2. 查找在 C 盘的所有 mp3 格式的文件，并将查找结果中的某个 mp3 文件复制到“图片”和“音乐”文件夹中。

3. 将“音乐”文件夹中的 bmp 文件移动到“图片”文件夹中。

4. 将“图片”文件夹中的 mp3 文件删除。

5. 在桌面创建一个名为 AAA 的文件夹，将其复制一份到“练习”文件夹下，然后将桌面的 AAA 文件夹彻底删除。

6. 打开“附件”中的“录音机”程序窗口，将该窗口画面复制到剪贴板中，并以“lyj. png”为文件名保存到“图片”文件夹中。

四、思考题

1. 每次删除文件或文件夹时都会弹出“确认文件删除”对话框，通过对“回收站”的属性的设置，如何不显示该对话框？如何改变“回收站”的大小？

2. 文件移动和复制有什么区别？

3. 在 Windows 7 中如何查找一个文件？

4. 在 Windows 7 中如何查看隐藏文件和文件夹？

5. 在 Windows 7 中如何将已知文件类型的扩展名显示出来？

实验 5　外观和个性化设置

一、实验目的

1. 掌握桌面背景和窗口颜色的设置

2. 掌握声音和屏幕保护程序的设置

二、案例

1. 设置桌面背景

设置“雪中的长城”、“冬季的黄山”和“晨雾中的梯田”三幅图片为桌面背景，且每隔 10 分钟桌面背景切换一次。

(1) 在桌面空白处单击鼠标右键，在弹出的快捷菜单中选择“个性化”选项，打开如图 2-25 所示的“个性化”窗口。

(2) 单击图 2-25 窗口下方的“桌面背景”链接，打开“桌面背景”窗口。在“主题”列表框中选择“中国”，在“背景图片”列表框中分别选中“雪中的长城”、“冬季的黄山”和“晨雾中的梯田”三幅背景图片，如图 2-26 所示。

(3) 在“更改图片时间间隔”下拉列表中选择“10 分钟”，单击“保存修改”按钮。

2. 窗口颜色设置为“大海”，启用透明效果，且菜单字体设置为“楷体”

(1) 单击“个性化”窗口下方的“窗口颜色”链接，打开如图 2-27 所示的“窗口颜色和外观”窗口。

(2) 选择窗口颜色为“大海”；选择“启用透明效果”复选框。

(3) 单击“高级外观设置”链接，打开如图 2-28 所示的“窗口颜色和外观”对话框，选择“项目”下拉列表框中的“菜单”；“字体”下拉列表框中的“楷体”。

图 2-25 “个性化”窗口

图 2-26 选择背景图片

(4) 单击“确定”→“保存修改”按钮，回到“个性化”窗口界面。

3. 声音方案设置为“风景”，且“弹出菜单”时播放声音 tada

(1) 单击“个性化”窗口下方的“声音”链接，打开“声音”对话框。

图 2-27 “窗口颜色和外观”窗口

图 2-28 “窗口颜色和外观”对话框

(2) 在“声音方案”下拉列表框中选择“风景”；在“程序事件”列表框中选择“弹出菜单”，在“声音”下拉列表框中为“弹出菜单”事件选择“tada”声音文件，如图 2-29 所示。

(3) 单击“确定”→“保存修改”按钮，回到“个性化”窗口界面。

4. 设置屏幕保护程序

设置屏幕保护程序为“三维文字”，自定义文字设置为“风景无限好”且字体设置为粗体隶书，旋转方式设置为“滚动”；屏幕保护程序等待时间设置为 5 分钟。

(1) 单击“个性化”窗口下方的“屏幕保护程序”链接，在打开的“屏幕保护程序设置”对话框的“屏幕保护程序”下拉列表框中选择“三维文字”，如图 2-30 所示。

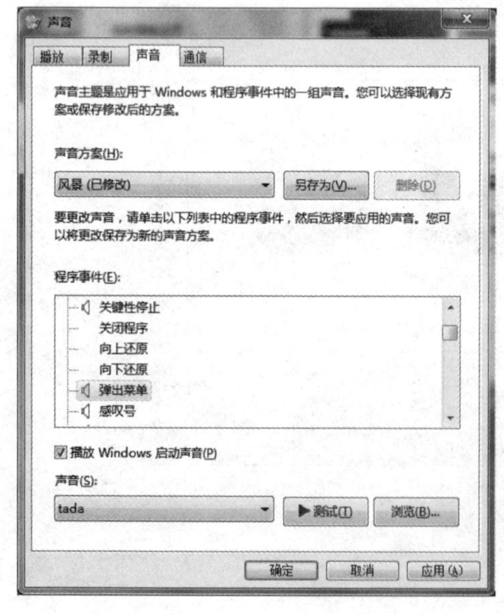

图 2-29 “声音”对话框

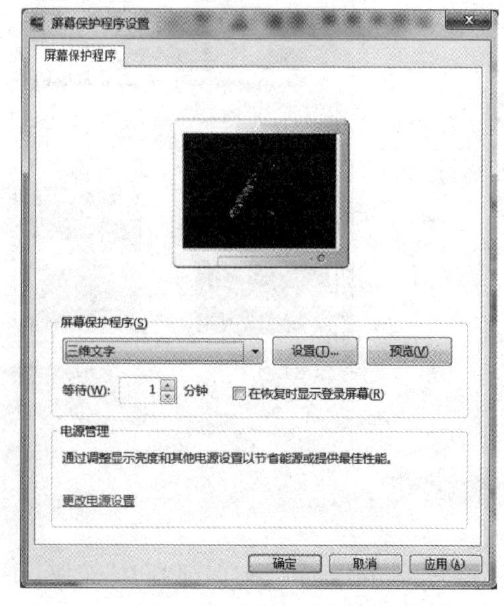

图 2-30 “屏幕保护程序设置”对话框

(2) 单击“设置”按钮，打开如图 2-31 所示“三维文字设置”对话框。

(3) 选择“自定义文字”单选按钮，在其后的文本框中输入“风景无限好”。

(4) 单击“选择字体”按钮，在弹出的“字体”对话框中选择字体为“隶书”，字形为“粗体”，单击“确定”按钮，回到图 2-31 所示窗口。

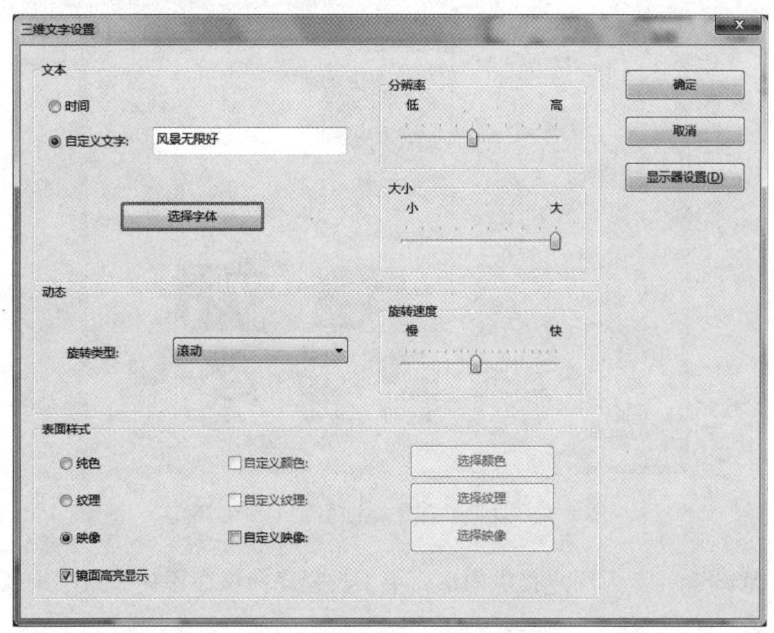

图 2-31 “三维文字设置”对话框

(5) 在“旋转类型”下拉列表框中选择“滚动”，单击“确定”按钮，回到“屏幕保护程序设置”对话框界面。

(6) 调整“等待”微调按钮，设置时间为 5 分钟，单击“确定”按钮，回到“个性化”窗口界面。

5. 将以上定义的主题保存，命名为“休闲”

(1) 在“个性化”窗口中，选择“我的主题”中的“未保存主题(1)”，在其上右击，在弹出的快捷菜单中选择“保存主题”命令，打开“将主题另存为”对话框。

(2) 在“主题名称”文本框中输入要保存的名字“休闲”，单击“保存”按钮，回到“个性化”窗口界面，可以看到自定义的主题“休闲”，如图 2-32 所示。

三、实验任务

1. Windows 7 提供了大量的背景图案，并将这些图案进行了分组。请将一组自己拍摄的照片作为新的集合放于 Windows 7 背景图案中。

提示：背景图案保存在 Windows\Web\Wallpaper 目录的子文件夹中，每个文件夹对应一个集合。背景图案可以使用.bmp、.gif、.jpg、.jpeg、.dib 和.png 格式的文件。如果用户要创建新的集合，则只需在 Wallpaper 文件夹下创建子文件夹，并向其中添加文件即可。

2. 设置一个个性化主题，其中桌面背景、窗口颜色、声音等内容自己设定，屏幕保护程序要求选用实验任务 1 中新加入的一组自己拍摄的照片作为屏幕保护程序。

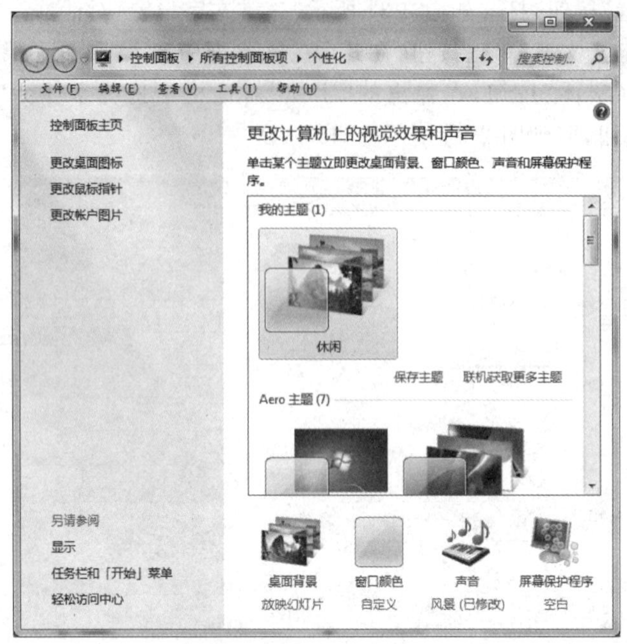

图 2-32　设置了自定义主题的“个性化”窗口

3. 使用 Windows 7 为用户提供的桌面小工具程序向桌面添加“时钟”小工具。

四、思考题

1. 主题是一整套显示方案，应用了一个主题后，是否可以单独更改其他元素？
2. 如何设置能够在退出屏幕保护程序时进入系统登录界面？

实验 6　账户管理

一、实验目的

1. 掌握创建新账户的方法
2. 掌握账户信息内容的设置方法

二、案例

1. 创建一个账户名为 baby 的标准用户账户

（1）单击“开始”按钮，在弹出的“开始”菜单右侧的“跳转列表区”中选择“控制面板”选项，打开“控制面板”窗口，选择“查看方式”为“大图标”，如图 2-33 所示。

（2）单击“用户账户”，在打开的“用户账户”窗口中单击“管理其他账户”，打开如图 2-34 所示的“管理账户”对话框。

（3）单击“创建一个新账户”链接，打开如图 2-35 所示的“创建新账户”窗口。

（4）在输入账户名称文本框中输入新建账户名 baby，账户类型选择“标准用户”单选按钮。

图 2-33 “控制面板”窗口

图 2-34 “管理账户”窗口

(5) 单击“创建账户”按钮,完成一个新账户的创建,如图 2-36 所示。

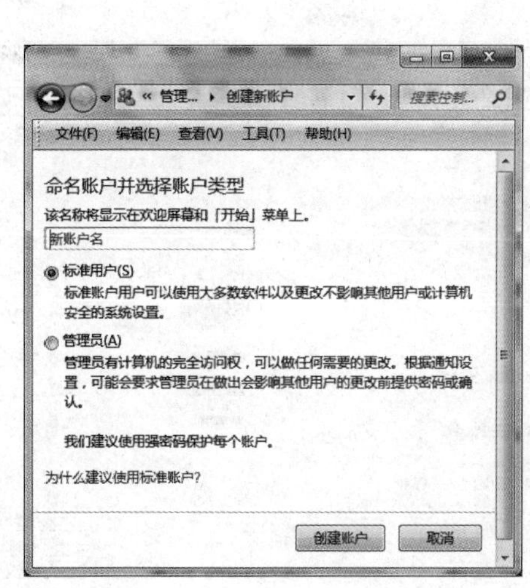

图 2-35 “创建新账户”窗口

图 2-36 新创建的 baby 账户

2. 为账户 baby 设置密码并更改账户图片

(1) 单击图 2-36 中的 baby 账户,打开如图 2-37 所示的“更改账户”窗口。

(2) 单击“创建密码”链接,打开如图 2-38 所示的“创建密码”窗口,在相应的文本框中输入密码,单击“创建密码”按钮。

(3) 在图 2-37 中单击“更改图片”链接,打开如图 2-39 所示的“更改图片”窗口,为该账户选择一幅图片,单击“更改图片”按钮。

图 2-37 “更改账户”窗口

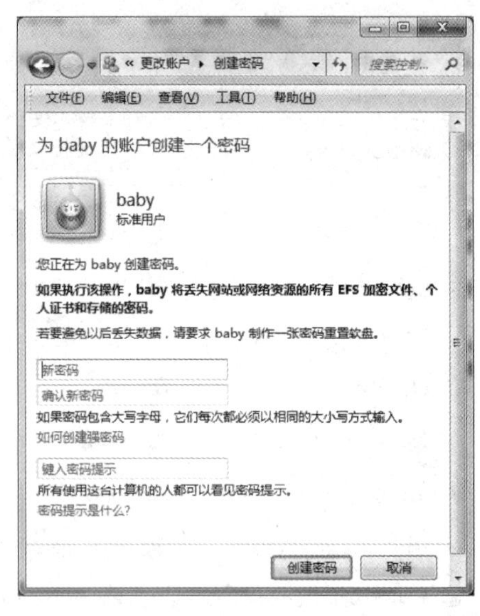

图 2-38 “创建密码”窗口

3. 为账户 baby 设置家长控制

(1) 在图 2-37 中单击“设置家长控制”链接，在打开的“家长控制”窗口中单击 baby 账户，打开如图 2-40 所示的“用户控制”窗口。

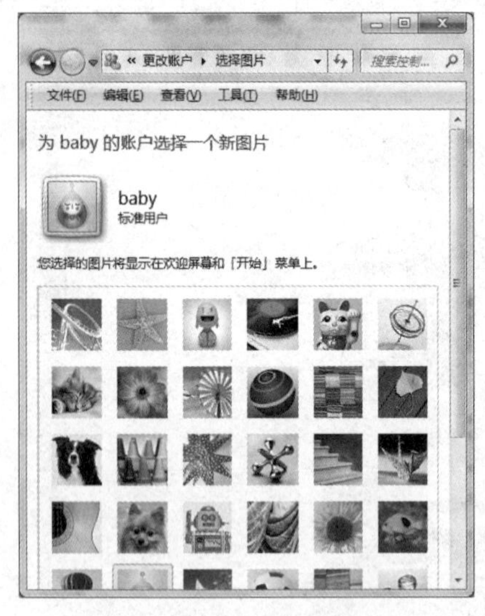

图 2-39 “更改图片”窗口

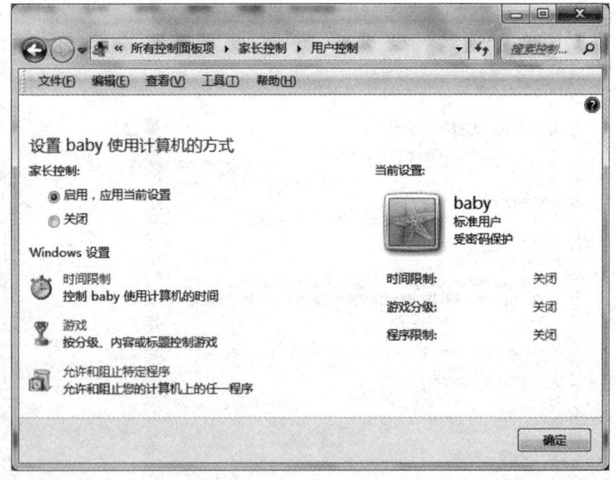

图 2-40 “用户控制”窗口

(2) 单击“时间限制”链接，打开“时间限制”窗口，在该窗口中设置要允许或组织的时间，设置如图 2-41 所示。

(3) 单击“游戏”链接，打开“游戏控制”窗口，选择允许 baby 账户玩游戏单选按钮。

(4) 单击“设置游戏分级”链接，在打开的“游戏限制”窗口中，选择“阻止未分级的游戏”单选按钮；在游戏分级区域选择“儿童”级别的游戏，如图 2-42 所示。

(5) 单击“确定”→“确定”按钮，返回“用户控制”窗口。

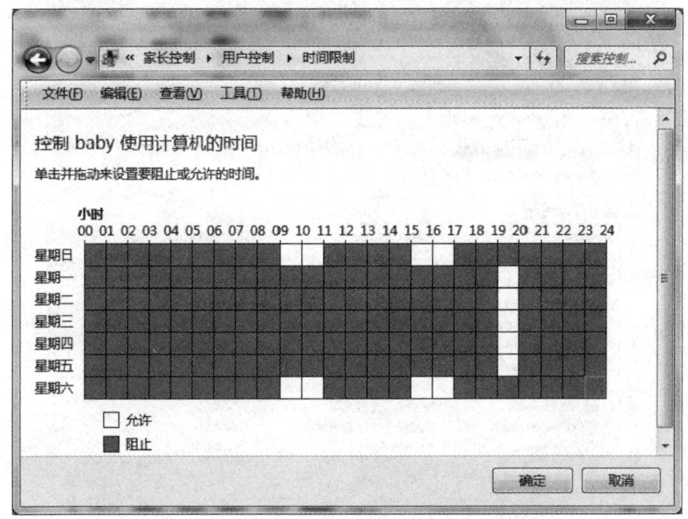

图 2-41 “时间限制”窗口

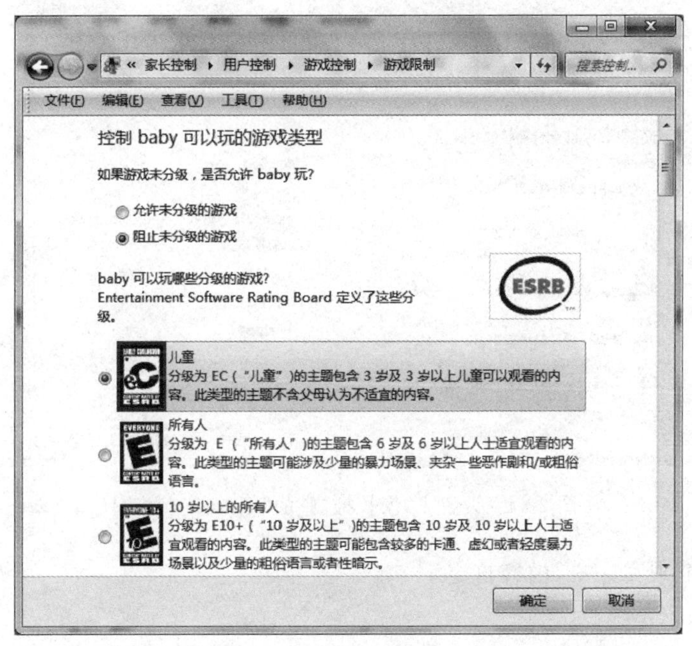

图 2-42 “游戏限制”窗口

(6) 单击“允许和阻止特定程序”链接，打开“应用程序限制”窗口，选择“baby 只能使用允许的程序”单选按钮，打开如图 2-43 所示的“应用程序限制”设置窗口。

(7) 根据需要在允许该账户可以使用的应用程序前的复选框中单击即可。

(8) 设置好后的结果如图 2-44 所示。

三、实验任务

1. 设置一个标准账户，内容自定。

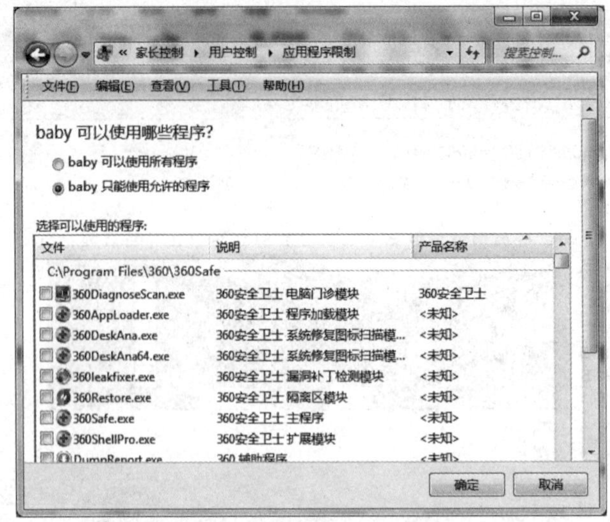

图 2-43 “应用程序限制”窗口

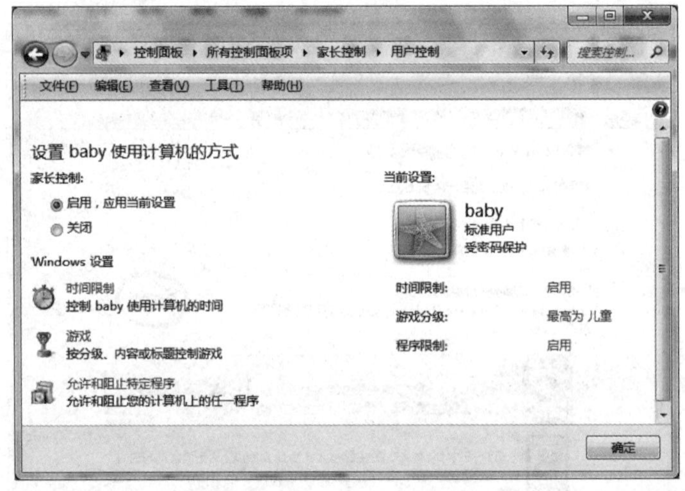

图 2-44 设置了“家长控制”的“用户控制”窗口

2. 设置一个来宾账户，内容自定。

四、思考题

1. Windows 7 系统供了几种不同类型的账户？
2. 不同类型的账户各有什么权限？

实验 7　附件的使用

一、实验目的

1. 掌握常用附件工具的使用方法
2. 能够用相应的附件工具处理实际遇到的问题

二、案例

1. 制作便笺

便笺具有备忘录、记事本的特点。用户可以使用便笺功能来记录任何可用便笺纸记录的内容，如用便笺来记录待办事宜、快速记下电话号、地址等。

(1) 单击“开始”→“所有程序”→“附件”→“便笺”命令，打开便笺应用程序，如图 2-45 所示。

(2) 在“便笺”的空白区域输入要记录的内容，如图 2-46 所示。

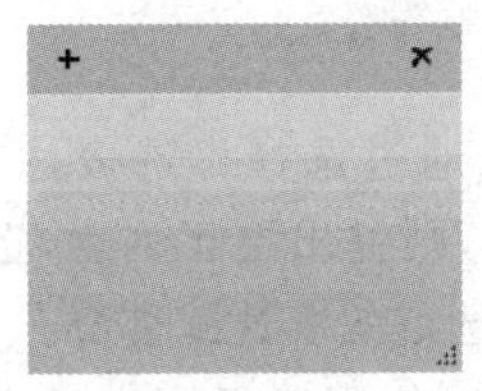

图 2-45 “便笺”应用程序

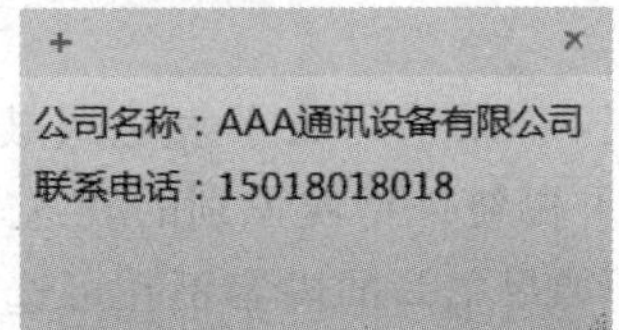

图 2-46 制作好的便笺

(3) 新建便笺：单击“便笺”上方的“＋”按钮可以新建便笺。

(4) 删除便笺：单击“便笺”上方的“×”按钮，可以删除便笺，此时会弹出对话框，询问是否删除便笺，单击“是”即可。

(5) 改变便笺颜色：在便笺上单击鼠标右键，在弹出的快捷菜单中可以选择相应的颜色来更改便笺颜色。

(6) 改变便笺大小：在便笺的边或角上拖动，可改变便笺大小。

2. 使用数学输入面板制作公式：$X_{1,2}=\frac{-b\pm\sqrt{b^2-4ac}}{2a}$

数学输入面板使用内置于 Windows 7 的数学识别器来识别手写的数学表达式。然后可以将识别的数学表达式插入字处理程序或计算程序。

(1) 单击“开始”→“所有程序”→“附件”→“数学输入面板”命令，打开数学输入面板应用程序，如图 2-47 所示。

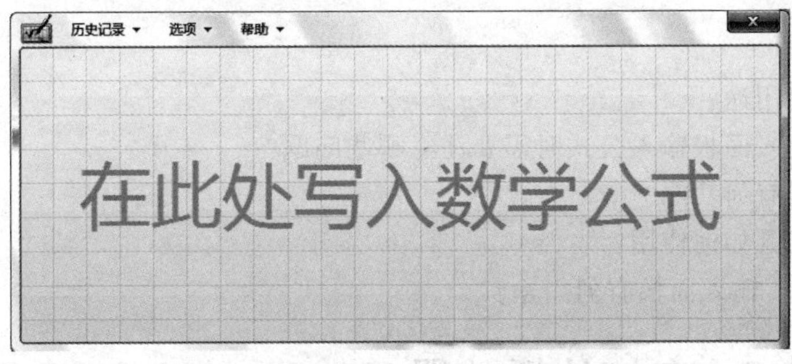

图 2-47 “数学输入面板”应用程序

(2) 书写：在书写区域书写格式正确的数学表达式，识别的数学表达式会显示在上面的预览区域，如图 2-48 所示。

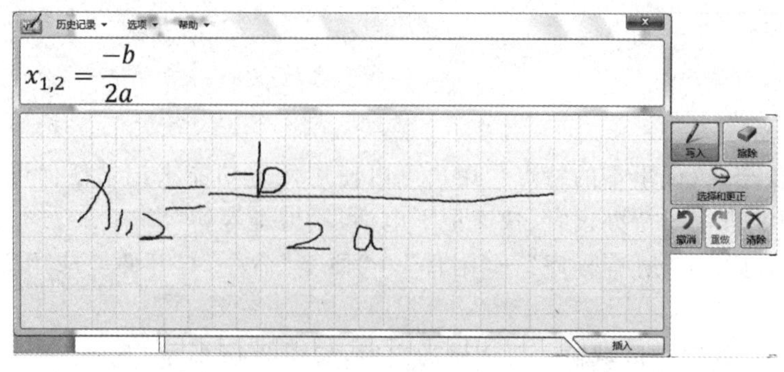

图 2-48　用“数学输入面板”应用程序制作公式

(3) 更正：如果手写数学表达式被错误识别，则可以通过选择可选表达式来更正它。按下笔按钮，并围绕被错误识别的表达式部分画一个圆圈，则弹出更正列表，选择列表中的某个可选项；如果书写的内容不在可选项列表中，可重写选定的表达式部分。

(4) 使用“历史记录”菜单：通过“历史记录”菜单，可以使用已经写入的表达式作为新表达式的基准。当需要在一行中多次写入类似的表达式时，这一功能非常有用。单击“历史记录”，然后单击要使用的表达式。则手写表达式将显示在书写区域，可以在其中进行更改。在进行更改之后，将再次识别该表达式。

(5) 单击“插入”按钮，将识别的数学表达式插入字处理程序或计算程序。

提示：数学输入面板只能将数学表达式插入支持数学标记语言（MathML）的程序中。

三、实验任务

1. 制作一个关于会议通知的便笺，并使用键盘快捷键格式化便笺中的文本。
2. 使用计算器计算表达式：(20＋5)×32/5.5 的值。
3. 使用计算器计算 21 到 25 这 5 个数的总和、平均值和总体标准偏差。
4. 使用画图工具绘制 。
5. 安装一款非系统自带的输入法，如搜狗拼音输入法。
6. 用数学输入面板输入公式：$\frac{a+b}{x^2}$。

四、思考题

1. 便笺有何用途？
2. 用数学输入面板输入公式时需要注意哪些问题？
3. 截图工具有何功能？
4. 放大镜工具如何使用？
5. Tablet PC 输入面板有何用途？

实验 8　多媒体播放器 Windows Media Player

一、实验目的

1. 熟练使用 Windows Media Player 播放音乐、视频和图片文件

2. 掌握添加媒体库位置

3. 掌握创建播放列表

二、案例

1. 从“库”模式打开媒体文件

(1) 选择“开始”→“所有程序”→Windows Media Player 命令，打开如图 2-49 所示的 Windows Media Player 窗口。

图 2-49 Windows Media Player 窗口

(2) 选择菜单栏中“文件”→“打开”命令，在打开的“打开”对话框中选择需要播放的文件，单击“打开”按钮，即可在 Windows Media Player 中播放这些文件，图 2-50 为播放的视频文件。

图 2-50 Windows Media Player 播放视频文件

提示：“库”模式的菜单栏默认是隐藏的，可在工具栏上单击鼠标右键，在弹出的快捷菜单中选择“显示菜单栏”选项使窗口显示菜单栏。

2. 播放光盘中的多媒体文件

(1) 将光盘放入光驱中。

(2) 在 Windows Media Player 窗口菜单栏中选择“播放”→“DVD、VCD 或 CD 音频”命令，如图 2-51 所示，即可播放光盘中的多媒体文件。

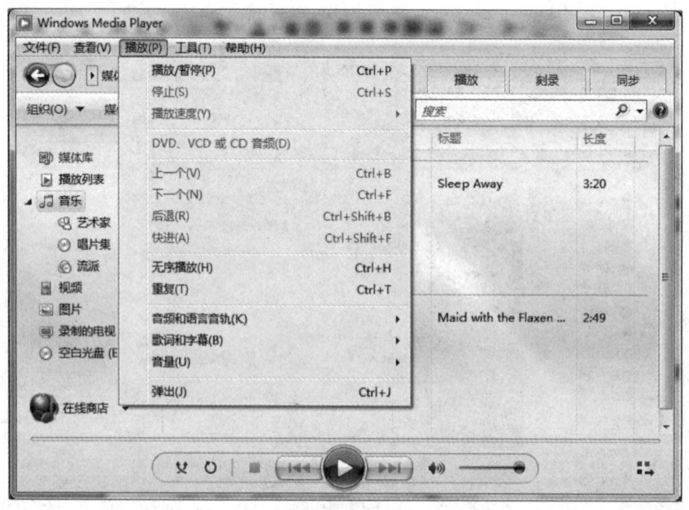

图 2-51 “播放”菜单

3. 添加媒体库位置

(1) 在 Windows Media Player 窗口菜单栏中选择“组织”→“管理媒体库”→“音乐”命令，打开如图 2-52 所示的“音乐库位置”对话框。

图 2-52 “音乐库位置”对话框

(2) 单击“添加”按钮，打开“将文件夹包括在‘音乐’中”对话框，在该对话框中找到需要添加的音乐文件夹(此处选择 D 盘的“琵琶”文件夹)，单击“包括文件夹”按钮，返回“音乐库位置”对话框。

(3) 添加的文件夹显示在“库位置”列表中，如图 2-53 所示，单击“确定”按钮，完成添加媒体库位置。

4. 创建播放列表

(1) 单击工具栏中的“创建播放列表”按钮，在导航窗格的“播放列表”下出现一个选项。

(2) 在文本框中输入列表名称“古典音乐”，按 Enter 键确认创建列表，如图 2-54 所示。

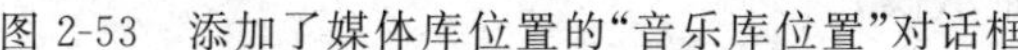

图 2-53 添加了媒体库位置的“音乐库位置”对话框

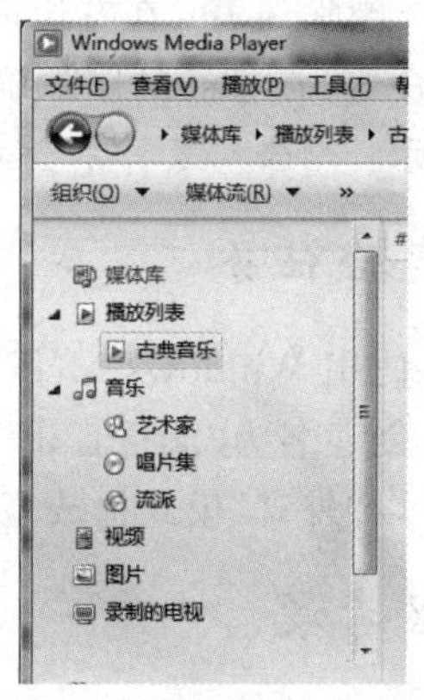

图 2-54 创建播放列表

(3) 创建后单击导航窗格中的“音乐”选项，在显示区的“所有音乐”列表中拖动需要的音乐到新建的播放列表中，可向新建的播放列表中添加文件。

(4) 添加后双击该列表项，即可播放列表中的所有音乐。

5. 编辑播放列表

(1) 打开播放列表：单击图 2-54 中新创建的播放列表“古典音乐”，在显示区显示“古典音乐”播放列表中的文件，如图 2-55 所示。

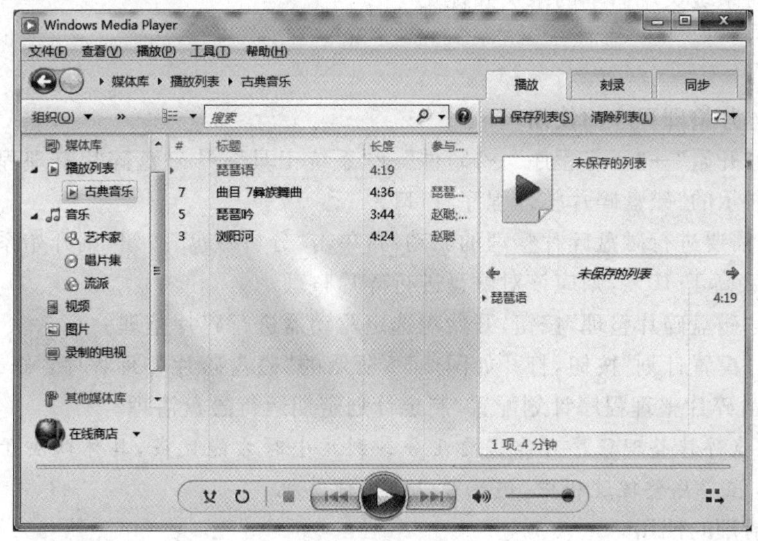

图 2-55 “古典音乐”播放列表

(2) 设置播放顺序：用鼠标拖动列表中的文件可以使文件上下移动调整播放顺序(也可以在文件图标上单击鼠标右键,在弹出的快捷菜单中选择“上移”或“下移”命令,该方式一次只能移动一个位置)。

(3) 删除列表中的文件：在文件图标上单击鼠标右键,在弹出的快捷菜单中选择“从列表中删除”命令。

(4) 重命名列表：在左边的导航窗格中使用鼠标右键单击该列表,在弹出的快捷菜单中选择“重命名”命令,输入新的名称即可。

(5) 删除列表：在左边的导航格中选择要删除的列表,右击,在弹出的快捷菜单中选择“删除”命令,在打开的删除确认对话框中单击“确定”按钮即可。

提示：删除列表并不会删除媒体文件,其文件仍然可以在媒体库中找到。

三、实验任务

1. 使用 Windows Media Player 播放一组图片文件。
2. 创建名为“流行音乐”的播放列表,并向其中添加音乐。
3. 以“外观”模式播放音乐文件。

四、思考题

1. Windows Media Player 有几种显示模式?
2. 如何实现各种模式的切换?

实验 9　Windows 7 系统工具的使用

一、实验目的

1. 掌握各种系统工具的使用方法
2. 能够对系统实现简单的维护和优化

二、案例

1. 磁盘碎片整理程序的使用

(1) 执行“开始”→“所有程序”→“附件”→“系统工具”→“磁盘碎片整理程序”命令,打开如图 2-56 所示的“磁盘碎片整理程序”窗口。

(2) 选择需要进行磁盘碎片整理的驱动器,单击“分析磁盘”按钮,则开始系统碎片程度的分析,若数字高于 10%,则应该对磁盘进行碎片整理。

(3) 单击“磁盘碎片整理”按钮,开始对选定驱动器进行碎片整理。

(4) 单击“配置计划”按钮,打开如图 2-57 所示的“磁盘碎片整理程序：修改计划”对话框,可进行磁盘碎片整理程序计划配置,制定计划定期运行磁盘清理。

提示：磁盘碎片整理程序可能需要几分钟到几小时才能完成,具体取决于硬盘碎片的大小和程度。在碎片整理过程中,仍然可以使用计算机。

2. 磁盘清理的使用

(1) 执行“开始”→“所有程序”→“附件”→“系统工具”→“磁盘清理”命令,打开如

图 2-58 所示的“磁盘清理：驱动器选择”对话框。

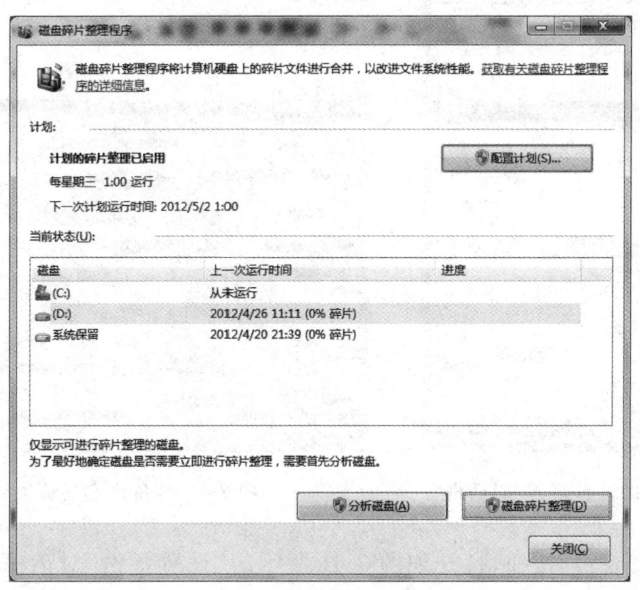

图 2-56 “磁盘碎片整理程序”对话框

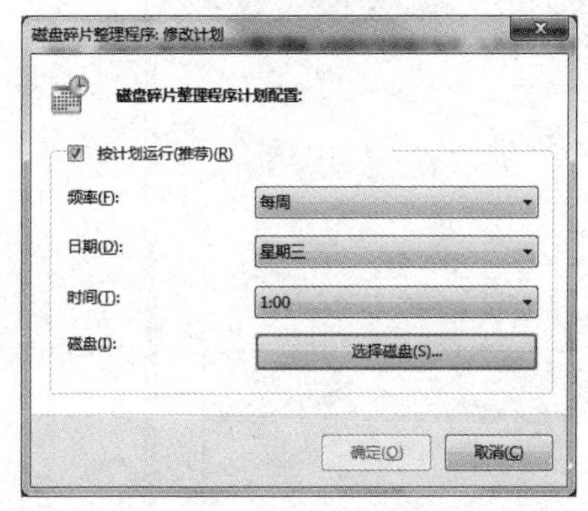

图 2-57 “磁盘碎片整理程序：修改计划”对话框

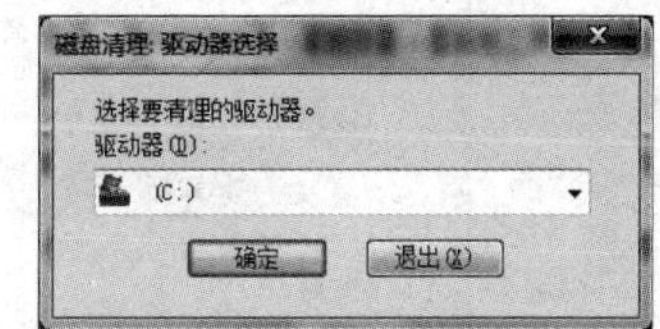

图 2-58 “磁盘清理：驱动器选择”对话框

(2) 在“驱动器”下拉列表框中选择要清理的驱动器(如 C 盘)，单击“确定”按钮，打开如图 2-59 所示的“(C:)的磁盘清理”对话框。

(3) 在该对话框中，在“要删除的文件”列表框中选择要删除的文件。程序会报告清理后可能释放的磁盘空间。

(4) 单击“确定”按钮，删除选定的文件释放出相应的磁盘空间。

3. 备份文件

对于重要的数据文件应经常或定期备份，以免发生数据丢失或破坏而受到损失。此处以备份 D 盘中的名为“基础”的文件夹为例。

(1) 执行“开始”→“所有程序”→“维护”→“备份和还原”命令，打开如图 2-60 所示的“备份和还原文件”窗口。

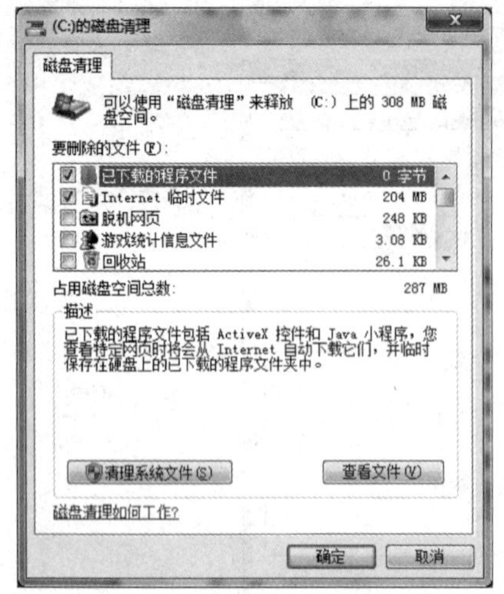

图 2-59 “(C:)的磁盘清理”对话框

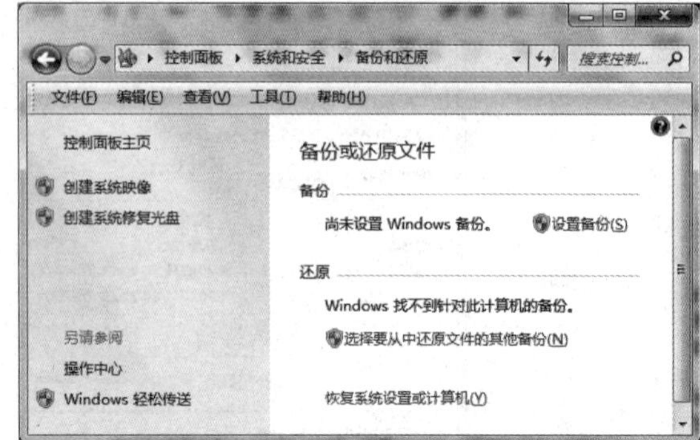

图 2-60 “备份和还原文件”窗口

(2) 单击“设置备份”按钮，打开如图 2-61 所示的“设置备份”对话框，选择保存备份的位置后(建议将备份保存到外部硬盘上，此处选择移动硬盘 F)，单击“下一步”按钮。

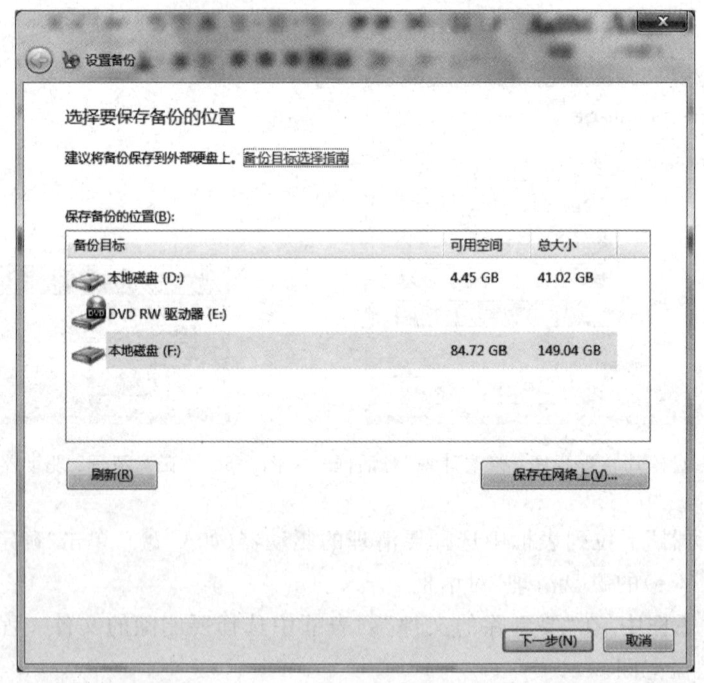

图 2-61 “设置备份”对话框

(3) 在打开的对话框中，选择“让我选择”单选按钮，打开如图 2-62 所示的“设置备份”的选择备份内容对话框，选择要备份的文件夹“基础”。

(4) 单击“下一步”按钮，打开如图 2-63 所示的“设置备份”的查看设置对话框，可以查看备份位置和备份内容。

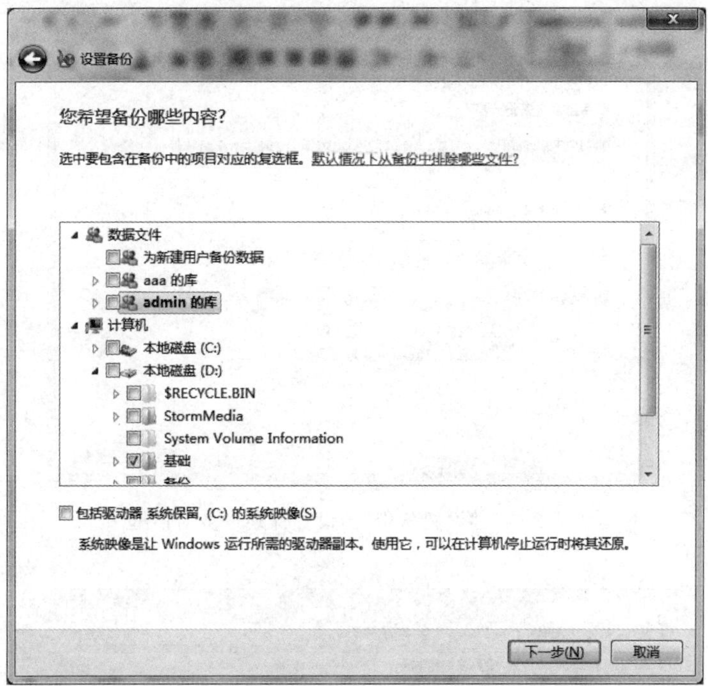

图 2-62 “设置备份”的选择备份内容对话框

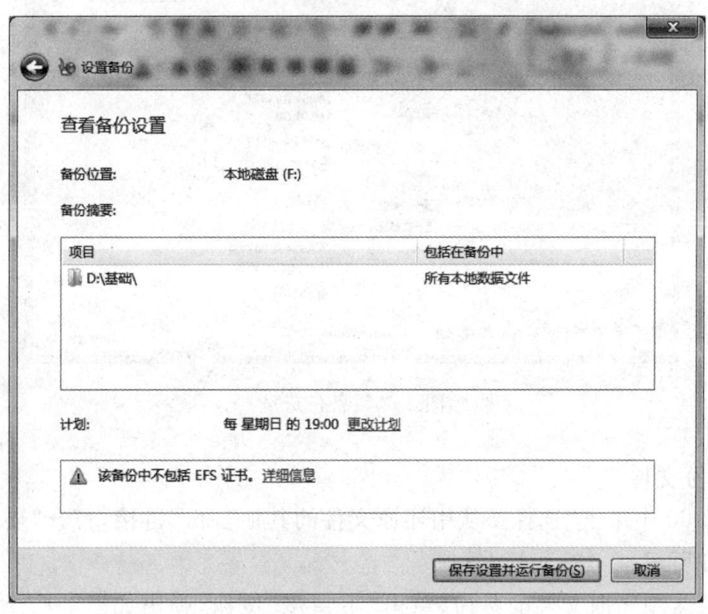

图 2-63 “设置备份”的查看设置对话框

(5) 单击该窗口中的“更改计划”按钮，打开如图 2-64 所示的“设置备份”的设置计划任务对话框，可设置按计划运行备份。

(6) 单击“确定”按钮，则开始备份，在如图 2-65 所示的窗口中可以看到备份进度。

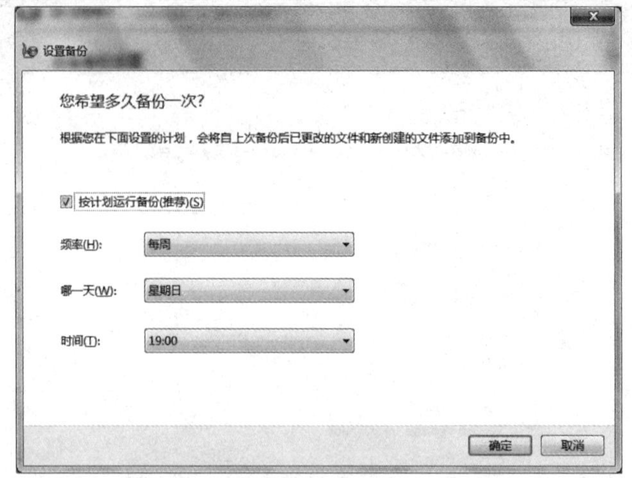

图 2-64 “设置备份”的设置计划任务对话框

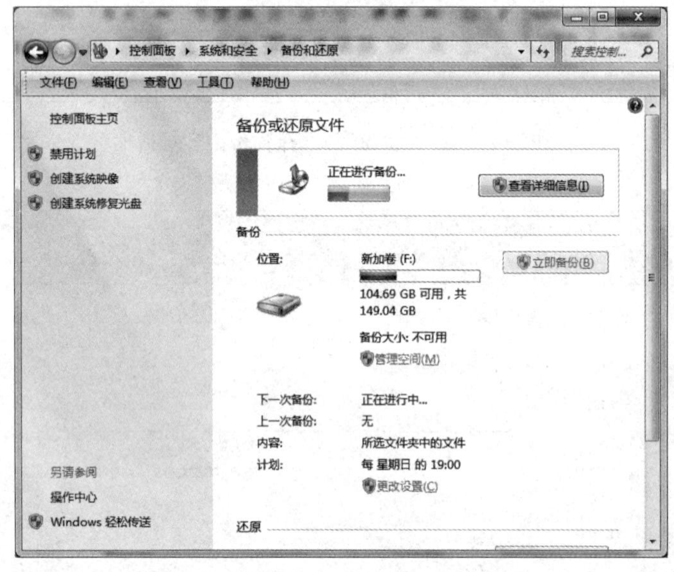

图 2-65 备份进度

4. 还原备份文件

(1) 在图 2-60 中单击“选择要从中还原文件的其他备份”链接，打开“还原文件”向导对话框，如图 2-66 所示。

(2) 选择要从中还原文件的备份，单击“下一步”按钮，弹出如图 2-67 所示的下一步向导对话框。

(3) 若选中“选择此备份中的所有文件”复选框，则可还原整个目标备份内容；若单击“浏览文件”按钮，可通过“浏览文件的备份”对话框来选择仅还原目标备份中的某个或某几个文件或文件夹。

(4) 选择好要还原的内容后，单击“下一步”按钮，确定文件还原后存放的位置，单击“还

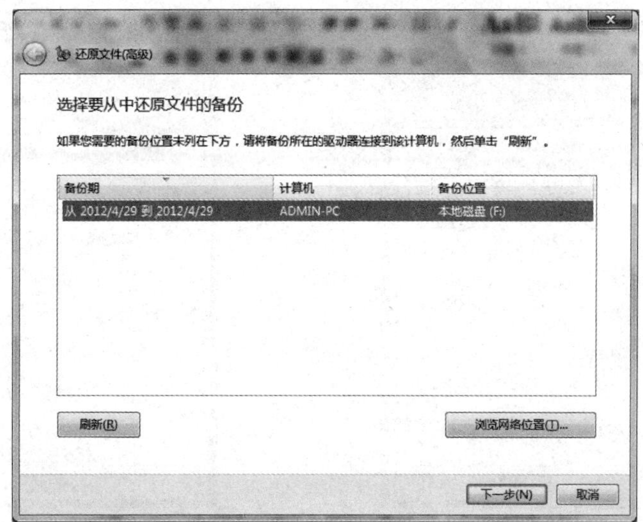

图 2-66 “还原文件”对话框之选择备份

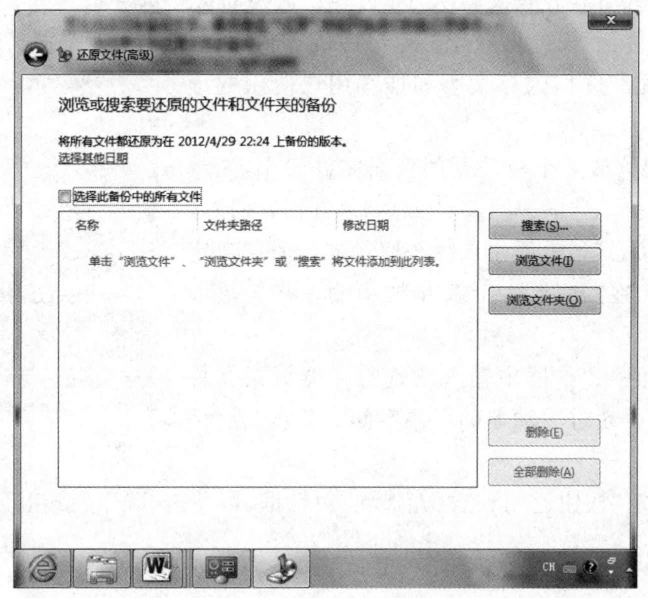

图 2-67 “还原文件”对话框之选择还原对象

原”按钮即可。

5. 内存优化

(1) 在桌面上鼠标右键单击“计算机”，从弹出的快捷菜单中选择“属性”命令，在打开的“系统属性”对话框中，单击“高级系统设置”链接，如图 2-68 所示。

(2) 在“性能”区域单击“设置”按钮，在打开的“性能选项”对话框中，选择“高级”选项卡，如图 2-69 所示。

(3) 在“处理器计划”区域，选择“程序”单选按钮，将优化应用程序性能。

(4) 单击“虚拟内存”区域的“更改”按钮，打开如图 2-70 所示的“虚拟内存”对话框。

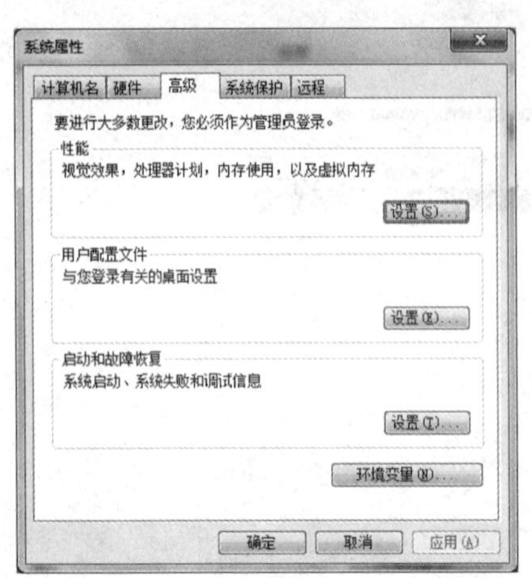

图 2-68 “系统属性”对话框

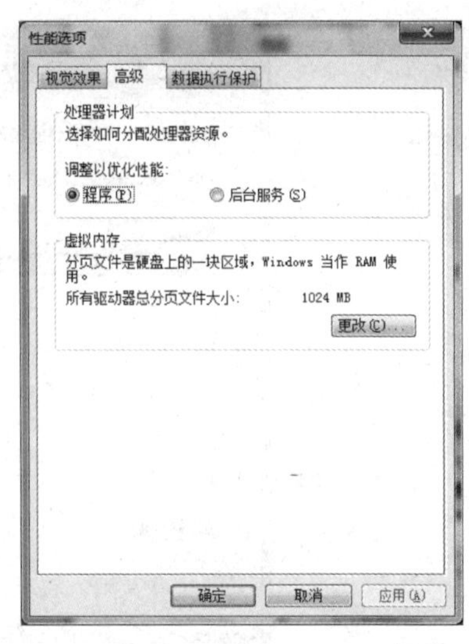

图 2-69 “性能选项”对话框

(5) 在“所有驱动器分页文件大小的总数”区域提示了驱动器页面文件大小的总数，包括允许的最小值为16MB，当前已分配的虚拟内存大小和推荐用户使用的虚拟内存大小。

(6) 如果需要修改某个驱动器的页面文件大小，先单击“自动管理所有驱动器的分页文件大小”复选框，去掉其选项，然后在“驱动器”列表框中选择该驱动器，选择“自定义大小”单选按钮，在“初始大小”文本框中输入初始页面文件的大小。

(7) 在“最大值”文本框中输入所选驱动器页面文件的最大值，其值不得超过驱动器的可用空间。单击“设置”按钮。

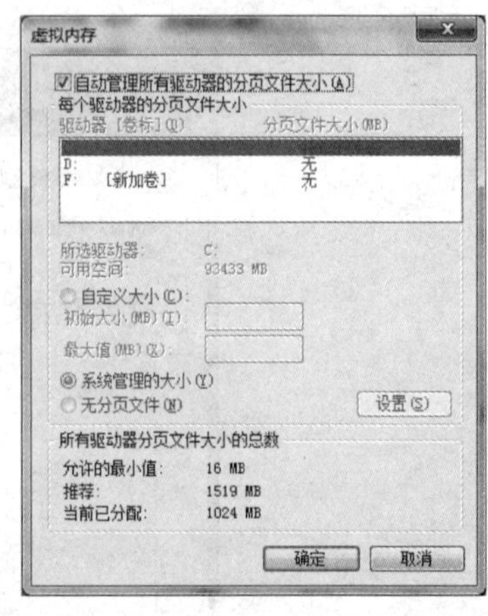

图 2-70 “虚拟内存”对话框

(8) 单击“确定”按钮返回到“性能选项”对话框，再单击“确定”按钮即可。

三、实验任务

1. 设置计划定期执行磁盘清理程序清理 D 盘。
2. 选择一个文件夹进行备份。
3. 还原以上备份的文件夹。
4. 创建系统映像。
5. 还原系统映像。

四、思考题

1. 如何查看系统信息？
2. 如何创建系统修复光盘？

第3章 常用办公软件

实验环境

1. 中文 Windows 7 操作系统
2. Office 2010 办公软件
3. Prezi 在线应用软件
4. Adobe Acrobat X Pro

实验1 Word 2010 的基本操作

一、实验目的

1. 了解 Word 2010 的启动方法
2. 熟悉 Word 2010 的工作界面
3. 熟悉文档的新建、打开和保存的方法

二、案例

1. 启动 Word 2010

(1) 使用“开始”→“所有程序”栏启动。

(2) 使用桌面快捷方式启动。

2. 调整工作界面

(1) 隐藏/显示标尺

切换到“视图”功能区，在“显示”选项组中选中或取消“标尺”复选框即可隐藏/显示标尺。

(2) 展开/最小化功能区

单击窗口右上角的“ˆ”按钮(或使用 Ctrl+F1 组合键)即可最小化功能区，功能区被隐藏时仅显示功能区功能名称。单击“ˇ”按钮(或使用 Ctrl+F1 组合键)即可恢复功能区。

(3) 自定义功能区

Word 2010 允许用户自定义功能区，可以创建功能区，也可以在功能区下创建组，让功能区更符合自己的使用习惯。执行“文件”→“选项”命令，打开“Word 选项”对话框，切换到“自定义功能区”选项卡，在自定义功能区列表中，选择相应的主选项卡，可以自定义功能区显示的主选项，如图 3-1 所示。

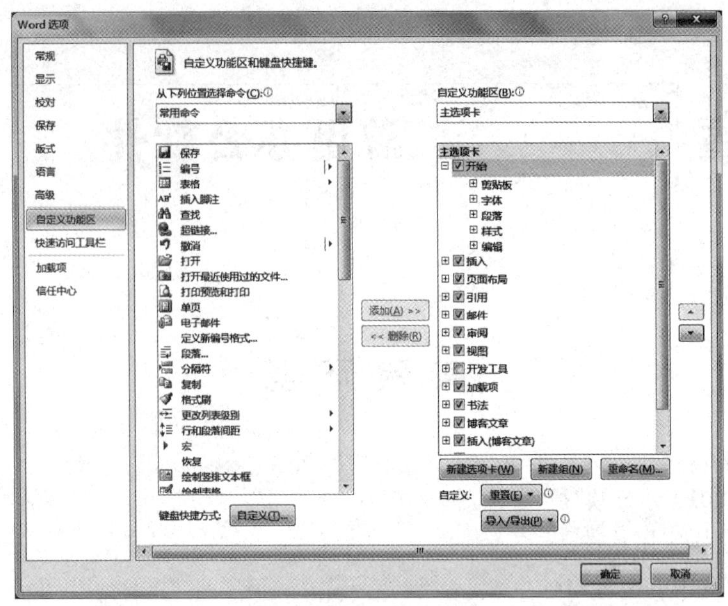

图 3-1 “Word 选项”对话框

3. 创建新文档

执行“文件”→“新建”命令，在“空白文档”区域单击“创建”按钮，即可创建新文档。

4. 输入文档内容

输入文档内容，如样文一“计算机的发展”。

5. 保存新文档

执行“文件”→“另存为”命令，选择保存位置，输入文档名并选择保存类型(默认为Word 文档)，单击“保存”按钮，即可完成。

6. 打开已有文档

打开已有文档有两种方法。

(1) 在“资源管理器”中找到需要打开的 Word 文档，双击即可。

(2) 先启动 Word，再利用“文件”→“打开”命令，弹出“打开”对话框，选择需要打开的文件，单击“打开”按钮。

提示：录入正文的注意事项

- 不要每行都回车。Word 有自动换行的功能，只有在一个段落结束时才使用回车换行。
- 不用插入空格来产生缩进和对齐。通过段落格式设置可以达到对齐效果(实验 3 中会有相关练习)。
- 要经常存盘。Word 2010 默认 10 分钟自动存盘一次，用户可使用“文件”→“选项”命令，在“Word 选项”对话框中设置自动存盘时间，尽量避免因意外死机导致录入内容丢失。
- 使用“撤销”功能。如果在录入过程中，无意操作使文档格式发生很大变化，这时不需要重新操作一次，只要单击窗口左上角的“撤销”按钮就可以恢复原状。
- 注意保留备份。计算机硬盘的故障，或者无意删除了文件，都会带来重大损失。对于重要文件应养成保留备份的好习惯。

三、实验任务

1. 启动 Word 2010 后按个人需要调整工作界面。

2. 创建新文档，内容如样文二“Office Word 2010 的十大优点”。

3. 在“自己的名字”文件夹中建立“Word 实验”文件夹，将创建的文档保存在该文件夹中，文件命名为“Office Word 2010 的十大优点.docx”。

四、思考题

1. Word 2010 的工作界面由哪几个部分组成？

2. “保存”和“另存为”有什么不同？

3. 如何在 Word 2010 中设置自动保存功能？

【样文一】 计算机的发展

世界上第一台计算机是 1946 年问世的。半个世纪以来，计算机获得突飞猛进的发展。人们根据计算机的性能和当时的硬件技术状况，将计算机的发展分成几个阶段，每一阶段在技术上都是一次新的突破，在性能上都是一次质的飞跃。

1. 第一阶段：电子管计算机(1946—1957 年)

采用电子管作为基本逻辑部件，体积大，耗电量大，寿命短，成本高。

采用电子射线管作为存储部件，容量很小，后来外存储器使用了磁鼓存储信息，扩充了容量。

输入输出装置落后，主要使用穿孔卡片，速度慢，容易出去使用十分不便。

没有系统软件，只能用机器语言和汇编语言编程。

2. 第二阶段：晶体管计算机 (1958—1964 年)

采用晶体管制作基本逻辑部件，体积减小，重量减轻，能耗降低，成本下降，计算机的可靠性和运算速度均得到提高。

普遍采用磁芯作为存储器，采用磁盘/磁鼓作为外存储器。

开始有了系统软件，提出了操作系统概念，出现了高级语言。

3. 第三阶段：集成电路计算机 (1965—1969 年)

采用中、小规模集成电路制作各种逻辑部件，使计算机体积小，重量更轻，耗电更省，寿命更长，成本更低，运算速度有了更大的提高。

采用半导体存储器作为主存，取代了原来的磁芯存储器，使存储器容量的存取速度有了大幅度的提高，增加了系统的处理能力。

系统软件有了很大发展，出现了分时操作系统，多用户可以共享计算机软硬件资源。

在程序设计方面上采用了结构化程序设计，为研制复杂软件提供了技术保证。

4. 第四阶段：大规模、超大规模集成电路计算机(1970 年至今)

基本逻辑部件采用大规模、超大规模集成电路，使计算机体积、重量、成本均大幅度降低，出现了微型机。

作为主存的半导体存储器，其集成度越来越高，容量越来越大；外存储器除广泛使用软、硬磁盘外，还引进了光盘。

各种使用方便的输入输出设备相继出现。

软件产业高度发达，各种实用软件层出不穷，极大地方便了用户。

计算机技术与通信技术相结合，计算机网络把世界紧密地联系在一起。

多媒体技术崛起，计算机集图像、图形、声音、文字处理于一体，在信息处理领域掀起了一场革命。

从 20 世纪 80 年代开始，日本、美国、欧洲等国家都宣布开始新一代计算机的研究。普遍认为新一代计算机应该是智能型的，它能模拟人的智能行为，理解人类自然语言，并继续向着微型化、网络化发展。

【样文二】 Office Word 2010 的十大优点

1. 发现改进的搜索和导航体验

利用 Word 2010，可更加便捷地查找信息。现在，利用新增的改进查找体验，您可以按照图形、表、脚注和注释来查找内容。改进的导航窗格为您提供了文档的直观表示形式，这样就可以对所需内容进行快速浏览、排序和查找。

2. 与他人同步工作

Word 2010 重新定义了人们一起处理某个文档的方式。利用共同创作功能，您可以编辑论文，同时与他人分享您的思想观点。对于企业和组织来说，与 Office Communicator 的集成，使用户能够查看与其一起编写文档的某个人是否空闲，并在不离开 Word 的情况下轻松启动会话。

3. 几乎可从在任何地点访问和共享文档

联机发布文档，然后通过您的计算机或基于 Windows Mobile 的 Smartphone 在任何地方访问、查看和编辑这些文档。通过 Word 2010，您可以在多个地点和多种设备上获得一流的文档体验 Microsoft Word Web 应用程序。当在办公室、住址或学校之外通过 Web 浏览器编辑文档时，不会削弱您已经习惯的高质量查看体验。

4. 向文本添加视觉效果

利用 Word 2010，您可以向文本应用图像效果(如阴影、凹凸、发光和映像)。也可以向文本应用格式设置，以便与您的图像实现无缝混合。操作起来快速、轻松，只需单击几次鼠标即可。

5. 将您的文本转化为引人注目的图表

利用 Word 2010 提供的更多选项，您可将视觉效果添加到文档中。您可以从新增的 SmartArt™ 图形中选择，以在数分钟内构建令人印象深刻的图表。SmartArt 中的图形功能同样也可以将文本转换为引人注目的视觉图形，以便更好地展示您的创意。

6. 向文档加入视觉效果

利用 Word 2010 中新增的图片编辑工具，无需其他照片编辑软件，即可插入、剪裁和添加图片特效。您也可以更改颜色饱和度、色温、亮度以及对比度，以轻松将简单文档转化为艺术作品。

7. 恢复您认为已丢失的工作

您是否曾经在某文档中工作一段时间后，不小心关闭了文档却没有保存？没关系。Word 2010 可以让您像打开任何文件一样恢复最近编辑的草稿，即使您没有保存该文档。

8. 跨越沟通障碍

利用 Word 2010，您可以轻松跨越不同语言沟通交流。翻译单词、词组或文档。可针对屏幕提示、帮助内容和显示内容分别进行不同的语言设置。您甚至可以将完整的文档发送到网站进行并行翻译。

9. 将屏幕快照插入到文档中

插入屏幕快照，以便快捷捕获可视图示，并将其合并到您的工作中。当跨文档重用屏幕快照时，利用“粘贴预览”功能，可在放入所添加内容之前查看其外观。

10. 利用增强的用户体验完成更多工作

Word 2010 简化了您使用功能的方式。新增的 Microsoft Office Backstage™ 视图替换了传统文件菜单，您只需单击几次鼠标，即可保存、共享、打印和发布文档。利用改进的功能区，您可以快速访问常用的命令，并创建自定义选项卡，将体验个性化为符合您的工作风格需要。

实验2 文本编辑

一、实验目的

1. 了解 Word 2010 编辑窗口的常用视图方式及切换方法
2. 熟练掌握文档的选取、移动、复制、删除和恢复
3. 掌握文档内容的查找与替换

二、案例

1. 常用视图方式的切换

(1) 打开文档"计算机的发展.docx"。

(2) 在 Word 窗口的状态栏中依次单击状态条中的页面视图、阅读版式视图、Web 版式视图、大纲视图等按钮,可以观察到 Word 文档在不同视图方式下的变化。

2. 文本内容的基本操作

(1) 文本的选定

如果是选定一个字符或单词,用鼠标拖动使文本变成黑底白字即可;如果是选定一行文本,在待选行的左侧选择区,鼠标指针变成空心箭头时单击即可;如果是选定一段文本,在待选段落的左侧选择区,双击鼠标即可;如果是选定整片文档,则在左侧选择区,三击鼠标即可。

(2) 文本内容的移动

选定文本后,用鼠标拖动该文本到目标处即可实现。如果是使用命令按钮,应在选定文本后,单击"开始"→"剪贴板"功能组中的"剪切"按钮,将插入点置于目标处,再单击"粘贴"按钮即可。

(3) 文本内容的复制

选定文本后,用鼠标拖动该文本时配合使用 Ctrl 键到目标处即可实现。如果是使用命令按钮,应在选定文本后,单击"开始"→"剪贴板"功能组中的"复制"按钮,将插入点置于目标处,再单击"粘贴"按钮即可。

(4) 文本内容的删除

选定欲删除的文本,单击"开始"→"剪贴板"功能组中的"剪切"按钮或使用 Delete 键即可完成。

(5) 文本内容的恢复

对于刚删除的文本,可单击"撤销键入"按钮,恢复被删除文本;利用"剪切"按钮删除的文本可使用"开始"→"剪贴板"功能组中的"粘贴"命令进行恢复。

3. 文本的查找与替换

(1) 查找:执行"开始"→"编辑"功能组中的"查找"命令,打开"查找和替换"对话框,在"查找内容"中输入"计算机",单击"查找下一处",则第一处"计算机"被反白显示;继续单击"查找下一处",则光标顺序移动到其他"计算机"出现的位置。

(2) 替换:在"查找和替换"对话框中单击"替换"选项卡,在"替换为"文本框中输入"Computer",单击"全部替换"按钮,则文档中所有的"计算机"均会被"Computer"替换,如

图 3-2 所示。

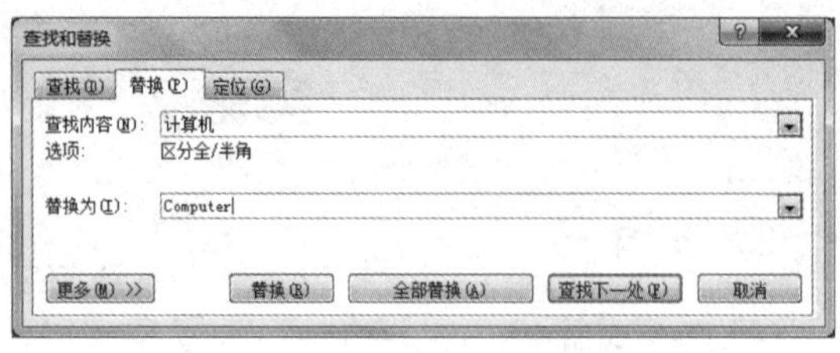

图 3-2 “查找和替换”对话框

三、实验任务

1. 常用视图方式的切换：打开文档“Office Word 2010 的十大优点.docx”，依次单击各视图按钮，观察 Word 在不同视图方式下的变化。

2. 文本内容的基本操作：通过鼠标操作尝试文本的选定、移动、复制、粘贴、删除、恢复等。

3. 文本的查找与替换：在文档中查找“Word”字样，观察文档中的查找结果；将文档中所有“Word”字样替换为“文字处理软件”。

四、思考题

1. Word 2010 中提供了几种视图模式？它们之间有什么不同？
2. 选定文本块的方法有哪些？
3. “剪贴板”功能区中的“复制”和“剪切”有什么不同？

实验 3　文档格式化

一、实验目的

1. 掌握文档字符格式化的处理方法
2. 掌握文档段落格式化的设置方法
3. 掌握文档页面格式化的方法

二、案例

1. 设置字符格式

(1) 打开文档“计算机的发展.docx”，利用“开始”→“字体”功能组中字体、字号的列表，将文档中的正文文字设置为宋体、五号字。

(2) 单击“插入”→“文本”功能组中的“首字下沉”按钮，把第一自然段的第一个字“世”设置为楷体、空心、蓝色、下沉文字(下沉 3 行)，段落中其他文字设置为黑体、五号字，如图 3-3 所示。

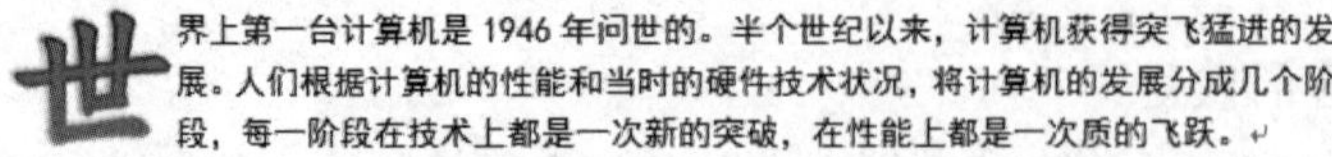

图 3-3　首字下沉设置效果

(3) 利用“开始”→“字体”功能组中的字体、字型按钮，将文档中每个发展阶段的第一个短句设置为仿宋体、倾斜、加粗。单击“字体”分组中的“下划线”下拉三角按钮，在列表中选择下划线，为文档中每个发展阶段的年代部分添加下划线，如图 3-4 所示。

1. 第一阶段：电子管计算机(1946—1957 年)

图 3-4　字体、字型及下划线设置效果

2. 设置段落格式

(1) 设置段落间距

选中需要设置的段落，单击“开始”→“段落”功能组中的“缩进和间距”按钮，打开如图 3-5 所示的“段落”对话框。将正文中每个发展阶段的第一个短句所在的自然段设置段前间距为“0.5 行”；设置最后一个自然段的段前间距为“1 行”，行距为“1.5 倍行距”。

(2) 设置项目符号

为文档中每个发展阶段的特点添加项目符号“☞”。先选中需要添加项目符号的段落，单击“开始”→“段落”功能组中的“项目符号”下拉三角按钮，如果在列表中没有需要的符号，应单击“定义新项目符号”命令，打开如图 3-6 所示的“定义新项目符号”对话框。单击“符号”按钮，在“符号”对话框中选择需要的符号，如本例的“☞”，单击“确定”按钮，返回“定义新项目符号”对话框，如图 3-6，可以看到设置的预览效果。再次单击“确定”按钮即可完成选中段落项目符号的设置。

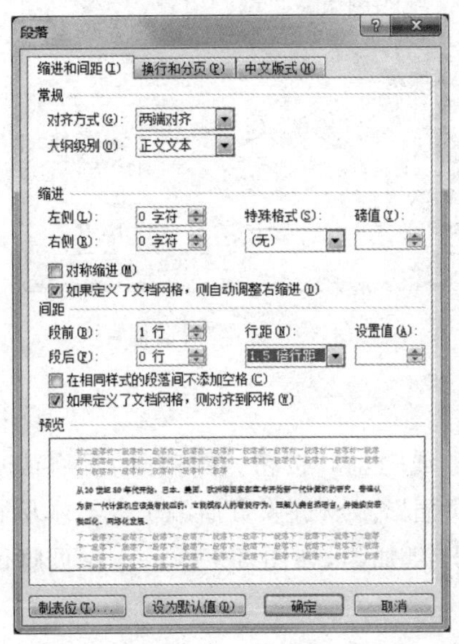

图 3-5 “段落”对话框

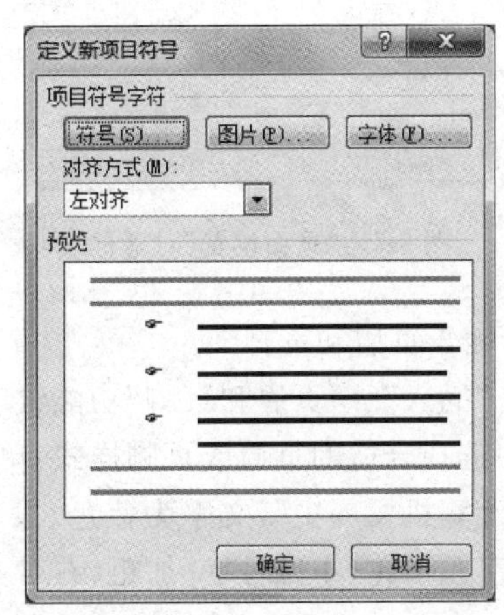

图 3-6 “定义新项目符号”对话框

(3) 设置底纹

单击“开始”→“段落”功能组中的“底纹”下拉三角按钮，为最后一个自然段设置“浅灰色”底纹。

3. 设置页面格式

(1) 页面设置

本例设置页边距为上下各 2.5 厘米，左右各 3 厘米；纸型为 A4，纵向。文档网格保持系统默认值。

切换到“页面布局”功能区，单击“页面设置”→“页边距”按钮，在打开的常用页边距列表中可以看到系统预设的页边距情况。如果在常用页边距列表中没有合适的页边距，可以选择“自定义边距”命令，在打开的“页面设置”对话框中切换到“页边距”选项卡，在“页边距”区域分别设置上、下、左、右的数值，如图 3-7 所示。在“纸张”选项卡中选择纸型，单击“确定”按钮即可。

(2) 设置分栏

单击“页面布局”→“页面设置”功能组中的“分栏”按钮，并在打开的“分栏”列表中选择合适的分栏类型。选择“更多分栏”命令，还可以打开“分栏”对话框，在对话框中可以进行更具体的设置，包括：栏数、是否栏宽相等、是否设置分割线、设置的应用范围等，如图 3-8 所示。本例的操作是：选中“计算机发展的四个阶段”这部分文字，设置分栏，栏数为 2、栏宽相等、不设置分隔线。

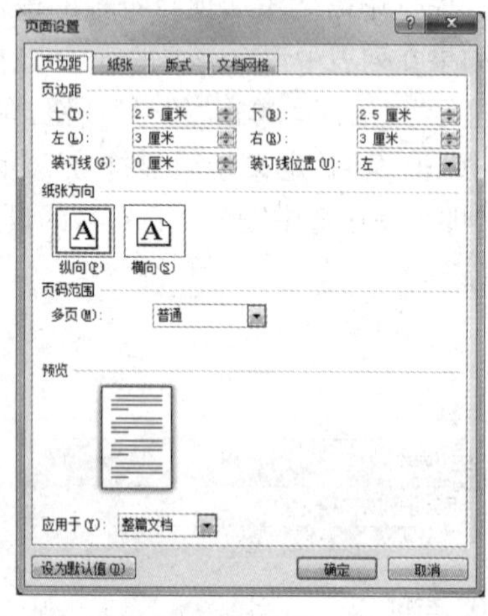

图 3-7 “页面设置”对话框

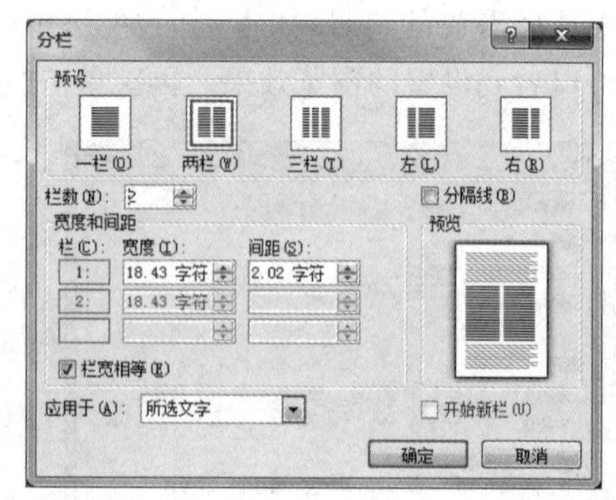

图 3-8 “分栏”对话框

(3) 插入页眉和页脚

单击“插入”→“页眉和页脚”功能组中的“页眉”或“页脚”按钮，在打开的页眉或页脚样式列表中选择合适的页眉或页脚样式，单击“编辑页眉”命令，进入页眉编辑区。本例在页眉处输入“计算机发展史”，文字为蓝色、隶书、小四号字、加粗，如图 3-9 所示。在页脚区插入页码，文字为楷体、小四号字、加粗、右对齐。

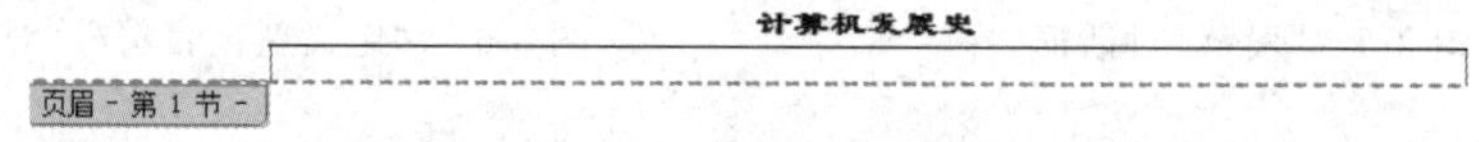

图 3-9 插入页眉

三、实验任务

1. 打开文档“Office Word 2010 的十大优点”，设置字符格式。

(1) 将文档的 10 个小标题文字设置为楷体，五号字。

(2) 将文档正文的文字设置为楷体，五号字，倾斜，加粗。

2. 设置段落格式

(1) 将小标题所在的段落间距设置为段前 0.5 行。

(2) 为优点第 3～6 的 4 个优点的正文段落设置浅灰色底纹。

(3) 除十大优点的小标题外，为其他段落添加项目符号。

3. 设置页面格式

(1) 设置页边距：上下各 2.5 厘米，左右各 3 厘米；纸型为 A4，纵向。文档网格中的数值自行调整，使得文档的所有内容能安排在一页中。

(2) 选中优点3～6的4个段落，设置分栏，栏数为2、栏宽相等、不设置分隔线。

(3) 为文档插入页眉和页脚：页眉文字与文档标题相同，宋体字，小五号；在页脚处插入页码。

四、思考题

1. 文档格式化中都包含哪些具体内容？
2. 如何设置项目符号？如何将新的符号添加到项目符号列表中？
3. 分栏中有几种预设情况？它们之间有什么不同？

实验4 图形处理

一、实验目的

1. 掌握文档中插入图片的方法
2. 掌握在文档中缩放图片、移动图片位置
3. 掌握图形文件的格式设置方法

二、案例

1. 插入图形文件

(1) 为样文“计算机的发展”插入艺术字。

单击“插入”→“文本”功能组中的“艺术字”按钮，并在打开的艺术字预设样式面板中选择合适的艺术字样式。在“艺术字”文字编辑框中可直接输入艺术字文本，并对输入的艺术字分别设置字体和字号。本例将标题“计算机的发展”通过剪切命令存储到剪贴板，粘贴到艺术字的文字编辑区，按照需要设置艺术字的字体、字型、字号、颜色、文本效果等，如图3-10所示。

计算机的发展

图3-10 艺术字效果

(2) 在样文“计算机的发展”插入剪贴画。

单击“插入”→“插图”功能组中的“剪贴画”按钮，打开“剪贴画”任务窗格，在“搜索文字”编辑框中输入关键词(本例为“计算机”)，单击“搜索”按钮。在搜索结果中选择合适的剪贴画，当鼠标指针指向某剪贴画后，该剪贴画右侧将出现下拉三角按钮，单击剪贴画右侧的下拉三角按钮，并在打开的菜单中单击“插入”按钮即可将选中的剪贴画插入到文档中，如图3-11。新插入的剪贴画周围有8个控制点，用于调节大小和位置。

(3) 插入图形文件

若剪贴画列表中没有合适的图片，可以插入磁盘中存储的图形文件。单击“插入”→“插图”功能组中的“图片”按钮，打开“插入图片”对话框，在“文件类型”下拉列表框中将列出最常见的图片格式，选择适合的图形文件所在的路径及文件名，单击“插入”按钮，即可将图片插入到文档中。

2. 设置图片格式

(1) 图片缩放

单击图片(即选中)，图片周围出现8个小方块(尺寸控制点)，鼠标移到控制点上使之成

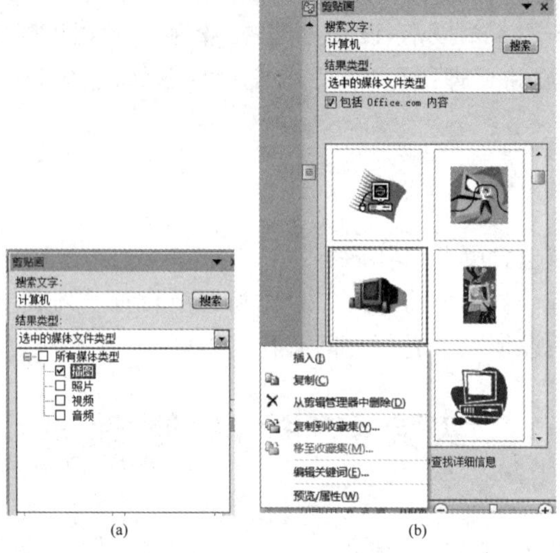

图 3-11 “剪贴画”任务窗格及搜索结果(部分)

为双向箭头,拖动鼠标即可改变图片大小。

(2) 图片对齐

当文档中插入多个图形文件时,需要将多个图形按照某种方式进行对齐。如果采用拖动图形的方式往往难以精确对齐,而使用 Word 2010 提供的对齐功能则可以很轻松地达到对齐要求。多个图形的对齐方式包括:顶端对齐、底端对齐、上下居中、右对齐、左对齐和左右居中。

操作过程:单击“开始”→“编辑”功能组中的“选择”按钮,在菜单中选择“选择对象”命令,选中准备设置对齐方式的多个图形(可以在按下 Ctrl 键的同时分别选中每个图形)。单击“绘图工具”→“格式”→“排列”→“对齐”按钮,在打开的菜单中选择“对齐所选对象”→“上下居中”命令,如图 3-12 所示。

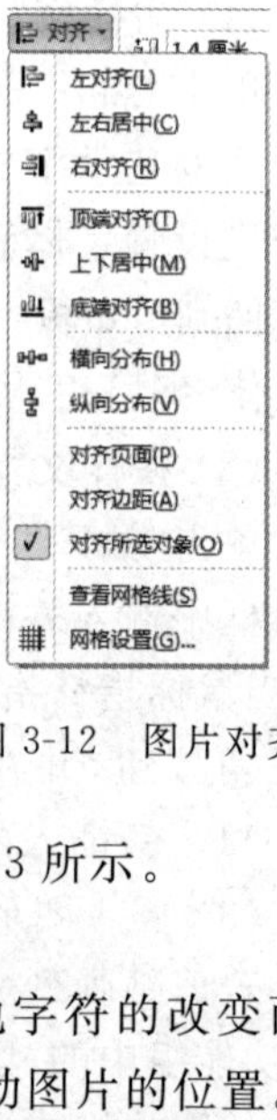

图 3-12 图片对齐

(3) 设置图片样式

Word 2010 中新增了针对图形、图片、图表、艺术字、自动形状、文本框等对象的样式设置,样式包括了渐变效果、颜色、边框、形状和底纹等多种效果。

选中图片后,选择“图片工具”→“格式”→“图片样式”,可以使用预置的样式快速设置图片的格式。特别是,当鼠标指针悬停在某一个图片样式上方时,Word 2010 文档中的图片会即时预览实际效果,如图 3-13 所示。

(4) 设置图片文字环绕方式

默认情况下,插入的图片作为字符插入到特定位置,其位置随着其他字符的改变而改变,用户不能自由移动图片。通过为图片设置文字环绕方式,可以自由移动图片的位置。选中需要设置文字环绕的图片,单击“图片工具”→“格式”→“排列”→“位置”按钮,则在打开的预设位置列表中选择合适的文字环绕方式。如果还希望在文档中设置更丰富的文字环绕方式,可以在“排列”功能组中单击“自动换行”按钮,在打开的如图 3-14 所示的菜单中选择合适的文字环绕方式。

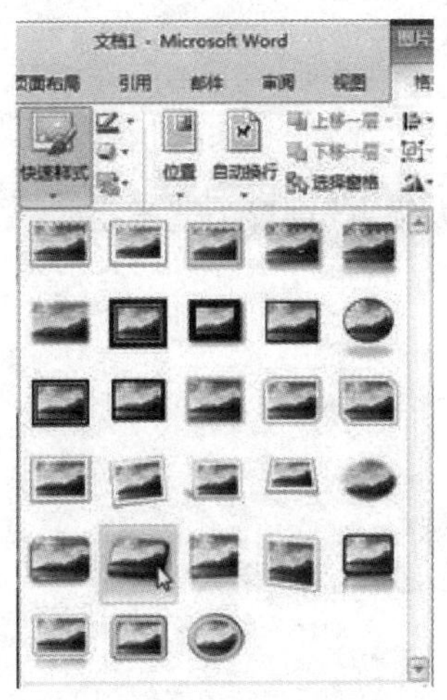

图 3-13　选择图片样式

图 3-14　图片文字环绕方式

3. 打印预览

用户可以通过使用"打印预览"功能查看文档打印效果。依次单击"文件"→"打印"命令，在打开的"打印"窗口右侧预览区域可以查看文档打印预览效果，用户所设置的纸张方向、页面边距等设置都可以通过预览区域查看效果。并且用户还可以通过调整预览区下面的滑块改变预览视图的大小。排版后的文档预览结果如图 3-15 所示。

(a)

(b)

图 3-15　样文预览效果

三、实验内容

1. 为文档添加艺术字。

(1) 将样文二的标题文字“Office Word 2010 的十大优点”设置为艺术字。

(2) 调整艺术字的样式。

2. 为文档添加图片。

(1) 选择与本文主题相符的剪贴画,添加到文档的末尾处。

(2) 设置图片样式。

(3) 设置图片文字环绕方式。

3. 预览文档排版效果(图 3-15 右侧图为样文二的参考设置效果)。

四、思考题

1. 如何设置艺术字的文本效果?

2. 图片格式都有哪些?

3. 图片文字环绕有哪几种方式? 应如何设置?

实验 5　绘制流程图

一、实验目的

1. 掌握在文档中插入文本框的方法

2. 学习简单图形的绘制方法

3. 学习组合图形的方法

二、案例

1. 插入文本框

(1) 在文档中设置插入点

(2) 插入文本框

单击“插入”→“文本”功能组中的“文本框”按钮,在“内置文本框”面板中选择合适的文本框类型,返回文档窗口,在插入的文本框中输入文本内容。

(3) 设置文本框大小

插入文本框后,在“绘图工具”→“格式”→“大小”功能组中可设置文本框的高度和宽度。也可以右键单击文本框的边框,在快捷菜单中选择“选择其他布局选项”命令,打开“布局”对话框,切换到“大小”选项卡,在“高度”和“宽度”绝对值编辑框中分别输入具体数值,以设置文本框的大小。

(4) 设置文本框样式

Word 2010 中内置有多种文本框样式供用户选择使用,样式包括“边框类型”、“填充颜色”等项目。选择文本框,单击“绘图工具”→“格式”→“形状样式”→“其他”形状样式按钮,在“文本框样式”面板中选择合适的文本框样式和颜色即可。

2. 绘制简单图形

在 Word 2010 文档中,利用自选图形库提供的丰富的流程图形状和连接符可以制作各种用途的流程图。

(1) 新建绘图画布

在打开的文档中单击“插入”→“插图”功能组中的“形状”按钮,并在打开的如图 3-16 所示的菜单中选择“新建绘图画布”命令。

图 3-16　形状下拉列表

提示:绘制流程图时必须使用画布,如果在文档页面中直接插入形状会导致流程图之间无法使用连接符连接。

(2) 插入基本图形

选中绘图画布,单击“插入”→“插图”功能组中的“形状”按钮,并在流程图类型中选择插入合适的流程图。本例以绘制图 3-17 所示图形为例。在流程图类型中选择基本图形,在“线条”类型中选择合适的连接符。本例中选择“流程图”中的“过程”,再选择“线条”中的“箭头”作为连接符。

(3) 连接图形

将鼠标指针指向第一个流程图图形(不必选中),则该图形四周将出现 4 个红色的连接点。鼠标指针指向其中一个连接点,然后按下鼠标左键拖动箭头至第二个流程图图形,则第二个流程图图形也将出现红色的连接点。定位到其中一个连接点并释放左键,则完成两个流程图图形的连接,成功连接的连接符两端将显示红色的圆点,如图 3-17 所示。

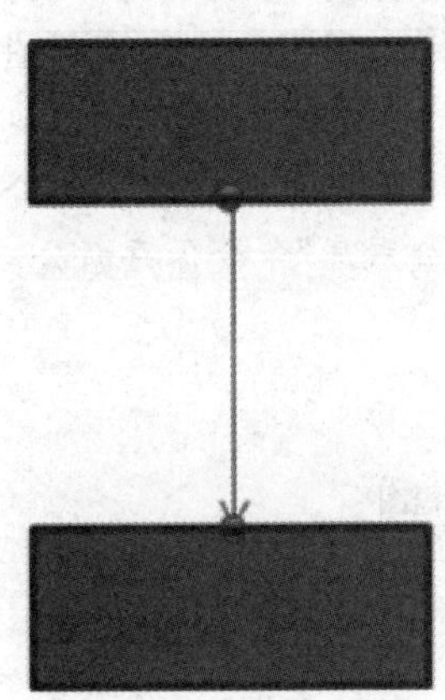

图 3-17　连接图形

(4) 在流程图图形中添加文字

右键单击准备添加文字的自选图形,在打开的快捷菜单中选择“添加文字”命令,自选图形进入文字编辑状态,根据实际需要在自选图形中输入文字内容即可。添加文字后还可以对自选图形中的文字进行字体、字号、颜色等格式的设置。

3. 图形对象的组合

如果在绘制图形时没有使用画布,而是在文档页面中直接插入各个图形,则需要借助“组合”命令将多个独立的形状组合成一个图形对象。

(1) 选择多个独立图形

单击“开始”→“编辑”功能组中的“选择”按钮,并在打开的菜单中选择“选择对象”命令,将鼠标指针移动到 Word 页面中,鼠标指针呈白色鼠标箭头形状,在按住 Ctrl 键的同时左键单击选中所有的独立形状。

(2) 组合图形

右键单击被选中的所有独立形状,在打开的快捷菜单中指向“组合”命令,并在打开的下一级菜单中选择“组合”命令,通过设置,被选中的独立形状将组合成一个图形对象,可以进行整体操作。

(3) 取消组合

如果希望对组合对象中的某个形状进行单独操作，可以右键单击组合对象，在打开的快捷菜单中指向“组合”命令，并在打开的下一级菜单中选择“取消组合”命令。

4. 编辑公式

(1) 插入内置公式

Word 2010 和 Office. com 提供了多种常用的公式供用户直接插入到文档中，用户可以根据需要直接插入内置公式。

在文档窗口中单击“插入”→“符号”功能组中的“公式”下拉三角按钮，在打开的内置公式列表中选择需要的公式即可。

(2) 创建公式

如果内置公式列表中没有需要的内容，可以自行创建公式。在“符号”功能组中单击“公式”按钮(非“公式”下拉三角按钮)，在文档中将创建一个空白公式框架，通过键盘或“公式工具”→“设计”→“符号”功能组输入公式内容；通过“结构”功能组选择结构，图 3-18 为“结构”功能组中的“大型运算符”结构。

提示： 在“公式工具”→“设计”→“符号”功能组中，默认显示“基础数学”符号。除此之外，Word 2010 还提供了希腊字母、字母类符号、运算符、箭头、求反关系运算符、几何学等多种符号供用户使用。

(3) 将公式保存到公式库

用户在文档中创建了一条自定义公式后，如果该公式经常被使用，则可以将其保存到公式库中。单击需要保存到公式库中的公式使其处于编辑或选中状态，然后单击“公式选项”按钮，并在打开的菜单中选择“另存为新公式”命令。打开“新建构建基块”对话框，在“名称”编辑框中输入公式名称，其他选项保持默认设置，并单击“确定”按钮。利用公式和绘制图形功能，可绘制如图 3-19 所示的流程图。

提示： 保存到公式库中的自定义公式将在“公式工具”→“设计”→“工具”功能组中的公式列表中找到，同时用户也可以在公式列表中选择“将所选内容保存到公式库”命令保存新公式。

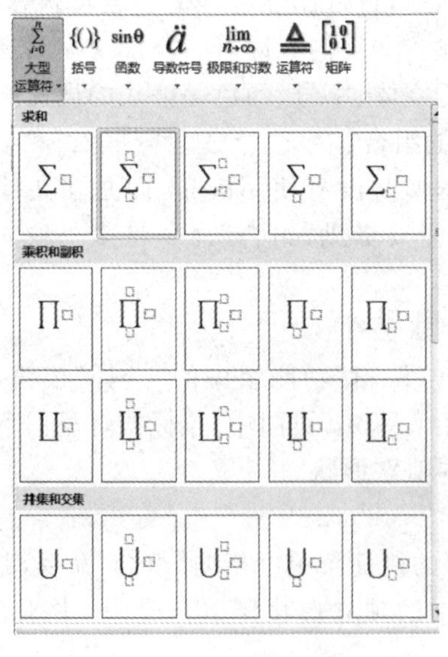

图 3-18 创建公式

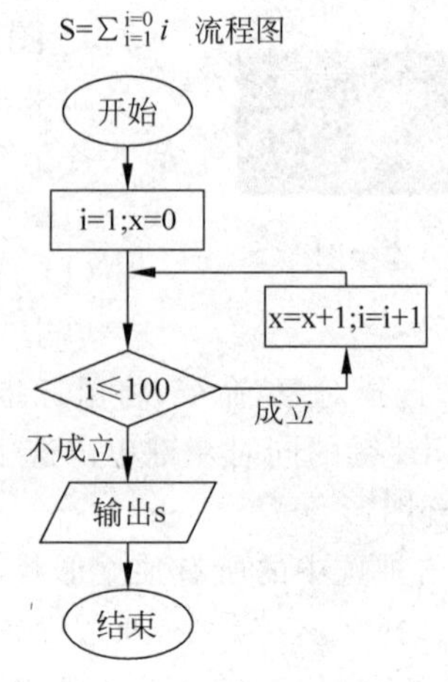

图 3-19 绘制流程图

三、实验任务

1. 创建数学公式如图 3-20 所示。

2. 绘制流程图。

(1) 设计计算 S=1+2+3+…+100 的程序流程图,用“当型”循环完成,如图 3-21 所示。

(2) 设计计算 S=1+2+3+…+100 的程序流程图,用“直到型”循环完成,如图 3-22 所示。

等比数列:$1+q+q^2+\cdots+q^{n-1}=\frac{1-q^n}{1-q}$

等差数列:$1+2+3+\cdots+n=\frac{(n+1)n}{2}$

调和级数:$1+\frac{1}{2}+\frac{1}{3}+\cdots+\frac{1-q^n}{1-q}$是发散的

图 3-20　创建数学公式

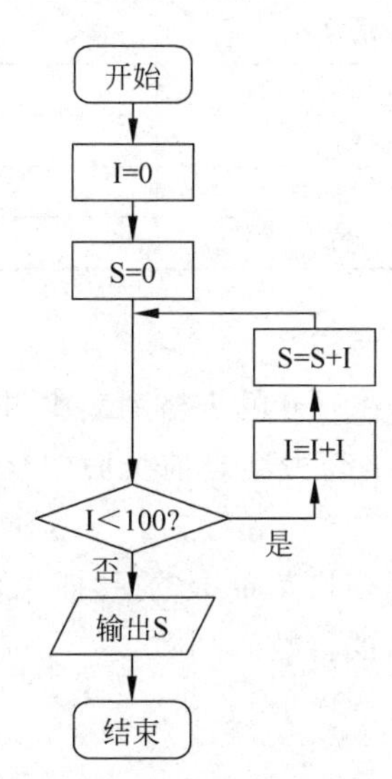

图 3-21　“当型”循环

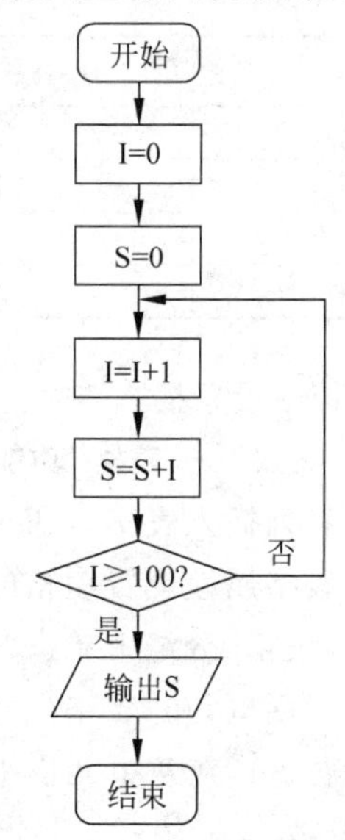

图 3-22　“直到型”循环

提示:根据对条件的不同处理,循环结构分为如下两种:一个是“当型”循环,其含义是“在每次执行循环体前对控制循环条件进行判断,当条件满足时执行循环体,不满足则停止循环”,因此“当型”循环有时也称为“前测试型”循环。另一个是“直到型”循环,其含义是“在执行了一次循环体之后,对控制循环条件进行判断,当条件不满足时执行循环体,满足则停止循环”,因此“直到型”循环又称为“后测试型”循环。对同一个问题,一般来说既可以用“当型”,又可以用“直到型”。当然其流程图会有所不同。

四、思考题

1. 如何创建自定义公式?
2. 绘制流程图时为什么要使用绘图画布?
3. 为什么要组合图形对象?

实验 6　表格和图表的编辑

一、实验目的

1. 掌握创建表格和编辑表格的方法
2. 学习对表格中的数据进行排序和计算

3. 掌握表格与文字相互转换的方法

4. 学习利用表格数据生成图表,并对图表进行编辑

二、案例

1. 在文档中插入表格

利用 Word 的表格工具建立如表 3-1 所示的表格。

表 3-1 学生成绩表

姓名	数学	语文	英语
李小玫	89	86	88
王春燕	82	67	83
张静子	90	75	81
刘露露	78	80	76

(1) 在文档中设置插入点。

(2) 单击"插入"→"表格"功能组中的"表格"按钮,在打开的表格列表中,拖动鼠标选中合适数量的行和列插入表格。通过这种方式插入的表格会占满当前页面的全部宽度,用户可以通过修改表格属性设置表格的尺寸。

也可以在"表格"分组中单击"表格"按钮,并在打开表格菜单中选择"插入表格"命令,打开"插入表格"对话框,在"表格尺寸"区域分别设置表格的行数和列数。

(3) 按照表 3-1,在各单元格中输入表格内容。

2. 编辑表格

(1) 用鼠标选取表格的部分或全部内容

如选取姓名为"王春燕"的单元格,将鼠标指针移到某单元格左下角,指针变成右箭头时单击左键,或将插入点移到该单元格中均可选定单元格。

将鼠标指针移动到表格左边,当鼠标指针呈向右指的白色箭头形状时,单击鼠标左键可以选中整行。如果按下鼠标左键向上或向下拖动鼠标,则可以选中多行。将鼠标指针移动到表格顶端,当鼠标指针呈向下指的黑色箭头形状时,单击鼠标左键可以选中整列。如果按下鼠标左键向左或向右拖动鼠标,则可以选中多列。

如果需要设置表格属性或删除整个表格,首先需要选中整个表格。将鼠标指针从表格上划过,然后单击表格左上角的"全部选中"按钮即可选中整个表格,或者可以通过在表格内部拖动鼠标选中整个表格。

除了上述利用鼠标操作选定表格对象外,还可以使用命令实现该操作,方法是:单击"表格工具"→"布局"→"表"功能组中的"选择"按钮,并在打开的下拉菜单中选择需要的表格对象,包括单元格、行、列和表格。

(2) 在表格中插入单元格、行、列

如在标题为"英语"的右侧插入新的一列,标题为"平均";在姓名为"刘露露"的下面插入新的一行,标题为"合计"。在准备插入行(或者列)的相邻单元格中单击鼠标右键,然后在打开的快捷菜单中指向"插入"命令,并在打开的下一级菜单中选择"在左侧插入列"、"在右侧插入列"、"在上方插入行"或"在下方插入行"命令。

用户还可以在“表格工具”功能区进行插入行或插入列的操作。在准备插入行或列的相邻单元格中单击鼠标，然后在“表格工具”功能区切换到“布局”选项卡，在“行和列”功能组中根据实际需要单击插入行或列的命令。

(3) 调整表格、行、列及单元格的大小

将鼠标移到表格上，用鼠标拖动“表格缩放手柄”即可调节整个表格的大小，各单元格的大小均随之调整；鼠标拖动“移动行标记”或“移动列标记”则可以调整行高与列宽。

若要精确设置行、列或单元格的大小时，可以单击“表格工具”→“布局”→“表”→“属性”按钮，即可打开“表格属性”对话框，在对话框中单击“表格”、“行”、“列”、“单元格”选项卡，即可进行精确设置。

3. 修饰表格

(1) 设置表格边框

单击“表格工具”→“设计”，在“绘图边框”功能组中分别设置笔样式、笔画粗细和笔颜色；在“设计”→“表格样式”功能组中，单击“边框”下拉三角按钮，在打开的如图 3-23 所示的“边框”菜单中设置边框的显示位置即可。Word 边框显示位置包含多种设置，例如上框线、所有框线、无框线等。

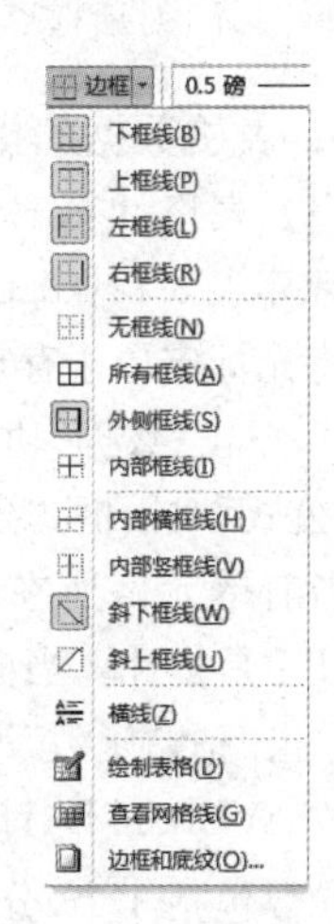

图 3-23 “边框”列表

(2) 设置表格底纹图案

在表格中选中需要设置底纹图案的一个或多个单元格。单击“表格工具”→“设计”，在“表格样式”功能组中单击“边框”下拉三角按钮，然后在打开的“边框”菜单中选择“边框和底纹”命令，在对话框中切换到“底纹”选项卡，如图 3-24 所示。在“图案”区域单击“样式”下拉三角按钮，在列表中选择一种样式；单击“颜色”下拉三角按钮，选择合适的底纹颜色，并单击“确定”按钮。

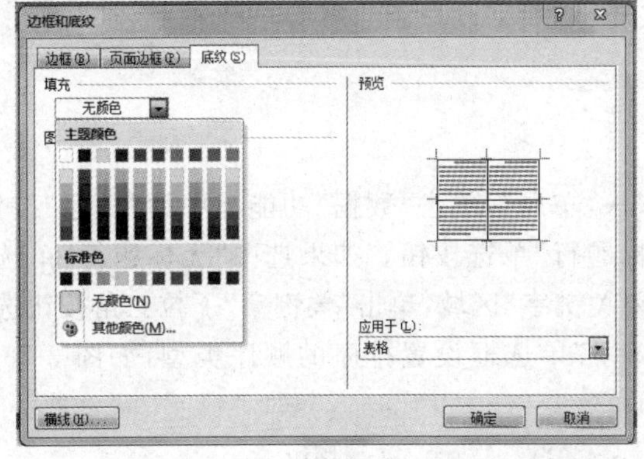

图 3-24 “边框和底纹”对话框

图 3-25 “制表位”对话框

4. 表格与文字的相互转换

(1) 文字转换为表格

给要进行转换的文本添加段落标记和分隔符(逗号、空格、制表位)，“制表位”对话框如图 3-25 所示。选定要进行转换的文本，单击“插入”→“表格”功能组中的“表格”按钮，在打开的“表格”菜单中选择“文本转换成表格”选项，打开对话框，确认各项设置均合适，并单击

“确定”按钮。返回 Word 文档窗口，可以看到转换好的表格。

(2) 表格转换为文字

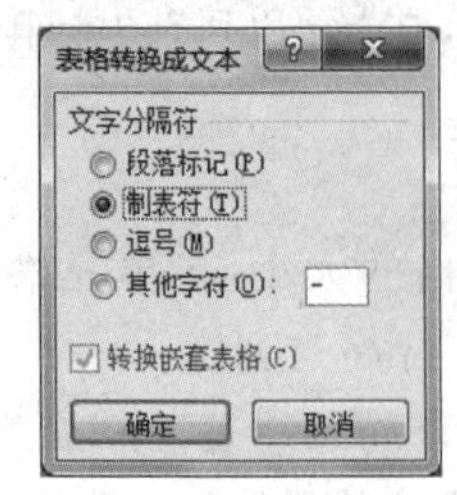

图 3-26 “表格转换成文本”对话框

选中需要转换为文本的单元格，如果需要将整张表格转换为文本，则只需单击表格任意单元格。选择“表格工具”→“布局”，单击“数据”功能组中的“转换为文本”按钮，如图 3-26 所示。在打开的对话框中，选中“段落标记”、“制表符”、“逗号”或“其他字符”单选框。选择任何一种标记符号都可以转换成文本，只是转换生成的排版方式或添加的标记符号有所不同。最常用的是“段落标记”和“制表符”两个选项。选中“转换嵌套表格”可以将嵌套表格中的内容同时转换为文本。

5. 表格数据的排序与计算

(1) 表格计算

计算表 3-1 中每位学生的平均成绩和各科成绩的总和。

将光标定位于存放结果的单元格中，选择“表格工具”→“布局”，单击“数据”功能组中的“公式”按钮，打开如图 3-27 所示的“公式”对话框，“公式”区域的文本框中会根据表格中的数据和当前单元格所在位置自动推荐一个公式，例如“=SUM(LEFT)”是指计算当前单元格左侧单元格的数据之和。用户可以单击“粘贴函数”下拉三角按钮选择合适的函数，例如平均数函数 AVERAGE、计数函数 COUNT 等。其中公式中括号内的参数包括 4 个，分别是左侧(LEFT)、右侧(RIGHT)、上面(ABOVE)和下面(BELOW)，当然，也可用单元格地址表示完成公式的编辑后单击“确定”按钮即可得到计算结果，如图 3-27 所示。

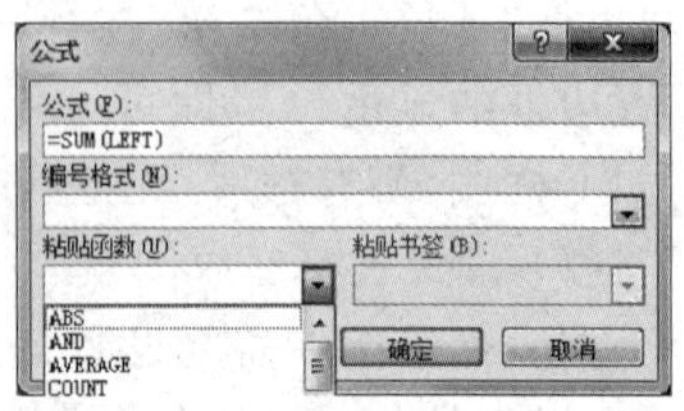

图 3-27 “公式”对话框

提示：一次只能计算表格中的一行或一列单元格中的数据，对多行或多列数据计算时，需反复操作。计算后，若对原始数据进行了修改，则合计结果不会随之改变，需将光标置于计算结果处，按 F9 键，更新数据域结果。

(2) 表格排序

将表 3-1 按平均成绩重新排列。

将光标定位于表格中，选择“表格工具”→“布局”，单击“数据”功能组中的“排序”按钮。在“排序”对话框中，在“列表”区域选中“有标题行”单选按钮。如果选中“无标题行”单选按钮，则表格中的标题也会参与排序。在“主要关键字”区域，单击“关键字”下拉三角按钮选择排序依据的主要关键字。选中“升序”或“降序”单选框设置排序的顺序类型，如图 3-28 所示。经过计算与排序后的内容如表 3-2 所示。

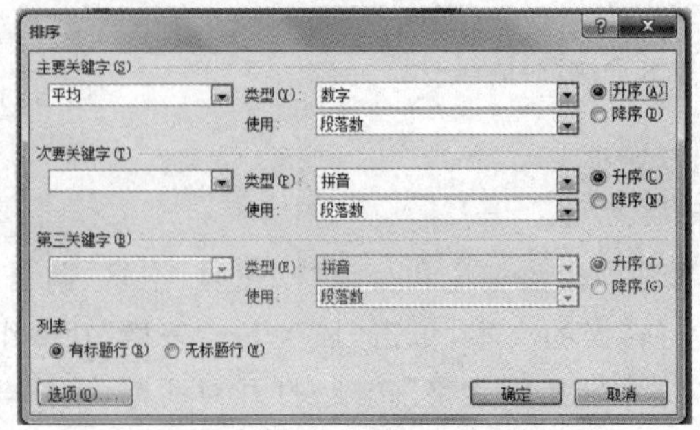

图 3-28 “排序”对话框

表 3-2　计算与排序后的学生成绩表

姓名	数学	语文	英语	平均
王春燕	82	67	83	77.33
刘露露	78	80	76	78
张静子	90	75	81	82
李小玫	89	86	88	87.67
合　计	339	308	328	325

6. 单元格的合并与拆分

(1) 合并单元格。

选中准备合并的两个或两个以上的单元格，单击右键，在打开的快捷菜单中选择“合并单元格”命令。也可以选择“表格设计”→“布局”，在“合并”功能组中单击“合并单元格”命令。

(2) 拆分单元格。

右键单击准备拆分的单元格，在打开的快捷菜单中选择“拆分单元格”命令，在打开的对话框中，分别设置要拆分成的列数和行数，并单击“确定”按钮。也可以在单击准备拆分的单元格后，选择“表格工具”→“布局”，在“合并”功能组中单击“拆分单元格”按钮，同样可以在打开的对话框中进行设置。

7. 手工绘制表格

(1) 通过绘制表格功能自定义插入的表格

单击“插入”→“表格”功能组中的“表格”按钮，并在打开的表格菜单中选择“绘制表格”命令，鼠标指针呈现铅笔形状，在 Word 文档中拖动鼠标左键绘制表格边框，在适当的位置绘制行和列即可。

完成表格的绘制后，按下键盘上的 Esc 键，或者选择“表格工具”→“设计”，单击“绘图边框”功能组中的“绘制表格”按钮结束表格绘制状态。

如果在绘制表格的过程中需要删除某行或某列，可以单击“表格工具”→“设计”→“绘图边框”功能组中的“擦除”按钮。鼠标指针呈现橡皮擦形状，在特定的行或列线条上拖动鼠标左键即可删除该行或该列。在键盘上按下 Esc 键取消擦除状态。

(2) 绘制斜线表头

单击选择单元格，单击“表格工具”→“设计”，单击“绘图边框”功能组中的“绘制表格”按钮，鼠标指针呈现铅笔形状，在单元格中沿着对角线处拖动可以绘制斜线。

单击“绘图边框”功能组中的“边框和底纹”按钮，可以对表格进行修饰。修饰后的表格如图 3-29。

班级成绩单

课程 姓名	数学	语文	英语	平均
王春燕	82	67	83	77.33
刘露露	78	80	76	78
张静子	90	75	81	82
李小玫	89	86	88	87.67
合　计	339	308	328	325

图 3-29　修饰表格示例

8. 利用表格数据生成图表

图表是利用图像比例表现数值大小的图形，通过图表可以清晰直观地反映出数值之间的对应关系。

(1) 选择图表类型

将插入点定位到要插入图表的位置，单击

"插入"→"插图"功能组中的"图表"按钮，打开插入图表对话框，在左侧的图表类型列表中选择需要创建的图表类型，在右侧图表子类型列表中选择合适的图表，并单击"确定"按钮。

(2) 编辑数据生成图表

系统会并排打开 Word 窗口和 Excel 窗口。首先需要在 Excel 窗口中编辑图表数据，可以通过复制 Word 表格中的数据并粘贴到 Excel 表格中，根据需要修改系列名称和类别名称，并编辑数据。在编辑 Excel 表格数据的同时，Word 窗口中将同步显示图表结果。完成 Excel 表格数据的编辑后关闭 Excel 窗口，在 Word 窗口中可以看到创建完成的图表，如图 3-30 所示。

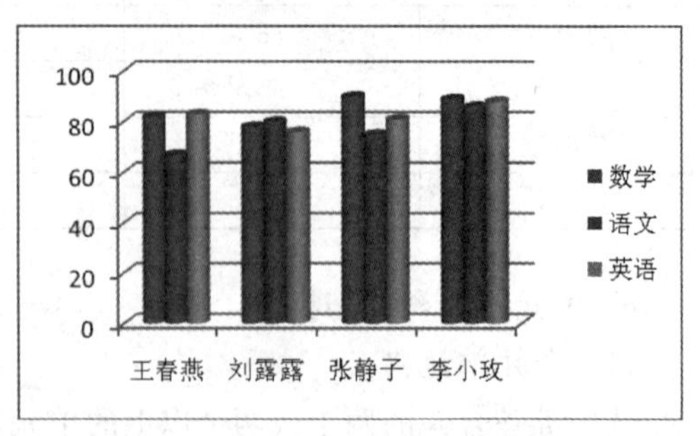

图 3-30　生成图表示例

(3) 修改图表

生成的图表与插入到文档中的图片一样，可以编辑、调整。选中图表后单击右键，在打开的快捷菜单中选择"更改图表类型"和"设置图表区域格式"命令，在打开的对话框中可以实现对图表的修改。

三、实验任务

1. 创建表格。

(1) 设计一张职工工资表，包含：职工号、姓名、部门、岗位工资、薪级工资、岗贴、职贴、纳税额、公积金、实发工资等项目。

(2) 在工资表中输入数据。

2. 表格操作。

(1) 计算"实发工资"：实发工资＝岗位工资＋薪级工资＋岗贴＋职贴－纳税额－公积金。

(2) 表格排序：按部门升序排列，同部门职工按实发工资降序排列。

3. 根据表格数据生成图表，尝试生成柱形图、折线图、饼图等几种不同类型的图表。

四、思考题

1. 如何设计自定义表格？

2. 表格排序中的"有标题行"和"无标题行"有什么不同？

3. 常用的几种图表类型适合表达何种数据信息？它们之间有什么不同？

实验 7　邮件合并

一、实验目的

1. 了解邮件合并的概念

2. 掌握邮件合并的应用方法

二、案例

1. 利用邮件合并功能制作会议通知

(1) 建立主文档

主文档是用来存放批量邮件中固定内容的文档。下面以编辑“会议通知”为例进行说明。下面是主文档内容。

XXX：

兹定于 2012 年 12 月 10 日在办公楼 205 会议室召开教学研讨会，敬请出席。

学院办公室

2012 年 12 月 5 日

(2) 编辑数据源文档

数据源用于存放邮件中需要变化的内容。合并时 Word 会将数据源中的内容插入到主文档的合并域中，这样就可以产生以主文档为模本的不同文本内容。

- 自定义地址列表字段

切换到“邮件”功能区，如图 3-31 所示。在“开始邮件合并”功能组中单击“选择收件人”按钮，在打开的菜单中选择“键入新列表”命令。用户根据需要在常用字段名中添加、删除或重命名地址列表字段，还可以单击“上移”或“下移”按钮改变字段顺序。完成设置后单击“确定”按钮。本例应添加姓名和职务两个字段，如图 3-32 所示。

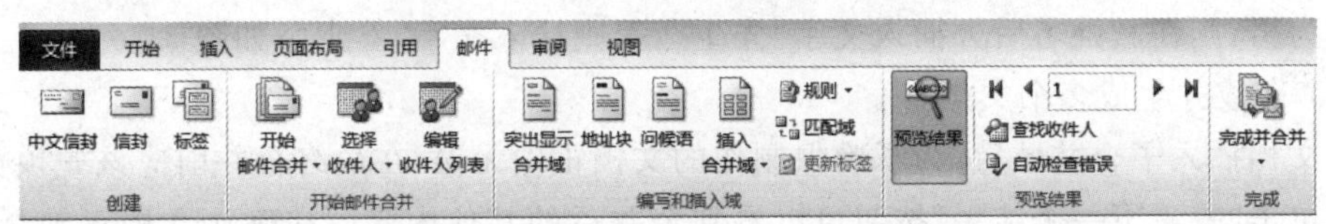

图 3-31 “邮件合并”工具栏

- 输入联系人记录

在打开的新建地址列表对话框中，根据实际情况输入第一条记录的内容。完成后，单击“新建条目”按钮。可根据需要添加多个收件人条目，添加完成后单击“确定”按钮，如图 3-33 所示。接着打开“保存通讯录”对话框，在“文件名”编辑框输入通讯录文件名称，选择合适的保存位置，并单击“保存”按钮。

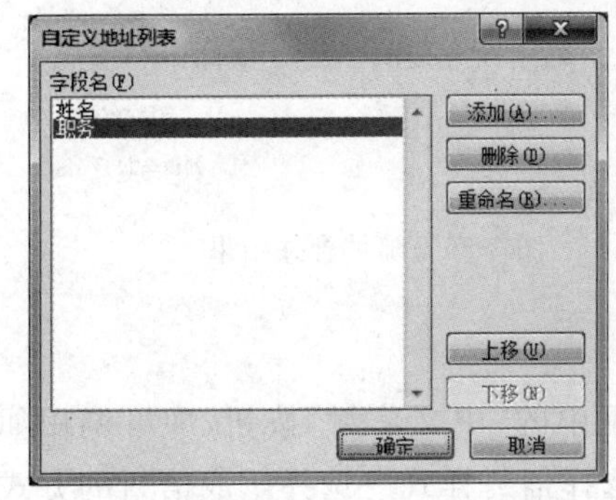

图 3-32 “自定义地址列表”对话框

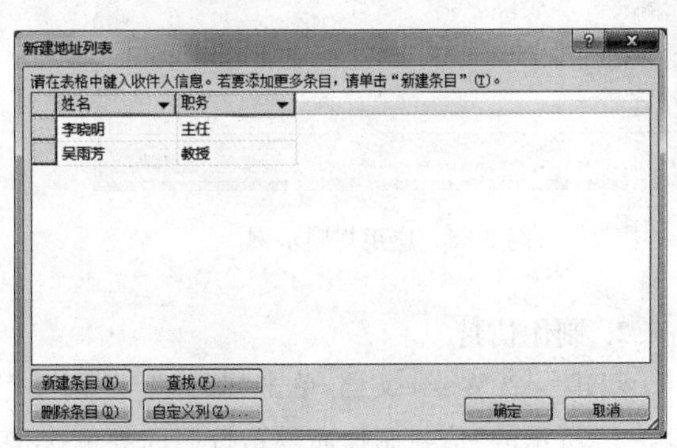

图 3-33 “新建地址列表”对话框

(3) 向主文档中插入合并域

• 插入合并域

插入合并域可以将数据源引用到主文档中。将插入点光标移动到需要插入域的位置。切换到"邮件"功能区,在"编写和插入域"功能组中单击"插入合并域"按钮,打开对话框,在域列表中选中合适的域并单击"插入"按钮,完成插入域的操作后,在"插入合并域"对话框中单击"关闭"按钮。返回文档窗口,效果如图 3-34。在"预览结果"分组中单击"预览结果"按钮可以预览完成合并后的结果。

«姓名»«职务»:

兹定于 2012 年 12 月 10 日在办公楼 205 会议室召开教学研讨会,敬请出席。

学院办公室

2012 年 12 月 5 日

图 3-34　在主文档中插入合并域

• 使用"规则"插入称谓

如果数据源文档中有性别字段但是没有直接提供称谓字段时,可以通过邮件合并的规则将性别字段转换为相应的称谓。单击"规则"按钮,在打开的下拉列表中选择"如果……那么……否则……",将域名选择为性别,在比较对象文本框中,输入所要比较的信息,在下方的两个文本框中,依次输入先生和女士,通过该对话框可以很容易地了解到:如果当前人员的性别为男,则在其姓名后方插入文字"先生",否则插入文字"女士",如图 3-35 所示。

(4) 完成并生成多个文档

在文档插入了合并域后,为了确保制作的文档正确无误,在最终合并前应该先预览一下结果。单击"查看下一个结果"按钮可以看到合并后的其他内容。在确认文档正确无误后,就可以对文档完成最终的制作了。在"完成"功能组中单击"完成并合并"按钮,在随后打开的下拉列表中执行"编辑单个文档"命令,此时可以选择合并所有的记录或者选择记录范围(如合并全部记录),直接单击"确定"即可。如图 3-36,是在草稿视图下看到的合并结果。

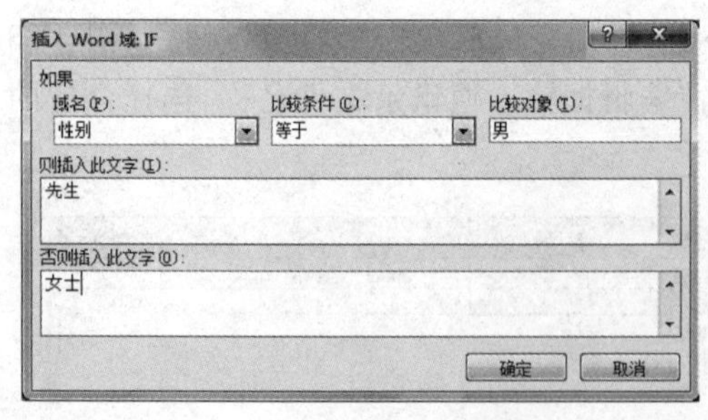

图 3-35　应用规则示例

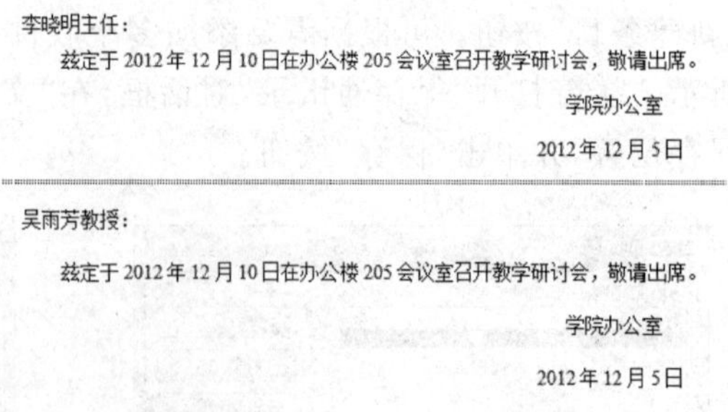

李晓明主任:

兹定于 2012 年 12 月 10 日在办公楼 205 会议室召开教学研讨会,敬请出席。

学院办公室

2012 年 12 月 5 日

吴雨芳教授:

兹定于 2012 年 12 月 10 日在办公楼 205 会议室召开教学研讨会,敬请出席。

学院办公室

2012 年 12 月 5 日

图 3-36　邮件合并结果

2. 制作信封

新建一个 Word 文档,单击"邮件"→"创建"选项组中的"中文信封"按钮,即可调用如图 3-37 所示的"信封制作向导",按照向导依次操作:选择信封样式→选择生成信封的方式和数量→输入收信人信息→输入寄信人信息,即可完成制作信封的操作,对生成的文档进行相应的保存操作，如图 3-38 所示。

另外，用户可以使用“邮件合并向导”命令，该功能用于帮助用户在文档中完成信函、电子邮件、信封、标签或目录的邮件合并工作，采用分步完成的方式进行，因此更适用于邮件合并功能的普通用户。

3. 使用邮件合并向导

“邮件合并向导”用于帮助用户在 Word 2010 文档中完成信函、电子邮件、信封等邮件合并工作，采用分步完成的方式进行，适用于邮件合并功能的普通用户。下面以使用“邮件合并向导”创建邮件合并信函为例，操作步骤如下。

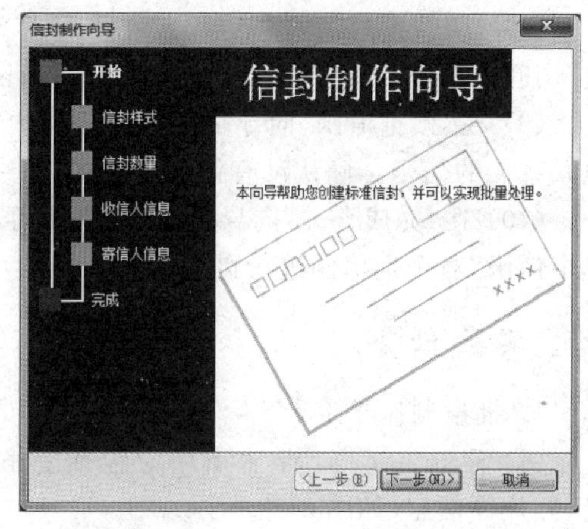

图 3-37 “信封制作向导”对话框

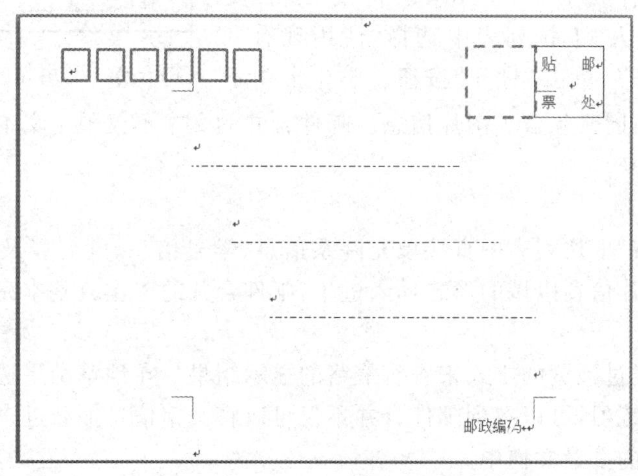

图 3-38 信封样式

(1) 打开 Word 文档窗口，单击“邮件”→“开始邮件合并”功能组中的“开始邮件合并”按钮，并在打开的菜单中选择“邮件合并分步向导”命令。

(2) 打开“邮件合并”任务窗格，在“选择文档类型”向导页选中“信函”单选按钮，并单击“下一步：正在启动文档”。

(3) 在打开的“选择开始文档”向导页中，选中“使用当前文档”单选按钮，并单击“下一步：选取收件人”。

(4) 打开“选择收件人”向导页，选中“从 Outlook 联系人中选择”单选按钮，并单击“选择联系人文件夹”。

(5) 在打开的“选择配置文件”对话框中选择事先保存的 Outlook 配置文件，然后单击“确定”按钮。打开“选择联系人”对话框，选中要导入的联系人文件夹，单击“确定”按钮。

(6) 在打开的“邮件合并收件人”对话框中，根据需要取消选中联系人。如果要合并所有收件人，直接单击“确定”按钮。

(7) 返回文档窗口，在“邮件合并”任务窗格的“选择收件人”向导页中单击“下一步：撰写信函”。

(8) 打开“撰写信函”向导页，将插入点光标定位到文档顶部，然后根据需要单击“地址块”、“问候语”等超链接，并根据需要撰写信函内容。撰写完成后单击“下一步：预览信函”。

(9) 在“预览信函”向导页中查看信函内容，单击“上一个”或“下一个”按钮可以预览其他联系人的信函。确认没有错误后单击“下一步：完成合并”超链接。

(10) 在“完成合并”向导页后，用户既可以单击“打印”开始打印信函，也可以单击“编辑单个信函”对个别信函进行再编辑。

三、实验任务

1. 批量制作学生卡。

(1) 建立主文档：学生卡中应包括院系、学号、姓名、照片等信息，如图 3-39 所示。

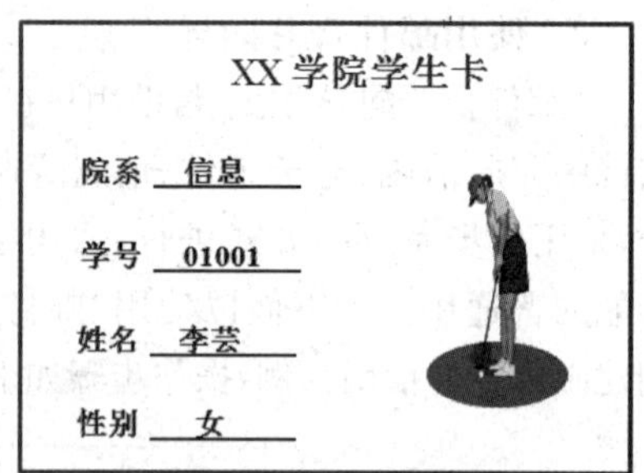

图 3-39 利用邮件合并制作学生卡

(2) 添加数据源。

将数据源信息存放在某个 Word 文件或 Excel 文件中，在“选择收件人”下拉列表中选择“使用现有列表”，找到数据源，然后单击“打开”按钮。学生卡中不仅包含了文本信息，同时包含了图片信息。邮件合并的文本不仅限于文本信息，同时也可以把图片信息整合进来。

(3) 插入域。

在“插入合并域”下拉列表中直接填充院系信息、学号信息、姓名以及人员的信息，在右侧的空白区域将图片信息以域的形式插入进来，邮件合并的工作就基本完成了。

(4) 预览结果。

完成后，可以通过预览的方式来查看最终的显示结果。在预览结果选项组中单击“预览结果”按钮，通过该练习，可以看到邮件合并不仅可以将文字信息加载进来，图片信息也可以同样被整合到创建的批量文档中。

(5) 整合到单个文档。

将邮件合并的结果整合到一个单一的 Word 文档中进行打印或者分发。在“完成”选项组中单击“完成并合并”按钮，在打开的下拉列表中执行“编辑单个文档”命令，此时可以选择合并所有的记录或者选择记录范围，单击“确定”即可。

2. 制作信封：利用“信封制作向导”制作信封。

四、思考题

1. 邮件合并有什么作用？
2. 数据源有哪几种常用形式？

实验 8 添加目录

一、实验目的

1. 学习样式的使用方法
2. 了解文档中目录的生成方法

二、案例

1. 建立新样式

设置复杂的文档格式,步骤比较烦琐,而"样式"是应用于文档中的文本、表格和列表的一套格式特征,可以快速改变文档的外观。

(1) 打开 Word 文档窗口,单击"开始"→"样式"功能组中的显示样式窗口按钮,在样式窗格中单击"新建样式"按钮,打开"根据格式设置创建新样式"对话框,在"名称"文本框中输入新建样式的名称。

(2) 单击"样式类型"下拉三角按钮,选择一种样式类型,单击"样式基准"下拉三角按钮,在下拉列表中选择 Word 2010 中的某一种内置样式作为新建样式的基准样式,单击"后续段落样式"下拉三角按钮,在下拉列表中选择新建样式的后续样式,在"格式"区域,根据实际需要设置字体、字号、颜色、段落间距、对齐方式等段落格式和字符格式。如果希望该样式应用于所有文档,则需要选中"基于该模板的新文档"单选按钮。设置完毕,单击"确定"按钮即可。

2. 应用样式

在 Word 2010 的样式窗格中可以显示出全部的样式列表,并可以对样式进行比较全面的操作。

(1) 选中需要应用样式的段落或文本块。单击"开始"→"样式"功能组中的显示样式窗口按钮,在打开的如图 3-40 所示的"样式"窗格中单击"选项"按钮,打开如图 3-41 所示的"样式窗格选项"对话框,在"选择要显示的样式"下拉列表中选中"所有样式"选项,并单击"确定"按钮。

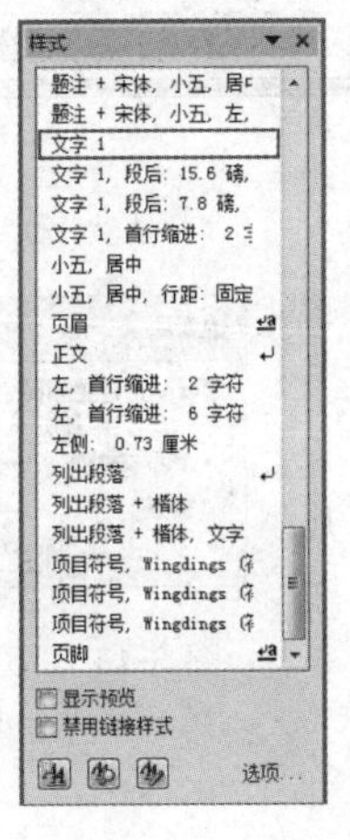

图 3-40 "样式"窗格

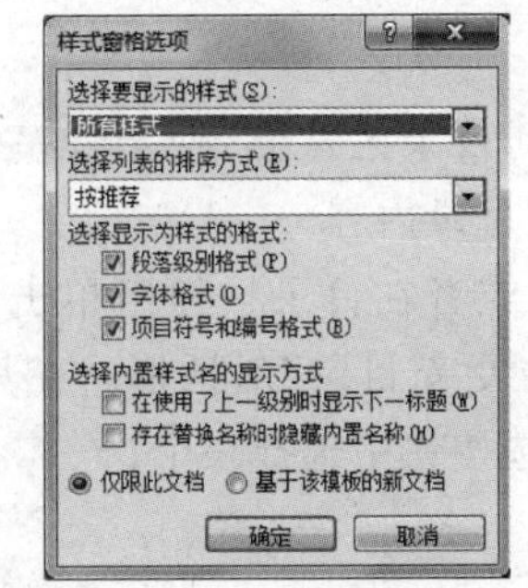

图 3-41 "样式窗格选项"对话框

(2) 返回样式窗格,可以看到已经显示出的所有的样式。选中"显示预览"复选框可以显示所有样式的预览。

(3) 在所有样式列表中选择需要应用的样式,即可将该样式应用到被选中的文本块或段落中。如标题 1、标题 2、标题 3、正文,可以看到文档中的不同部分已经应用相应的样式。

3. 自动生成文档目录

(1) 设置样式

打开需要设置样式的文档,选择要在目录中显示的标题,选择"开始"选项卡,在"样式"

功能组中选择需要的样式。生成目录时一般主要用到标题1、标题2、标题3,用户可根据需要进行增减。

(2) 插入目录

把光标移到需放置目录的位置,单击"引用"→"目录"功能组中的"目录"按钮,在下拉列表中既可以选择目录样式,也可以使用"插入目录"功能,在如图3-42所示的"目录"对话框中根据需要设置"显示级别",单击"确定"完成。

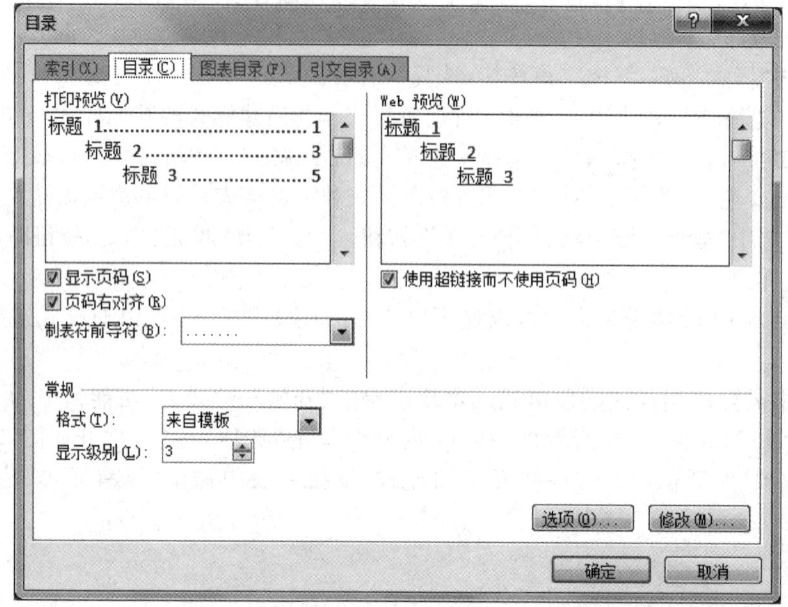

图3-42 "目录"对话框

4. 更新目录

(1) 指针移到目录区左侧,使指针呈现"Ⅰ"形状时,单击鼠标左键,选定目录内容。

(2) 按F9键或者在目录按钮组单击"更新目录",打开如图3-43所示的"更新目录"对话框。在只更新页码和更新整个目录两个单选按钮中选择一个。

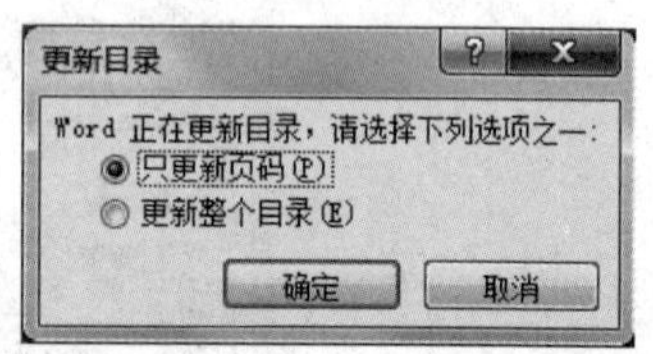

图3-43 "更新目录"对话框

三、实验任务

1. 选择一篇毕业论文,按以下要求对论文排版。

(1) 题目页格式

"题目:……"用二号宋体字加粗居中,间距段前设为"5行",段后为"10行";"院系"、"专业"、"学生姓名"、"导师姓名"、"导师职称"均用三号楷体字居中,"班级"、"学号"均用三号Times New Roman字体居中,填写内容须加下划线并对齐,行距为"1.5倍行距"。

(2) 摘要格式

中文摘要:"摘要"用四号宋体加粗居中加"【】"括号;上下间距为段前1行,段后1行;"关键词:"用四号宋体加粗居左空两字;关键词用小四号宋体;中文摘要正文用小四号宋体，行距为固定值 20 磅。

英文摘要："Abstract"用四号 Times New Roman 字体加粗居中加"【】"括号；上下间距为段前 1 行，段后 1 行；"Key words:"用四号 Times New Roman 字体加粗居左空两字；关键词用小四号 Times New Roman 字体。

(3) 目录格式

目录按不多于三级标题编写，要求层次清晰，且要与正文标题一致。主要包括绪论、正文主体、结论、致谢、主要参考文献及附录等。"目录"两字，采用三号宋体加粗，居中；上下间距为段前 1 行，段后 1 行；目录字体用小四号宋体，行距为固定值 20 磅。

(4) 标题格式

一级标题用三号宋体字加粗，上下间距为段前 1 行，段后 1 行；

二级标题用四号宋体字加粗，上下间距为段前 0.5 行，段后 0.5 行；

三级标题用小四号宋体字加粗，行距为固定值 20 磅；

四级标题用小四号宋体字，行距为固定值 20 磅。

(5) 正文格式

正文采用小四号宋体，行距为固定值 20 磅；正文的页眉用五号字体设置，内容为"××××届毕业论文(设计)"字样，居中设置；在每页的右下角标明页号(页号从正文开始标起)。

(6) 论文中插入的图表格式

图的编号由"图"和从 1 开始的阿拉伯数字组成，图较多时，也可分章编号。图题置于图的编号之后，与编号之间空一格排写。图的编号和图题置于图下方的居中位置，字体采用 5 号宋体。

表的编号由"表"和从 1 开始的阿拉伯数字组成，表较多时，也可分章编号。表题置于表的编号之后，与编号之间空一格排写。表的编号和表题置于表上方的居中位置，字体采用 5 号宋体。

2. 自动生成论文目录。

四、思考题

1. 在对文档的排版中"样式"有什么作用？
2. 如何自动生成目录？

实验 9　Excel 2010 的基本操作

一、实验目的

1. 掌握 Excel 的启动和退出，熟悉 Excel 窗口的组成
2. 熟练掌握 Excel 制表的基本方法
3. 熟悉 Excel 工作表的基本编辑操作

二、案例

1. Excel 2010 应用软件的启动

执行"开始"→"所有程序"→Microsoft Office→Microsoft Excel 2010，进入如图 3-44 所示的 Excel 窗口界面。

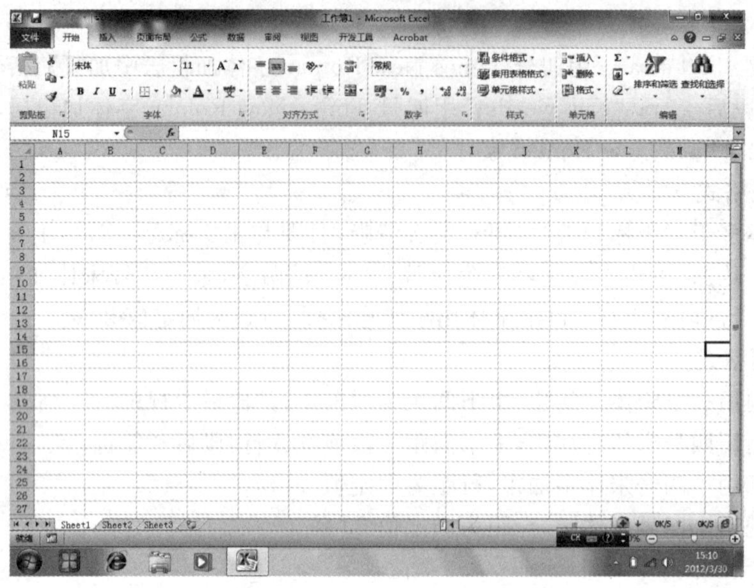

图 3-44　Excel 窗口界面

2. 工作簿文件的创建

按图 3-45 所示，创建名为“人事资料表.xlsx”的工作簿文件，创建时注意输入技巧的使用，“奖金”等列保持空白，待后面用公式、函数等来计算填充。将该文件保存在“练习 1”文件夹中。

	A	B	C	D	E	F	G	H	I	J	K
1	人事资料表										
2	编号	姓名	性别	工作日期	职称	部门	基本工资	奖金	应发工资	税金	实发工资
3	001	张明	男	1998/8/8	讲师	物理系	1800.00				
4	002	叶红	男	1990/2/5	副教授	化学系	2100.00				
5	003	朱晓宇	女	1996/8/9	讲师	物理系	1950.00				
6	004	李洁	女	1987/2/20	副教授	化学系	2900.00				
7	005	张浩洋	男	1977/7/8	教授	外语系	3300.00				
8	006	赵亮	男	1989/8/9	教授	外语系	3600.00				
9	007	李娜	女	1989/10/24	副教授	数学系	2700.00				
10	008	孙萧萧	女	1988/7/6	副教授	物理系	2800.00				
11	009	胡畔	男	1989/7/30	教授	数学系	1900.00				
12											

图 3-45　“人事资料表”

(1) 创建工作簿

在图 3-44 中，单击“文件”→“新建”命令，选择“空白工作簿”，单击“创建”命令，创建一个新的工作簿文件“工作簿 1”。

(2) 输入表名和标题名

单击 A1 单元格，输入表名，表名长度超过单元格的宽度时，单元格边界被表名覆盖。单击 A2 单元格，依次输入各列标题。

(3) 激活单元格

在输入数据时，按 Tab 键可横向激活单元格，按 Enter 键可纵向激活单元格。

(4) 输入“编号”列

“编号”列为文本型，因此应在英文标点符号状态下输入一个单引号“'”，再输入“001”，然后选中A3单元格，将鼠标指针移动到填充柄上，当鼠标指针变成一个粗黑色实心十字形时，拖动填充柄将自动生成“002”～“009”。

(5) 输入“工作日期”

Excel 2010默认的日期输入格式是YY-MM-DD。

提示：如果想得到“** 年 ** 月 ** 日”的格式，则应先按YY-MM-DD输入日期，然后选定D3:D11单元格，单击“开始”→“字体”命令，弹出如图3-46所示“设置单元格格式”对话框，在“数字”选项卡的“日期”列表框中选择“日期”，并选择“2001年3月14日”项即可。从“单元格格式”对话框中可看到，日期和时间有数十种格式，只要输入的数据被系统认定为“日期和时间型”，就可方便地在这数十种显示类型之间转换。

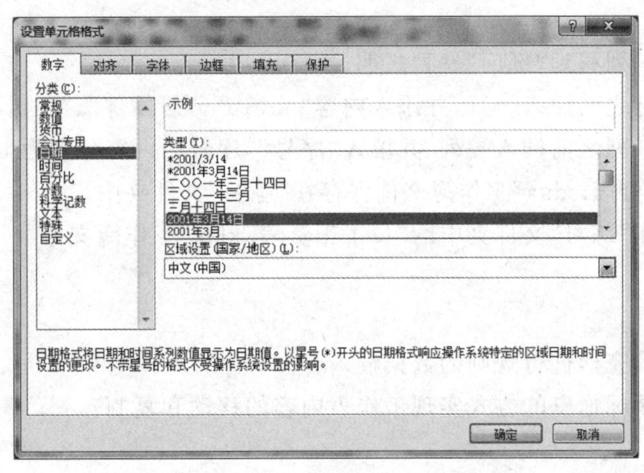

图3-46 选择日期格式

(6) 保存工作簿

工作表输入完毕后，选择“文件”→“保存”命令，在弹出的“另存为”对话框中选择“保存位置”右侧的向下箭头，选择保存位置“练习”文件夹。在“文件名”编辑框中输入“人事资料表”，单击“保存”按钮即可。

提示：这里保存的文件“人事资料表.xlsx”是工作簿，一个工作簿中含有若干个工作表，默认有3张工作表，本例图3-45所示数据在Sheet1工作表中。

3. 打开保存在外存储器上的工作簿文件

打开保存在“练习”文件夹中名为“人事资料表.xlsx”的工作簿文件。

(1) 启动Excel 2010，选择“开始”→“所有程序”→Microsoft Office→Microsoft Excel 2010，进入如图3-44所示的Excel窗口界面。

(2) 选择“文件”→“打开”命令，在弹出的“打开”对话框的左窗格中选择“练习”文件夹，在右窗格中选择待打开的文件“人事资料表.xlsx”。

(3) 单击“打开”按钮。

提示：也可以在“计算机”或“资源管理器”中找到“练习”文件夹，双击该文件夹中的“人事资料表.xlsx”文档。

三、实验任务

工作簿文件的创建：在“练习”文件夹中创建“员工工资表.xlsx”并在 Sheet1 工作表中输入图 3-47 所示内容，并完成以下操作。

	A	B	C	D	E	F	G	H
1	工资表							
2	部门	编号	分组	基本工资	职务	职务工资	实发工资	工资等级
3	生产部	S-001	一组	5200	主管			
4	销售部	X-008	一组	3150	职员			
5	研发部	Y-021	二组	2900	职员			
6	销售部	X-002	二组	4100	职员			
7	生产部	S-005	二组	3700	职员			
8	销售部	X-101	一组	2560	职员			
9	研发部	Y-011	二组	6500	主管			
10	销售部	X-016	一组	5000	主管			

图 3-47 “员工工资表”

1. 将“编号”一列移到“部门”一列之前。
2. 在第 6、7 行之间插入一行，并添入内容“Y-016”、“研发部”、“一组”、“4000”、“职员”。
3. 在“编号”一列之前插入一列，并填入“序号”，序号的内容分别为 1、2、3、…。
4. 将“员工工资表.xlsx”工作簿文件保存在“练习”文件夹中。
5. 打开保存在“练习”文件夹中的“员工工资表.xlsx”工作簿文件。

四、思考题

1. 如何使用填充柄进行规则的数据输入？
2. 如何通过鼠标拖曳的方式实现工作表内容的移动和复制？

实验 10 工作表的操作

一、实验目的

1. 熟练掌握工作表的添加和删除
2. 熟练掌握工作表的移动和复制

二、案例

1. 选定工作表

在已创建的“人事资料表.xlsx”的工作簿文件上，练习工作表的选定操作。

(1) 打开工作簿文件“人事资料表.xlsx”。

(2) 选定一个工作表：选定一个工作表，只需单击该工作表标签。

(3) 选定多个连续的工作表：单击第一个要选定的工作表标签，按住 Shift 键，将鼠标指针移至要选定的最后一个工作表并单击鼠标左键，即可选定多个连续的工作表，同时标题栏上显示“工作组”字样，如图 3-48 所示。

(4) 选定多个不连续的工作表：单击工作表标签选定第一个工作表，按下 Ctrl 键，单击鼠标左键选定其他工作表。如图 3-49 所示，标题栏上同样显示“工作组”字样。

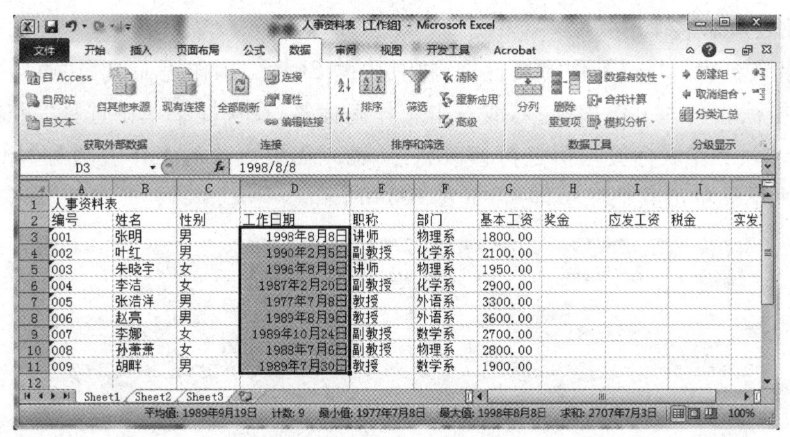

图 3-48 选定多个连续工作表

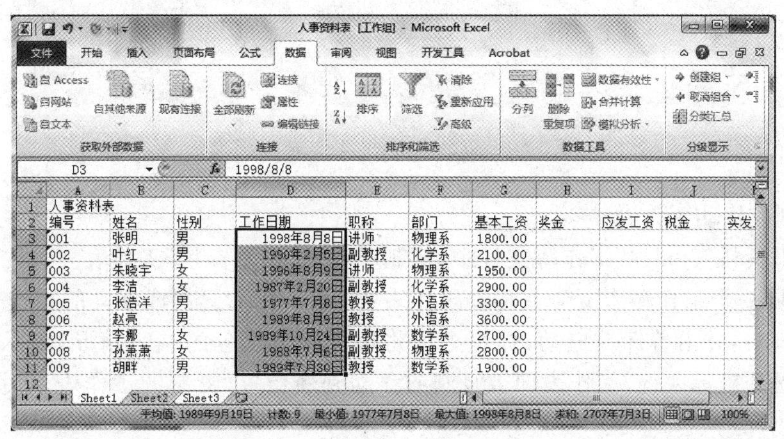

图 3-49 选定不连续的工作表

(5) 选定全部工作表：将鼠标移至任意一个工作表标签上，单击鼠标右键，在快捷菜单中选择“选定全部工作表”命令。

提示：不管选定多少个工作表，只有一个是“当前工作表”，在“当前工作表”的标签上有一条细实黑线作为标记，如图 3-48 和图 3-49 中的 Sheet1 所示。

2. 在工作簿文件中，添加和删除工作表

在“人事资料表.xlsx”工作簿文件中，添加和删除工作表。

(1) 添加工作表：选定一张或多张工作表，执行“开始”→“单元格”→“插入”→“插入工作表”命令，如选定的是一张工作表，则在选定的工作表之前插入一张工作表；如选定的是 n 张工作表，则在选定的工作表之前插入 n 张工作表。

(2) 删除工作表：选定一张或多张欲删除的工作表，执行“开始”→“单元格”→“删除”→“删除工作表”命令，或单击鼠标右键，在快捷菜单中选择的“删除”命令，可删除一张或多张工作表。

提示：删除工作表，该工作表中的内容也就被删除了，但不影响其他工作表的内容。

3. 工作表重命名

在“人事资料表. xlsx”工作簿文件中，将其中的 Sheet1 工作表命名为“原始资料”。

(1) 双击欲改名的工作表标签，或右击工作表标签，在快捷菜单中选择“重命名”命令。

(2) 这时该工作表标签呈黑色待修改状态，输入需要更改的工作表名称“原始资料”，按 Enter 键或用鼠标单击其他区域即可，如图 3-50 所示。

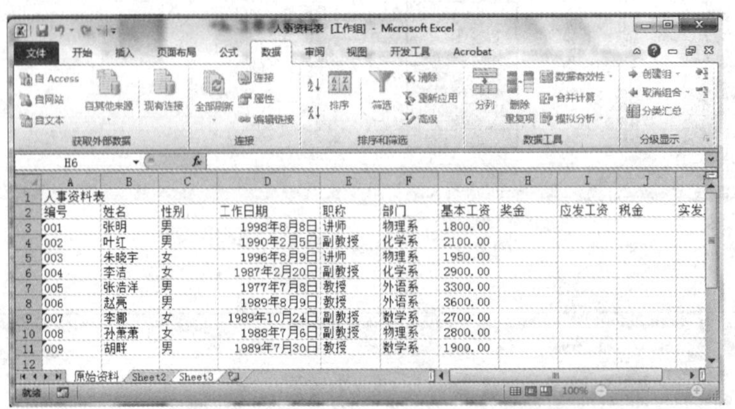

人事资料表										
编号	姓名	性别	工作日期	职称	部门	基本工资	奖金	应发工资	税金	实发
001	张明	男	1998年8月8日	讲师	物理系	1800.00				
002	叶红	男	1990年2月5日	副教授	化学系	2100.00				
003	朱晓宇	女	1996年8月9日	讲师	物理系	1950.00				
004	李洁	女	1987年2月20日	副教授	化学系	2900.00				
005	张浩洋	男	1977年7月8日	教授	外语系	3300.00				
006	赵亮	男	1989年8月9日	教授	外语系	3600.00				
007	李娜	女	1989年10月24日	副教授	数学系	2700.00				
008	孙萧萧	女	1988年7月6日	副教授	物理系	2800.00				
009	胡畔	男	1989年7月30日	教授	数学系	1900.00				

图 3-50　重命名后的“工作表”标签图

4. 复制或移动工作表

在“人事资料表. xlsx”工作簿文件中，复制和移动“原始资料”工作表。

(1) 在同一个工作簿中复制或移动工作表：选定一张欲复制或移动的工作表，按下 Ctrl 键(或 Shift 键)，并沿着标签拖动，标签上沿将出现一个黑色的小三角形，指示工作表被插入的位置，松开鼠标左键，工作表即被复制或移动到新位置，复制的工作表名后会自动加上标识(2)、…、(n)。

(2) 在不同的工作簿中复制或移动工作表：选定要复制或移动的工作表，单击鼠标右键，在快捷菜单中选择“移动和复制工作表”命令，出现“移动或复制工作表”对话框，如图 3-51 所示。

(3) 单击“工作簿”下拉列表框右端的向下箭头，选定要复制或移动到的目标工作簿，在“下列选定工作表之前”列表框中选定插入工作表的位置，选定“建立副本”复选框(不选该复选框为移动)，按“确定”即可。

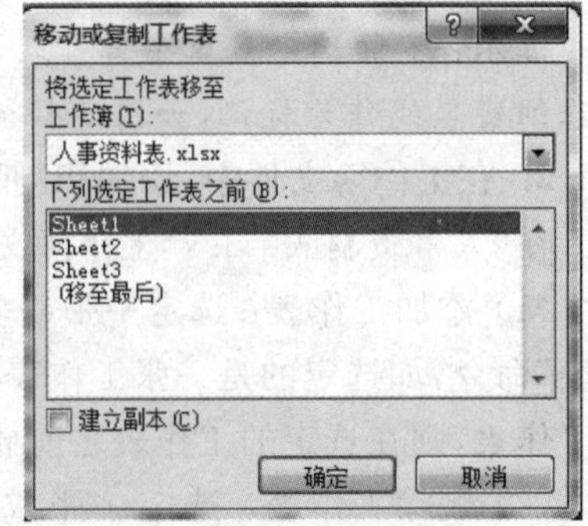

图 3-51　“移动或复制工作表”对话框

三、实验任务

1. 选定工作表：选定“练习”文件夹中的“员工工资表. xlsx”的工作簿文件中的 Sheet1 工作表。

2. 工作表重命名：将 Sheet1 工作表重命名为“员工工资原始表”。

3. 复制或移动工作表：将“员工工资原始表”复制成“完整的信息表”。

4. 插入三张工作表，即 Sheet4、Sheet5 及 Sheet6。

四、思考题

1. 工作表的移动和复制有什么不同？如何将一张工作表复制多份？
2. 工作表的复制和工作表内容的复制在操作有什么上不同？应如何选择？

实验 11　公式的输入与复制

一、实验目的

1. 掌握公式的输入方法及公式的复制
2. 熟练相对地址和绝对地址的应用

二、案例

1. 公式的利用及公式的复制

在“人事资料表.xlsx”工作簿文件中，复制“原始资料”工作表为“公式应用”工作表。利用公式及公式的复制在“公式应用”工作表中计算每个人的“奖金”和“应发工资”，其中“奖金”是“基本工资”的 15％。

(1) 利用公式计算“奖金”：单击 H3 单元格，输入公式“＝G3 * 0.15”，其中的 G3 地址是相对引用方式，按 Enter 键或单击编辑栏上的“输入”按钮，得到“张明”的奖金。

(2) 通过公式复制计算其他人员的“奖金”：选定 H3 单元格，将鼠标移到填充柄处，通过拖动填充柄复制公式，计算出其余人员的“奖金”，如图 3-52 所示。

提示：地址的相对引用会随着位置的改变而做相对改变。正是利用相对引用的这个特点，通过拖曳复制了相对地址表示的公式而计算出了每个人的奖金。

(3) 利用公式计算“应发工资”：单击 I3 单元格，输入公式“＝G3＋H3”，其中的 G3 和 H3 是相对引用方式，因为对于每一人来说，奖金和基本工资是不相同的。按 Enter 键或单击编辑栏上的“输入”按钮，得到“张明”的应发工资，如图 3-52 所示。

	A	B	C	D	E	F	G	H	I	J	K
1	人事资料表										
2	编号	姓名	性别	工作日期	职称	部门	基本工资	奖金	应发工资	税金	实发工
3	001	张明	男	1998年8月8日	讲师	物理系	1800.00	270	2070.00		
4	002	叶红	男	1990年2月5日	副教授	化学系	2100.00	315			
5	003	朱晓宇	女	1996年8月9日	讲师	物理系	1950.00	292.5			
6	004	李洁	女	1987年2月20日	副教授	化学系	2900.00	435			
7	005	张浩洋	男	1977年7月8日	教授	外语系	3300.00	495			
8	006	赵亮	男	1989年8月9日	教授	外语系	3600.00	540			
9	007	李娜	女	1989年10月24日	副教授	数学系	2700.00	405			
10	008	孙萧萧	女	1988年7月6日	副教授	物理系	2800.00	420			
11	009	胡畔	男	1989年7月30日	教授	数学系	1900.00	285			
12											
13											

图 3-52　地址的相对引用实例

(4) 通过公式复制计算其他人员的“应发工资”：选定 I3 单元格，将鼠标移到填充柄处，通过拖动填充柄复制公式，计算出其余人员的“应发工资”，如图 3-53 所示。

I3 =G3+H3

	A	B	C	D	E	F	G	H	I	J	
1	人事资料表										
2	编号	姓名	性别	工作日期	职称	部门	基本工资	奖金	应发工资	税金	实发
3	001	张明	男	1998年8月8日	讲师	物理系	1800.00	270	2070.00		
4	002	叶红	男	1990年2月5日	副教授	化学系	2100.00	315	2415.00		
5	003	朱晓宇	女	1996年8月9日	讲师	物理系	1950.00	292.5	2242.50		
6	004	李洁	女	1987年2月20日	副教授	化学系	2900.00	435	3335.00		
7	005	张浩洋	男	1977年7月8日	教授	外语系	3300.00	495	3795.00		
8	006	赵亮	男	1989年8月9日	教授	外语系	3600.00	540	4140.00		
9	007	李娜	女	1989年10月24日	副教授	数学系	2700.00	405	3105.00		
10	008	孙萧萧	女	1988年7月6日	副教授	物理系	2800.00	420	3220.00		
11	009	胡畔	男	1989年7月30日	教授	数学系	1900.00	285	2185.00		
12											

原始资料 公式应用 Sheet3 (2) Sheet2 Sheet3

就绪 平均值: 2945.28 计数: 9 最小值: 2070.00 最大值: 4140.00 求和: 26507.50 100%

图 3-53 公式的复制

2. 地址的绝对引用

利用地址的绝对引用方式,修改奖金占基本工资的比例,如图 3-54 所示。

(1) 在 A15 单元格输入“奖金的比例”,在 B15 单元格中输入奖金的比例值。例如“20%”。

(2) 在 H3 单元格中输入奖金的计算公式“=G3 * B15”,其中的 B15 地址是绝对引用方式,因为对于每一人来说,奖金的比例是相同的。

(3) 选中 H3 单元格,向下拖曳其填充柄一直到 H12 单元格,将公式复制到 H4:H12,如图 3-54 所示。

H3 =G3*B15

	A	B	C	D	E	F	G	H	I	J	
1	人事资料表										
2	编号	姓名	性别	工作日期	职称	部门	基本工资	奖金	应发工资	税金	实发
3	001	张明	男	1998年8月8日	讲师	物理系	1800.00	360	2160.00		
4	002	叶红	男	1990年2月5日	副教授	化学系	2100.00	420	2520.00		
5	003	朱晓宇	女	1996年8月9日	讲师	物理系	1950.00	390	2340.00		
6	004	李洁	女	1987年2月20日	副教授	化学系	2900.00	580	3480.00		
7	005	张浩洋	男	1977年7月8日	教授	外语系	3300.00	660	3960.00		
8	006	赵亮	男	1989年8月9日	教授	外语系	3600.00	720	4320.00		
9	007	李娜	女	1989年10月24日	副教授	数学系	2700.00	540	3240.00		
10	008	孙萧萧	女	1988年7月6日	副教授	物理系	2800.00	560	3360.00		
11	009	胡畔	男	1989年7月30日	教授	数学系	1900.00	380	2280.00		
12	合计										
13											
14											
15	奖金的比例	20%									

图 3-54 地址的绝对引用实例

提示:地址的绝对引用不会随着位置的改变而做相对改变。正是利用绝对引用的这个特点,通过拖曳复制了相对地址和绝对地址表示的公式,一个改变一个不改变,从而计算出了每个人的奖金。

三、实验任务

选定“练习”文件夹中的“员工工资表.xlsx”的工作簿文件中的“完整的信息表”,并按如下要求进行操作:

(1) 计算职务工资,其中职务工资是基本工资的 5%。

(2) 将表格中的所有“研发部”替换为“科研部”。

(3) 修改职务工资,修改职务工资占基本工资的比例值为 10%,从而快速计算职务工资。

四、思考题

1. 如何快速更新数据？

2. 什么是地址的混合引用？请设计一个能够实现混合引用的例子(例如九九乘法表)。

实验 12　常用函数的使用

一、实验目的

1. 掌握函数的输入方法

2. 熟练使用常用函数

二、案例

1. SUM 函数的应用

在“人事资料表.xlsx”工作簿文件中，复制“公式应用”工作表为“函数应用”工作表。使用 SUM 函数分别计算每个人的基本工资、奖金及应发工资的合计。

提示： SUM 是一个非常常用的函数，因此有多种方式可以实现。

(1) 在 A12 单元格中输入“合计”。

(2) 方法一：在 G12 单元格中输入公式“=SUM(G3:G11)”，利用求和函数 SUM，计算出“基本工资”的合计。

(3) 方法二：选中 G12 单元格，单击常用工具栏上的自动求和按钮 Σ，鼠标拖动求和区域 G3:G11，然后按 Enter 键即可。

(4) 方法三：选中 G12 单元格，单击“公式”→“函数库”→“数学与三角函数”命令，或者单击工具栏上的 fx 按钮，打开如图 3-55 所示对话框。在“选择函数”列表框中选择 SUM，单击“确定”按钮，在打开的如图 3-56 所示的“函数参数”对话框中输入求和区域 G3:G11(或在此窗口中单击 Number1 文本框后面的折叠按钮，然后鼠标拖动求和区域 G3:G11，也可将添加参数)，单击“确定”按钮即可。

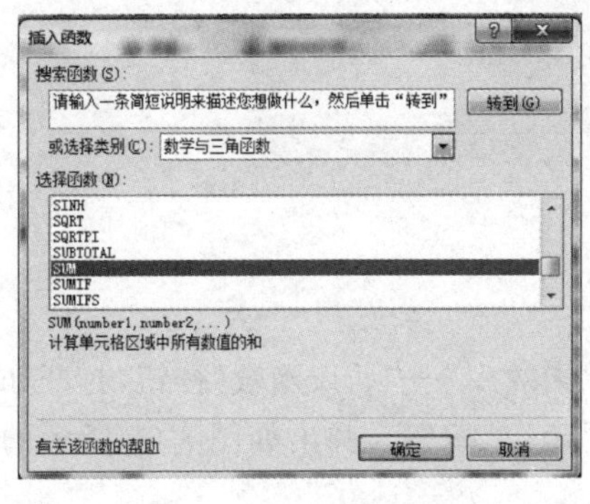

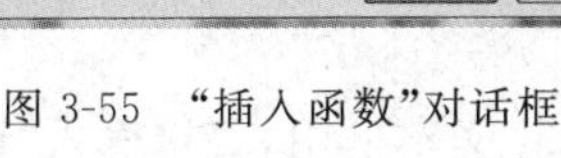
图 3-55　“插入函数”对话框

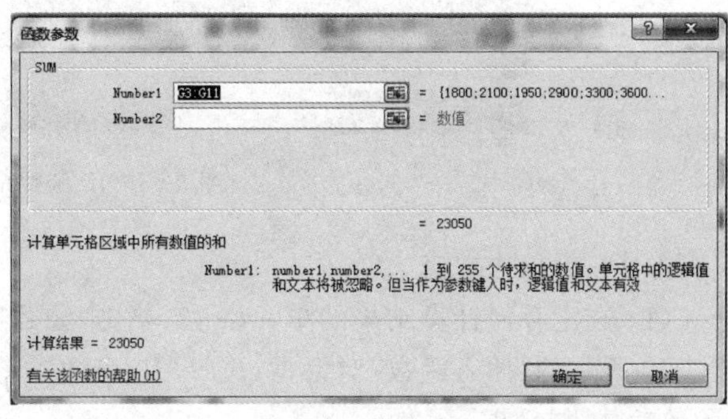

图 3-56　“函数参数”对话框

(5) 选中 G12 单元格，向右拖动填充柄，可计算出“奖金”和“应发工资”的合计，如图 3-57 所示。

2. IF 函数的应用

使用 IF 函数计算图 3-57 中的税金，税金是代扣的钱，这里以"应发工资"多少为收费标准。假定：当"应发工资"小于或等于 1600 元时免税；当"应发工资"大于 1600 元，小于等于 2100 元时，大于 1600 元部分交 5％的税；当"应发工资"大于 2100 元，小于等于 3600 元时，1600 元到 2100 的部分交 5％的税，大于 2100 元的部分交 10％的税；当"应发工资"大于 3600 元，小于等于 6600 元时，1600 元到 2100 的部分交 5％的税，2100 元到 3600 元的部分交 10％的税；大于 3600 元的部分交 15％的税。

G12 =SUM(G3:G11)

	A	B	C	D	E	F	G	H	I	J	
1	人事资料表										
2	编号	姓名	性别	工作日期	职称	部门	基本工资	奖金	应发工资	税金	实
3	001	张明	男	1998年8月8日	讲师	物理系	1800.00	360	2160.00		
4	002	叶红	男	1990年2月5日	副教授	化学系	2100.00	420	2520.00		
5	003	朱晓宇	女	1996年8月9日	讲师	物理系	1950.00	390	2340.00		
6	004	李洁	女	1987年2月20日	副教授	化学系	2900.00	580	3480.00		
7	005	张浩洋	男	1977年7月8日	教授	外语系	3300.00	660	3960.00		
8	006	赵亮	男	1989年8月9日	教授	外语系	3600.00	720	4320.00		
9	007	李娜	女	1989年10月24日	副教授	数学系	2700.00	540	3240.00		
10	008	孙萧萧	女	1988年7月6日	副教授	物理系	2800.00	560	3360.00		
11	009	胡畔	男	1989年7月30日	教授	数学系	1900.00	380	2280.00		
12	合计						23050.00	4610.00	27660.00		
13											
14											

原始资料 公式应用 函数应用 Sheet2 Sheet3

就绪 平均值: 18440.00 计数: 3 最小值: 4610.00 最大值: 27660.00 求和: 55320.00 100%

图 3-57　SUM 函数示例

方法一：直接输入

(1) 单击 J3 单元格，在其中输入公式：

＝IF(I3＜＝1600,0,IF(I3＜＝2100,(I3－1600)＊0.05,IF(I3＜＝3600,500＊0.05＋(I3－2100)＊0.1,((I3－3600)＊0.15＋500＊0.05＋1500＊0.1))))。

(2) 选中 J3 单元格，向下拖曳其填充柄到 J11 单元格，将公式复制到 J4:J11，如图 3-58 所示。

J3 =IF(I3<=1600,0,IF(I3<=2100,(I3-1600)*0.05,IF(I3<=3600,500*0.05+(I3-2100)*0.1,((I3-

	B	C	D	E	F	G	H	I	J	K
1										
2	姓名	性别	工作日期	职称	部门	基本工资	奖金	应发工资	税金	实发工资
3	张明	男	1998年8月8日	讲师	物理系	1800.00	360	2160.00	31	
4	叶红	男	1990年2月5日	副教授	化学系	2100.00	420	2520.00	67	
5	朱晓宇	女	1996年8月9日	讲师	物理系	1950.00	390	2340.00	49	
6	李洁	女	1987年2月20日	副教授	化学系	2900.00	580	3480.00	163	
7	张浩洋	男	1977年7月8日	教授	外语系	3300.00	660	3960.00	229	
8	赵亮	男	1989年8月9日	教授	外语系	3600.00	720	4320.00	283	
9	李娜	女	1989年10月24日	副教授	数学系	2700.00	540	3240.00	139	
10	孙萧萧	女	1988年7月6日	副教授	物理系	2800.00	560	3360.00	151	
11	胡畔	男	1989年7月30日	教授	数学系	1900.00	380	2280.00	43	
12						23050.00	4610.00	27660.00		
13										
14										

原始资料 公式应用 函数应用 Sheet2 Sheet3

就绪 100%

图 3-58　IF 函数示例

方法二：操作嵌套

(1) 选定存储计算结果的单元格 J3，单击"公式"→"函数库"→"插入函数"按钮，打开如图 3-59 所示的"插入函数"对话框，选择"IF 函数"，单击"确定"按钮。弹出如图 3-60 所示的"函数参数"对话框。

(2) 在弹出的"函数参数"对话框中将鼠标移到 logical_test 文本框中，直接输入"I3＜＝1600"。将鼠标移到 Value_if_true 文本框中，直接输入 0。将鼠标移到 Value_if_false 文本框中，在弹出的下拉列表中选择 if 选项，如图 3-61 所示。

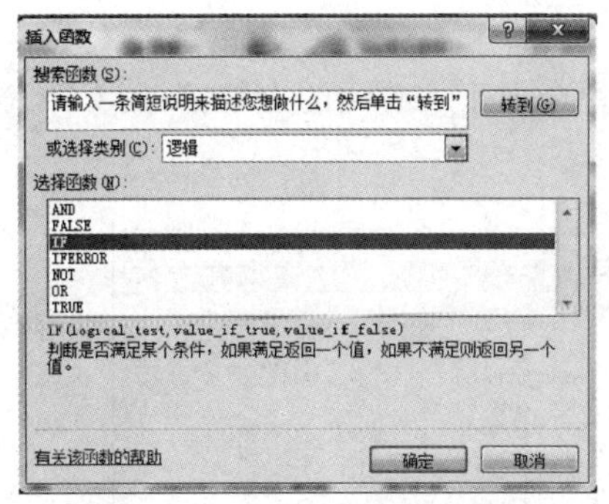

图 3-59 “插入函数”对话框图

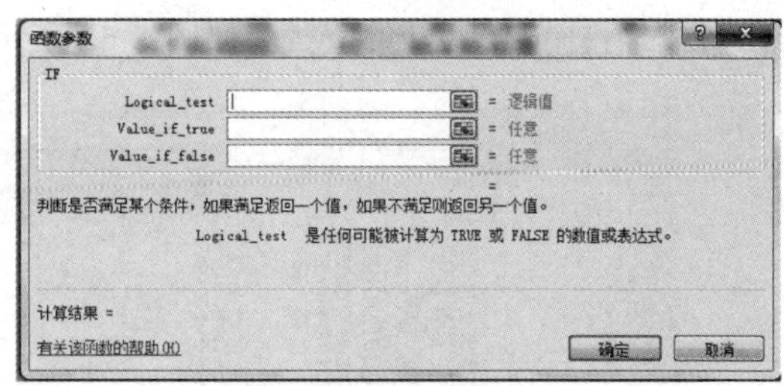

图 3-60 “函数参数”对话框

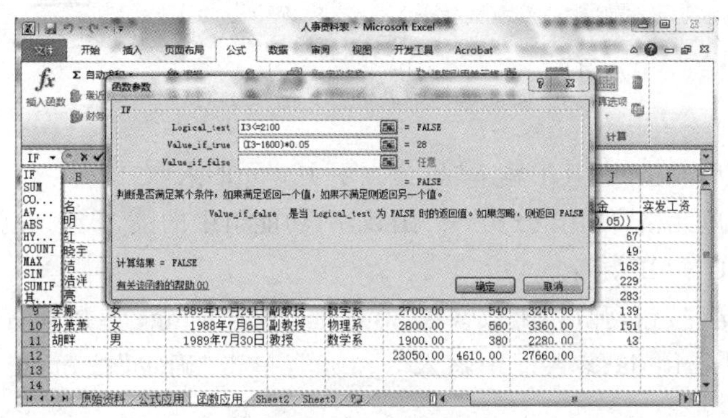

图 3-61 IF 函数的嵌套选择

(3) 返回“函数参数”对话框，将鼠标移到 logical_test 文本框中，直接输入 I3<=2100。将鼠标移到 Value_if_true 文本框中，直接输入“(I3-1600) *0.05”。将鼠标移到 Value_if_false 文本框中，在弹出的下拉列表中选择 if 选项，返回“函数参数”对话框，将鼠标移到 logical_test 文本框中，直接输入“I3<=3600”。将鼠标移到 Value_if_true 文本框中，直接输入“500 *0.05+(I3-2100) *0.1”。将鼠标移到 Value_if_false 文本框中，直接输入“(I3-3600) *0.15+500 *0.05+1500 *0.1”。单击“确定”按钮，即可计算出结果并输出在 J3 单元格中。再利用填充柄计算其他各行的税金值。

(4) 利用公式的复制功能，计算“实发工资”以及其总和的值。实发工资=应发工资-税金，如图 3-62 所示。

	C	D	E	F	G	H	I	J	K
2	性别	工作日期	职称	部门	基本工资	奖金	应发工资	税金	实发工资
3	男	1998年8月8日	讲师	物理系	1800.00	360	2160.00	31	2129.00
4	男	1990年2月5日	副教授	化学系	2100.00	420	2520.00	67	2453.00
5	女	1996年8月9日	讲师	物理系	1950.00	390	2340.00	49	2291.00
6	女	1987年2月20日	副教授	化学系	2900.00	580	3480.00	163	3317.00
7	男	1977年7月8日	教授	外语系	3300.00	660	3960.00	229	3731.00
8	男	1989年8月9日	教授	外语系	3600.00	720	4320.00	283	4037.00
9	女	1989年10月24日	副教授	数学系	2700.00	540	3240.00	139	3101.00
10	女	1988年7月6日	副教授	物理系	2800.00	560	3360.00	151	3209.00
11	男	1989年7月30日	教授	数学系	1900.00	380	2280.00	43	2237.00
12					23050.00	4610.00	27660.00	1155.00	26505.00

图 3-62 完整的电子表格

3. COUNTIF 函数的应用

在“人事资料表.xlsx”文件的I13单元格输入“税金大于100元的人数:”,用COUNTIF函数统计税金在100元以上的人数,如图3-63所示。

图 3-63 COUNTIF 函数示例

(1) 单击I13单元格,在其中输入“税金大于100元的人数:”。

(2) 单击J13单元格,使用“公式”→“函数库”功能组中的 *fx* 按钮,在弹出的“插入函数”对话框中选择COUNTIF函数。

(3) 单击“确定”按钮,弹出“函数参数”对话框,单击Range参数框右侧的折叠按钮,选中J3:J11区域,在Criteria参数框中输入“>100”,单击“确定”按钮,得到如图3-63所示结果。

三、实验任务

选定“练习”文件夹中的“员工工资表.xlsx”的工作簿文件中的“完整的信息表”,并按如下要求进行操作:

1. 重新计算职务工资:其中职务工资是奖金与职务补贴的和,奖金是基本工资的20%,主管的职务补贴为500.00元,职员的职务补贴为200.00元。

2. 计算实发工资:实发工资是基本工资与职务工资的和。

3. 计算工资等级:基本工资≥5000元的为“一等”,5000元>基本工资≥3500元为“二等”,基本工资<3500元为“三等”。

4. 在第12行的第2列输入“总人数”并在第12行的第3列计算总人数的数值。

5. 在第13行的第2列输入“总工资”并在对应的位置计算基本工资、职务工资和实发工资的总和值。

6. 在第14行的第2列输入“平均工资”并在对应的位置计算基本工资、职务工资和实发工资的平均值。

7. 在第15行的第2列输入“最高工资”并在对应的位置计算基本工资、职务工资和实发工资的最大值。

8. 在第16行的第2列输入“最低工资”并在对应的位置计算基本工资、职务工资和实发工资的最小值。

四、思考题

1. 函数的调用和公式的使用有什么关系?
2. 什么是函数嵌套?如何应用?

实验 13　格式化工作表

一、实验目的

1. 熟练掌握工作表的字体、边框、底纹及对齐方式的设置
2. 对工作表的进一步美化

二、案例

在"人事资料表.xlsx"工作簿文件中,复制"函数应用"工作表为"自定义格式化"工作表。按图 3-64 所示设置"人事资料表.xlsx"中的"自定义格式化"工作表。复制"函数应用"工作表为"自动格式化"工作表。

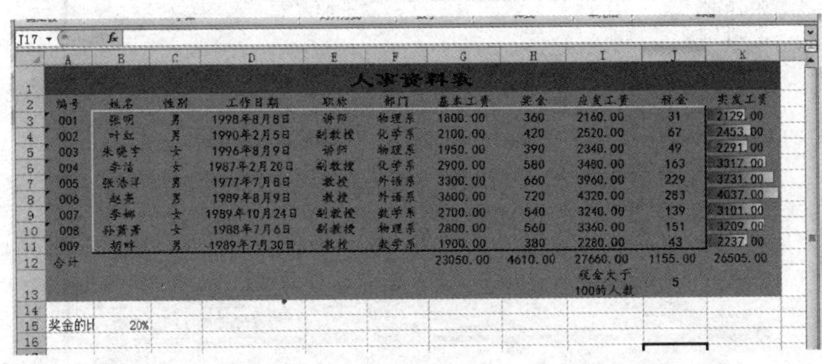

	A	B	C	D	E	F	G	H	I	J	K
1	人事资料表										
2	编号	姓名	性别	工作日期	职称	部门	基本工资	奖金	应发工资	税金	实发工资
3	001	张明	男	1998年8月8日	讲师	物理系	1800.00	360	2160.00	31	2129.00
4	002	叶红	男	1990年2月5日	副教授	化学系	2100.00	420	2520.00	67	2453.00
5	003	朱晓宇	女	1996年8月9日	讲师	物理系	1950.00	390	2340.00	49	2291.00
6	004	李洁	女	1987年2月20日	副教授	化学系	2900.00	580	3480.00	163	3317.00
7	005	张浩洋	男	1977年7月8日	教授	外语系	3300.00	660	3960.00	229	3731.00
8	006	赵亮	男	1989年8月9日	教授	外语系	3600.00	720	4320.00	283	4037.00
9	007	李娜	女	1989年10月24日	副教授	数学系	2700.00	540	3240.00	139	3101.00
10	008	孙黄菁	女	1988年7月6日	副教授	物理系	2800.00	560	3360.00	151	3209.00
11	009	胡晔	男	1989年7月30日	教授	数学系	1900.00	380	2280.00	43	2237.00
12	合计						23050.00	4610.00	27660.00	1155.00	26505.00
13									税金大于100的人数	5	
14											
15	奖金的比	20%									
16											

图 3-64　格式化的"人事资料表.xlsx"

1. 工作表的标题和字体格式设置

选择"人事资料表.xlsx"工作簿文件中的"自定义格式化"工作表。

(1) 选定 A1:K1 区域。选择"开始"→"对齐方式"命令,弹出"设置单元格格式"对话框。

(2) 在该对话框的"对齐"选项卡的"水平对齐"下拉列表框中选中"跨列居中",在"文本控制"设置区中选中"合并单元格"复选框,如图 3-65 所示,单击"确定"按钮。

(3) 再选择该对话框中的"字体"选项卡,在"字体"列表框中选择"隶书",在"字形"列表框中选择"加粗",在"字号"列表框中选择"20",如图 3-66 所示,单击"确定"按钮。

(4) 用同样的方法再选定 A2:K13 区域,设置该区域字体为"楷体",设置对齐方式为"水平居中"。单击"确定"按钮。

2. 设置边框和底纹

选择"人事资料表.xlsx"工作簿文件中的"自定义格式化"工作表。

(1) 选定 A1:K1 区域,选择"开始"→"对齐方式",弹出"设置单元格格式"对话框。在

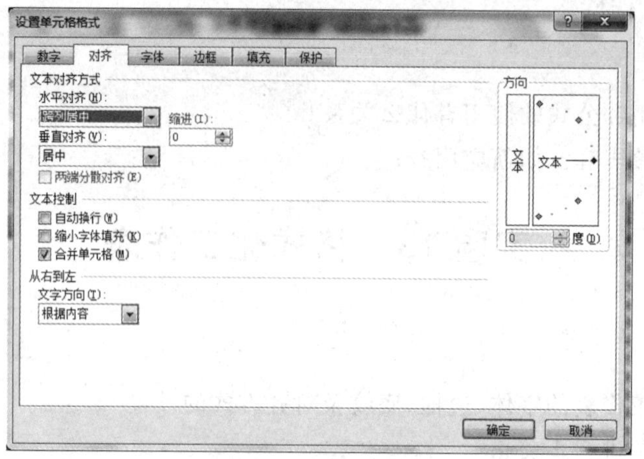

图 3-65 “对齐”选项卡

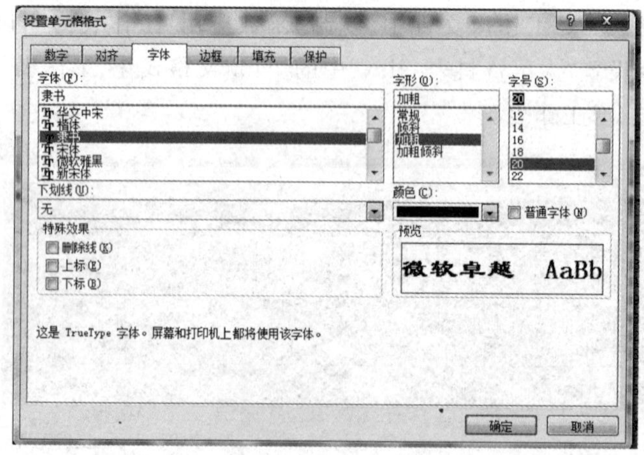

图 3-66 “字体”选项卡

弹出的“单元格格式”对话框中选择“填充”选项卡，选择标题的底纹颜色为“青绿”色，如图 3-67 所示，单击“确定”按钮。

(2) 用同样的方法再选定 A2:K13 区域，设置该区域的底纹颜色。

(3) 选定 B3:J12 区域，选择“开始”→“对齐方式”，弹出“设置单元格格式”对话框。在弹出的“单元格格式”对话框中选择“边框”选项卡，如图 3-68 所示。

(4) 单击该对话框中“样式”下方的粗实线，然后单击“预置”区的“外边框”项，将外部线型变为粗实线。为了使该部分文字具有凹凸感，操作边框时将上线、左线设置为白色，下线、右线设置为水绿色。单击“确定”按钮。设置效果如图 3-64 所示。

3. 条件格式化

选择“人事资料表.xlsx”工作簿文件中的“自定义格式化”工作表。

(1) 选定 J3:J11 区域。再选择“开始”→“样式”→“条件格式”下拉列表。

(2) 在随即打开的下拉列表中，选择条件格式样式(数据条)。设置效果如图 3-64 所示。

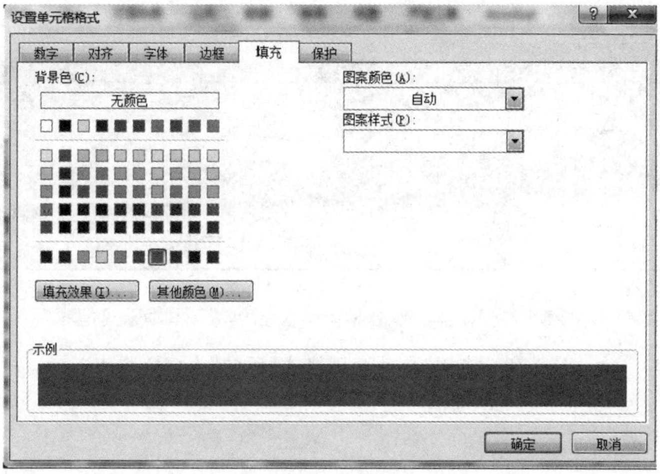

图 3-67 “填充”选项卡

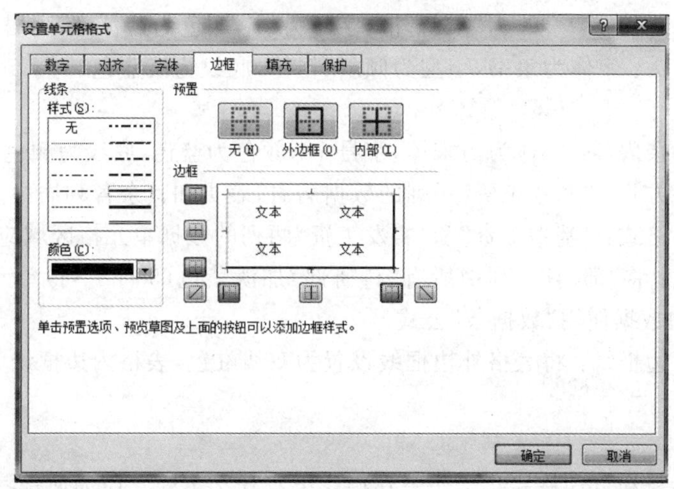

图 3-68 “边框”选项卡

4. 自动套用格式的方式格式化工作表

选择“人事资料表.xlsx”工作簿文件中的“自动格式化”工作表。

(1) 选定 A1:K1 区域。选择“开始”→“对齐方式”,弹出“设置单元格格式”对话框。

(2) 在该对话框的“对齐”选项卡的“水平对齐”下拉列表框中选中“跨列居中”,在“文本控制”设置区中选中“合并单元格”复选框,单击“确定”按钮。

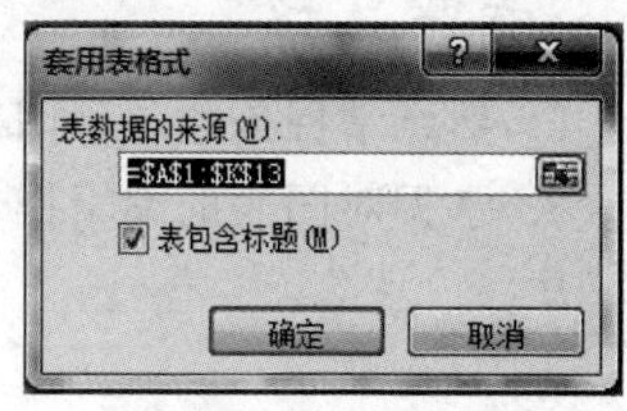

图 3-69 “套用表格式”对话框

(3) 选定 A2:K13 区域,选择“开始”→“样式”→“套用表格格式”,选择一种格式(如中等深浅 4)作为模板。

(4) 打开如图 3-69 所示“套用表格式”对话框,输入“表数据的来源”(A2:K13)。

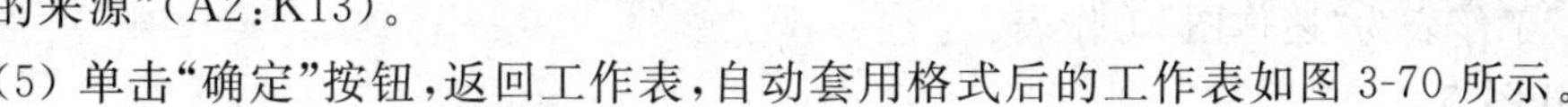

(5) 单击“确定”按钮,返回工作表,自动套用格式后的工作表如图 3-70 所示。

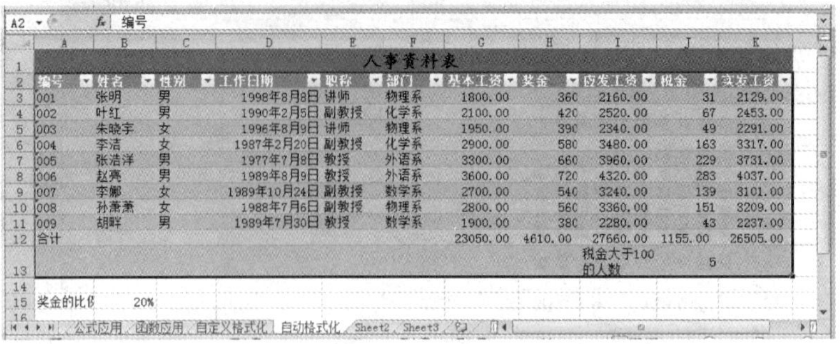

人事资料表

编号	姓名	性别	工作日期	职称	部门	基本工资	奖金	应发工资	税金	实发工资
001	张明	男	1998年8月8日	讲师	物理系	1800.00	360	2160.00	31	2129.00
002	叶红	男	1990年2月5日	副教授	化学系	2100.00	420	2520.00	67	2453.00
003	朱晓宇	女	1996年8月9日	讲师	物理系	1950.00	390	2340.00	49	2291.00
004	李洁	女	1987年2月20日	副教授	化学系	2900.00	580	3480.00	163	3317.00
005	张浩洋	男	1977年7月8日	教授	外语系	3300.00	660	3960.00	229	3731.00
006	赵亮	男	1989年8月9日	教授	外语系	3600.00	720	4320.00	283	4037.00
007	李娜	女	1989年10月24日	副教授	数学系	2700.00	540	3240.00	139	3101.00
008	孙萧萧	女	1988年7月6日	副教授	物理系	2800.00	560	3360.00	151	3209.00
009	胡畔	男	1989年7月30日	教授	数学系	1900.00	380	2280.00	43	2237.00
合计						23050.00	4610.00	27660.00	1155.00	26505.00
								税金大于100的人数	5	

奖金的比例	20%

图 3-70　应用“自动套用格式”后的“人事资料表”

三、实验任务

选定“练习”文件夹中的“员工工资表.xlsx”的工作簿文件中的“完整的信息表”，并复制成“表格格式化”工作表按如下要求进行操作：

1. 格式化标题文字：字体为华文行楷，字号为16，颜色为蓝色，跨列居中。

2. 格式化表头：字体为隶书，字型为倾斜、粗体，底纹为淡蓝色(3行5列)，字体颜色为绿色(2行4列)。

3. 格式化其余内容：字体为仿宋体，字号16，颜色为蓝色，底纹为颜色自定。

4. 设置对齐方式：“基本工资”一列的数据居右，表头和其余各列居中。

5. 设置数字格式：“基本工资”和“实发工资”两列的数据单元格区域应用货币格式。

6. 条件格式：将“部门”一列中所有“科研部”加淡紫色(5行7列)单元格底纹；将“实发工资”一列中的数据使用“数据条”公式。

7. 设置表格边框线：将表格外边框线设置为双线红色，表格内边框线为单线蓝色。

四、思考题

1. 自定义格式和自动格式化工作表在操作上有什么不同？应如何选择格式化的方式？

2. 条件格式是否只适用于数值型的数据？

实验 14　图 表 操 作

一、实验目的

1. 熟练掌握创建各种图表的方法

2. 掌握对图表的编辑操作

二、案例

在“人事资料表.xlsx”工作簿文件中，复制“函数应用”工作表为“图表化”工作表，复制“函数应用”工作表为“迷你图”工作表。

1. 创建图表

(1) 打开文件“人事资料表.xlsx”，选择“图表化”工作表。

(2) 选择“插入”→“图表”，弹出如图 3-71 所示的“插入图表”对话框，选择主类(“柱形图”)及其子类(“三维簇状柱形图”)。

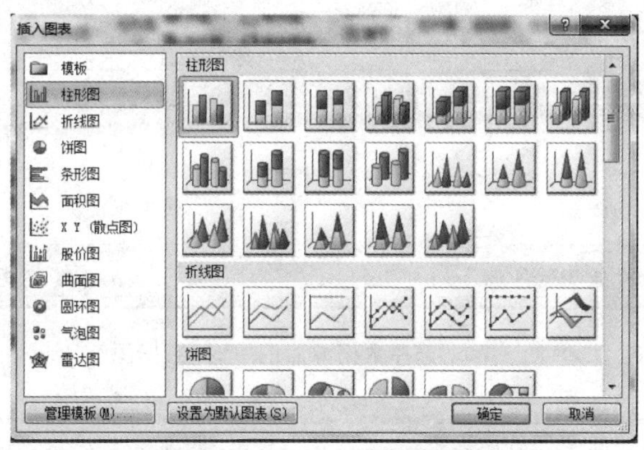

图 3-71 “插入图表”对话框

(3) 单击“确定”按钮，出现如图 3-72 所示的空图表。

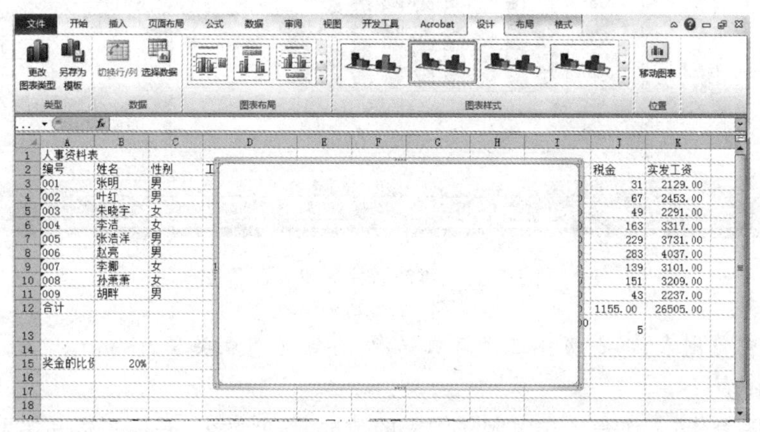

图 3-72 形成空图表后的“图表化”工作表

(4) 选择“设计”→“数据”→“选择数据”，弹出如图 3-73 所示的“选择数据源”对话框。选择图表数据区 A2:J11，编辑“水平分类轴”标签，选定 B2:B11，编辑“图例项”，选择多余的数据项进行删除，操作结果如图 3-74 所示。单击“确定”按钮，结果如图 3-75 所示。

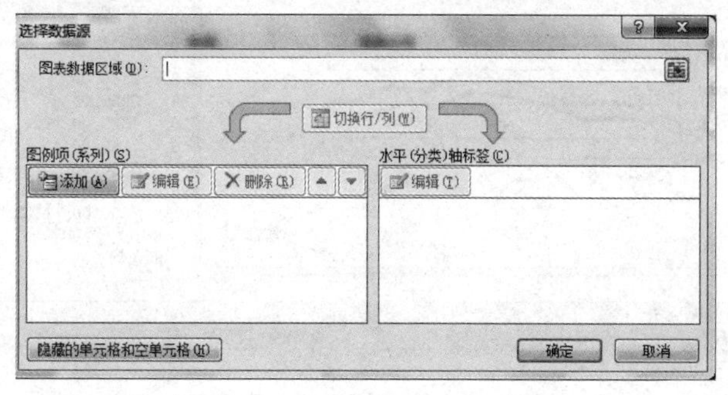

图 3-73 “选择数据源”对话框

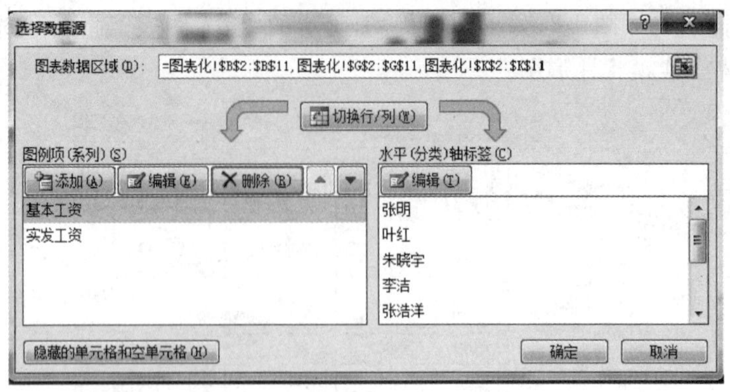

图 3-74　选择数据源后的“选择数据源”

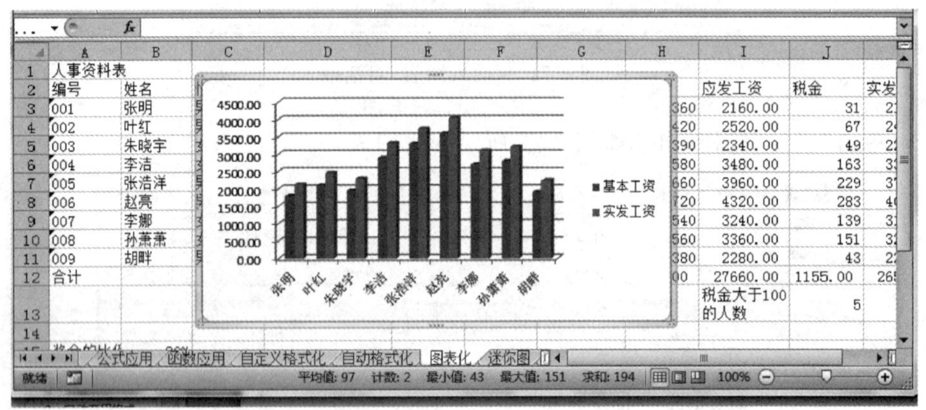

图 3-75　三维簇状柱形图工资图表

提示：在制作图表前，也可先选择好数据源，再选择图表类型。

2. 编辑图表

(1) 在“图表化”工作表中选定制作图表的数据源，即姓名、基本工资和实发工资列。

(2) 更改图表类型：选择“插入”→“图表”，弹出如图 3-71 所示的“插入图表”对话框，选择主类(“折线图”)及其子类(三维折线图)，单击“确定”按钮。结果如图 3-76 所示。

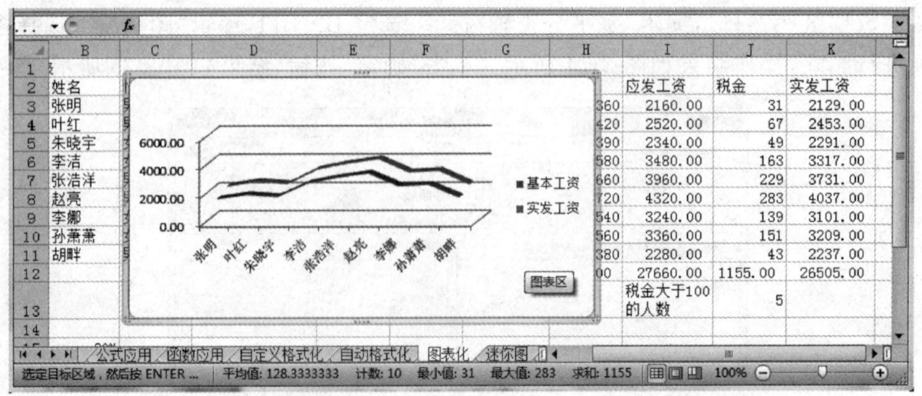

图 3-76　三维折线图工资图表

(3) 更改“数据源”和“图表选项”

方法一：单击图表区选择图表，选择“设计”→“选择数据”，弹出如图 3-73 所示的“选择数据源”对话框，可进行图表选项的修改。例如增加“税金”数据列。编辑“图例项”选择“添加”命令，弹出如图 3-77 所示的“编辑数据系列”对话框，选择“系列名称”(图表化！J2)，选择“系列值”(图表化！J3：J11)，单击“确定”按钮，结果如图 3-78 所示。

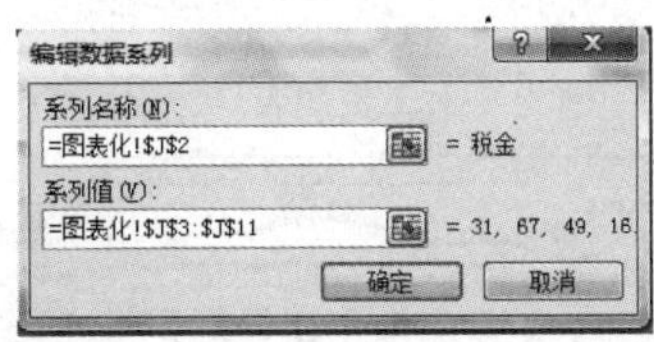

图 3-77 “编辑数据系列”对话框

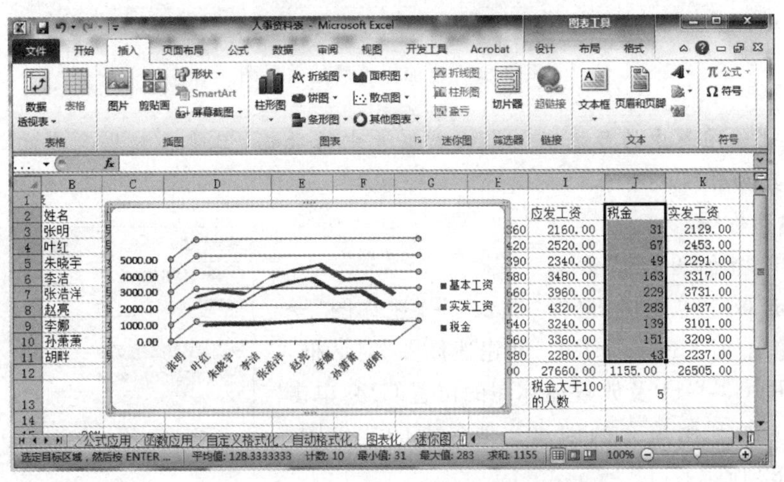

图 3-78 增加“税金”后的三维折线图

方法二：若要增加“税金”数据到数据图表中，应先选定数据表中的 J3:J11 区域，然后按下 Ctrl+C 键，再单击选定图表，按下 Ctrl+V 键，则数据序列添加到了图表中，添加的数据序列总是放在图表现有数据系列的后面。

(4) 删除数据行：例如要删除图表中的“基本工资”列数据，应先单击图表中的“基本工资”数据列，按下 Delete 键，效果如图 3-79 所示。

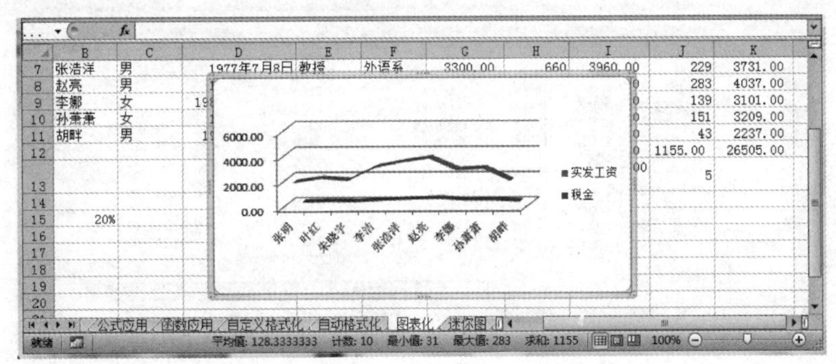

图 3-79 删除“基本工资”系列

(5) 增加标签：例如图表标题。单击图表区，选择图表，选择“图表工具”→“布局”→“标签”，选择数据源标签的类型为图表标题，在其下拉菜单中选择放置位置为图表上方，编辑数据标签，将“图表标题”更改为“工资图表”。其他标签的增加类似。效果如图 3-80 所示。

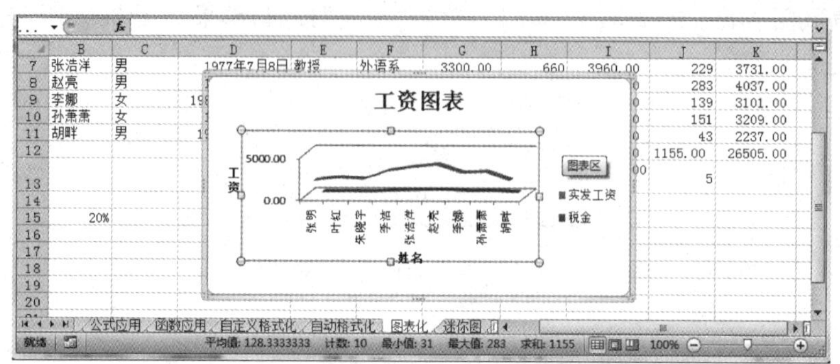

图 3-80　增加标签后的效果图

提示：删除图表中的数据不会影响数据表中的数据，但删除数据表中的数据时，图表中相对应的数据会随之删除。

3. 创建迷你图

(1) 选定“迷你图”工作表。

(2) 选定 G14 单元格，选择“插入”→“迷你图”→“折线图”，弹出如图 3-81 所示的“创建迷你图”对话框，选择数据范围 G3:G11 及放置迷你图的位置 G14，单击“确定”按钮。再利用填充柄创建其他各列的迷你图，结果如图 3-82 所示。

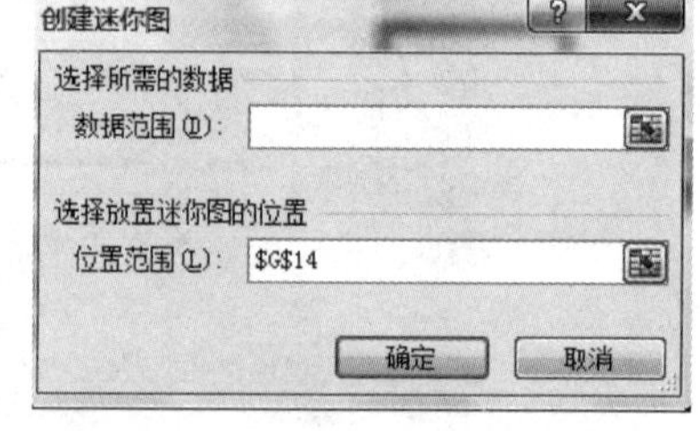

图 3-81　“创建迷你图”对话框

(3) 选择“插入”→“迷你图”→“柱形图”，弹出如图 3-81 所示的“创建迷你图”对话框，选择数据范围 G3:K3 及放置迷你图的位置 L3，单击“确定”按钮。再利用填充柄创建其他各列的迷你图，效果如图 3-83 所示。

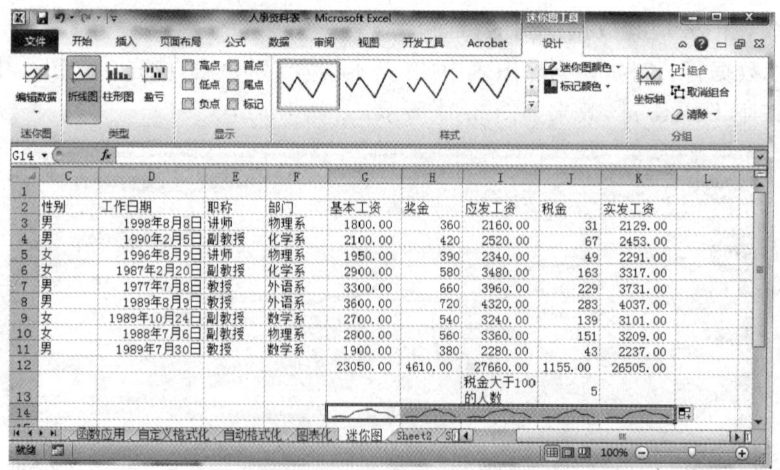

图 3-82　增加“折线迷你图”的效果图

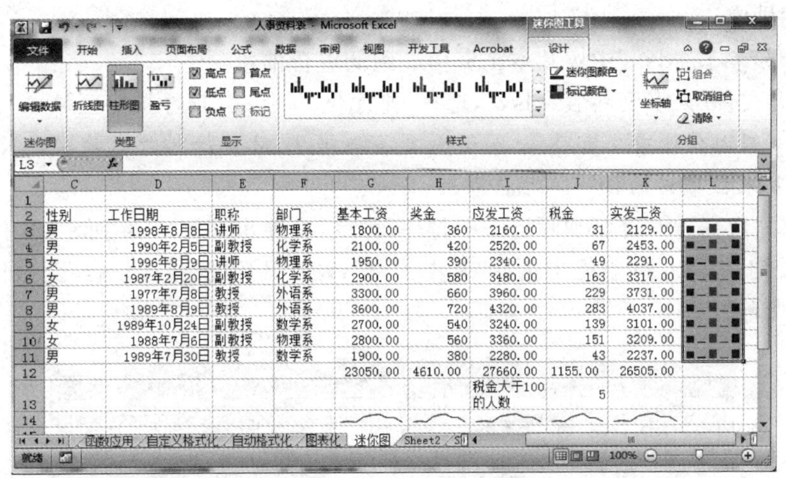

	C	D	E	F	G	H	I	J	K
2	性别	工作日期	职称	部门	基本工资	奖金	应发工资	税金	实发工资
3	男	1998年8月8日	讲师	物理系	1800.00	360	2160.00	31	2129.00
4	男	1990年2月5日	副教授	化学系	2100.00	420	2520.00	67	2453.00
5	女	1996年8月9日	讲师	物理系	1950.00	390	2340.00	49	2291.00
6	女	1987年2月20日	副教授	化学系	2900.00	580	3480.00	163	3317.00
7	男	1977年7月8日	教授	外语系	3300.00	660	3960.00	229	3731.00
8	男	1989年8月9日	教授	外语系	3600.00	720	4320.00	283	4037.00
9	女	1989年10月24日	副教授	数学系	2700.00	540	3240.00	139	3101.00
10	女	1988年7月6日	副教授	物理系	2800.00	560	3360.00	151	3209.00
11	男	1989年7月30日	教授	数学系	1900.00	380	2280.00	43	2237.00
12					23050.00	4610.00	27660.00	1155.00	26505.00
13							税金大于100的人数	5	

图 3-83　增加“柱形迷你图”的效果图

三、实验任务

选定“练习”文件夹中的“员工工资表.xlsx”的工作簿文件中的“完整的信息表”，复制成“插入图表”工作表和“插入迷你图”工作表并按如下要求进行操作：

1. 在“插入图表”工作表中用“基本工资”一列的数据创建三维饼图并加上相应的标题及数据标志。
2. 在“插入迷你图”工作表中增加“基本工资”、职务工资和实发工资的“柱形图”。
3. 在“插入迷你图”工作表中增加每人的“基本工资”、“职务工资”和“实发工资”的“折线图”。

四、思考题

1. 如何更改图形？
2. 如何将图表固定在指定的区域？
3. 如何对图表进行格式化？
4. 迷你图和图表有什么不同作用？它们的应用场合是什么？

实验 15　数 据 管 理

一、实验目的

1. 熟练掌握排序、筛选、分类汇总等数据管理的基本操作
2. 掌握高级筛选

二、案例

在“人事资料表.xlsx”工作簿文件中，复制“函数应用”工作表为“排序化”工作表。复制“函数应用”工作表为“筛选”工作表，复制“函数应用”工作表为“高级筛选”工作表，复制“函数应用”工作表为“分类汇总”工作表。

1. 数据排序

在“人事资料表.xlsx”中按基本工资由高到低重新排列顺序。

(1) 打开文件“人事资料表.xlsx”,选择“排序化”工作表,选择排序区域 A2:K11。

提示:本例因合计中含有公式,为避免其参与排序,故选择排序区域 A2:K11。否则只需要选中数据表区域内的任一单元格即可。

(2) 选择“数据”→“排序和筛选”→“排序”命令,在弹出如图 3-84 所示的“排序”对话框中的“主要关键字”下拉列表框中选择“基本工资”,设置其后的“排序依据”为数值,并选择其后的顺序按“降序”。

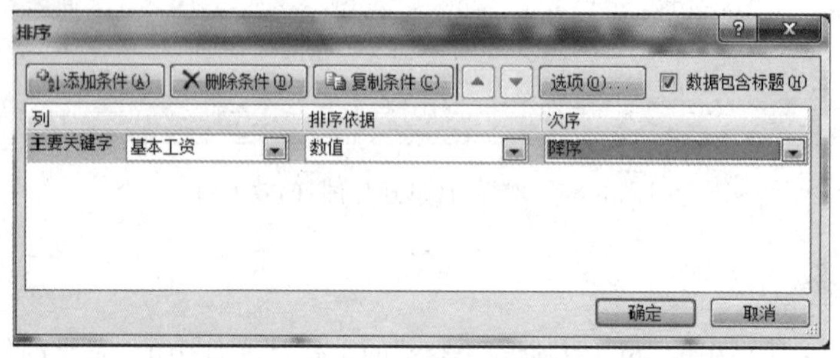

图 3-84 “排序”对话框

(3) 单击“确定”按钮,则工作表数据按职工基本工资由高到低进行排序,结果如图 3-85 所示。

	A	B	C	D	E	F	G	H	I	J	K
1	人事资料表										
2	编号	姓名	性别	工作日期	职称	部门	基本工资	奖金	应发工资	税金	实发工资
3	006	赵亮	男	1989年8月9日	教授	外语系	3600.00	720	4320.00	283	4037.00
4	005	张浩洋	男	1977年7月8日	教授	外语系	3300.00	660	3960.00	229	3731.00
5	004	李洁	女	1987年2月20日	副教授	化学系	2900.00	580	3480.00	163	3317.00
6	008	孙萧萧	女	1988年7月6日	副教授	物理系	2800.00	560	3360.00	151	3209.00
7	007	李娜	女	1989年10月24日	副教授	数学系	2700.00	540	3240.00	139	3101.00
8	002	叶红	男	1990年2月5日	副教授	化学系	2100.00	420	2520.00	67	2453.00
9	003	朱晓宇	女	1996年8月9日	讲师	物理系	1950.00	390	2340.00	49	2291.00
10	009	胡畔	男	1989年7月30日	教授	数学系	1900.00	380	2280.00	43	2237.00
11	001	张明	男	1998年8月8日	讲师	物理系	1800.00	360	2160.00	31	2129.00
12									税金大于100的人数	5	

图 3-85 按“基本工资”降序排列

提示:系统允许按多个关键字进行排序,即如果第一个关键值相同,则按第二个关键字的值排,第二个也相同,则按第三个排。如果需要,要添加条件。

2. 筛选

在“人事资料表.xlsx”中筛选实发工资在 3000 元以上的女职工。

(1) 打开文件“人事资料表.xlsx”工作簿,选择“筛选”工作表,选择筛选区域 A2:K11。

(2) 选择“数据”→“排序和筛选”→“筛选”命令。

(3) 单击“性别”列标题旁的箭头，在下拉列表中选择“女”，如图 3-86 所示。

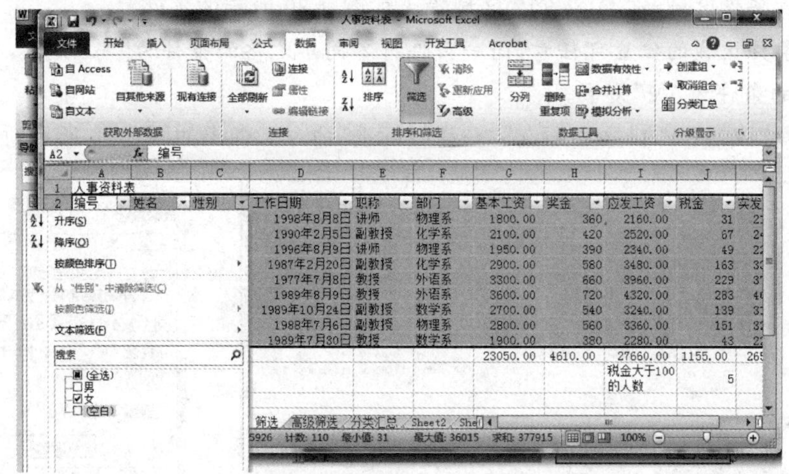

图 3-86 “性别”条件筛选

(4) 单击“实发工资”列标题旁的箭头，选择“数字筛选”的“大于”，在弹出的对话框中设定筛选条件，如图 3-87 所示。

图 3-87 实发工资自定义条件对话框

(5) 单击“确定”按钮，筛选结果如图 3-88 所示。

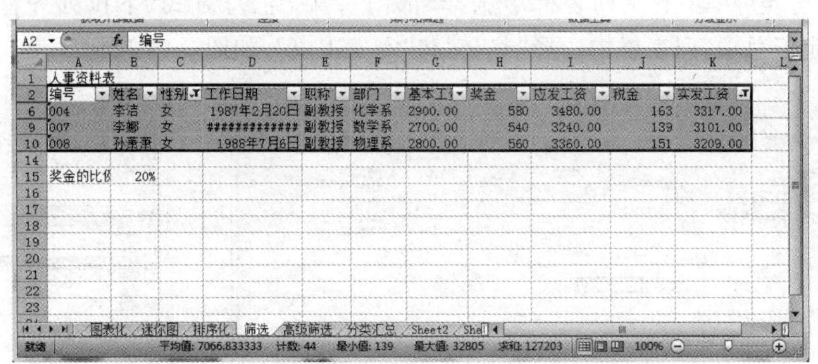

图 3-88 “实发工资”大于 3000 元的女职工

(6) 选择“数据”→“排序和筛选”→“清除”命令将取消筛选结果。

3. 高级筛选

使用高级筛选，筛选出物理系的讲师和数学系的副教授。

(1) 打开文件“人事资料表.xlsx”工作簿，选择“高级筛选”工作表。

(2) 建立条件区域，在D15:E17区域输入如图3-89所示的条件。

提示：条件区域的位置可任意，同一条件行不同单元格的条件为“与”关系，不同条件行不同单元格的条件为“或”关系。

(3) 选择“数据”→“排序和筛选”→“高级筛选”命令。弹出如图3-90所示对话框。

图3-89　设置条件区域及条件

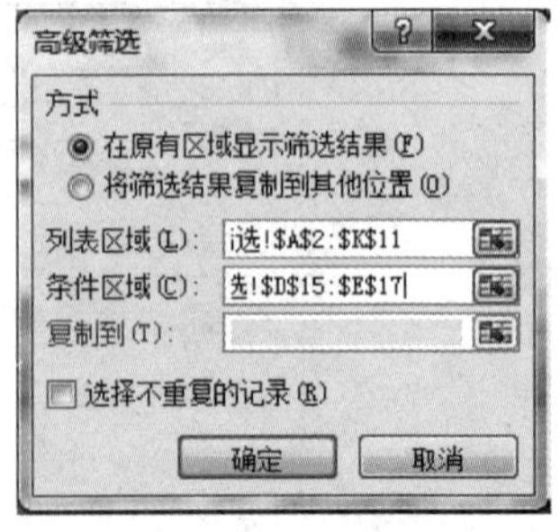

图3-90　“高级筛选”对话框

(4) 在“列表区域”设置要进行筛选的区域，即A2:K11；在“条件区域”设置条件所在的区域，即D15:E17。

(5) 单击“确定”按钮，得如图3-91所示结果。

(6) 选择“数据”→“排序和筛选”→“清除”命令将取消筛选结果。

4. 分类汇总

按部门汇总“人事资料表.xlsx”中各部门的奖金和实发工资的和。

(1) 打开文件“人事资料表.xlsx”工作簿，选择“分类汇总”工作表，选择排序区域A2:K11。

(2) 按“部门”排序。

(3) 选择“数据”→“分级显示”→“分类汇总”命令。弹出“分类汇总”对话框。

(4) 在“分类字段”下拉列表框中选择“部门”；在“汇总方式”下拉列表框中选择“求和”；在“选定汇总项”列表框中选择“奖金”和“实发工资”，如图3-92所示。

图3-91　“高级筛选”结果

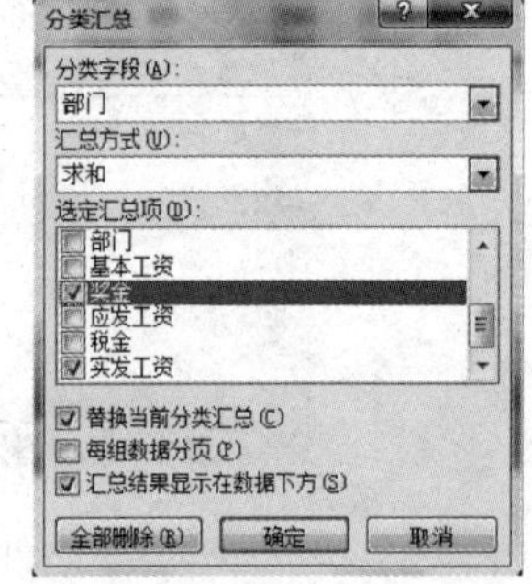

图3-92　“分类汇总”对话框

(5) 单击“确定”按钮，分类汇总结果如图3-93所示。

	C	D	E	F	G	H	I	J	K
1									
2	性别	工作日期	职称	部门	基本工资	奖金	应发工资	税金	实发工资
3	男	1990年2月5日	副教授	化学系	2100.00	420	2520.00	67	2453.00
4	女	1987年2月20日	副教授	化学系	2900.00	580	3480.00	163	3317.00
5				化学系 汇总		1000			5770.00
6	女	1989年10月24日	副教授	数学系	2700.00	540	3240.00	139	3101.00
7	男	1989年7月30日	教授	数学系	1900.00	380	2280.00	43	2237.00
8				数学系 汇总		920			5338.00
9	男	1977年7月8日	教授	外语系	3300.00	660	3960.00	229	3731.00
10	男	1989年8月9日	教授	外语系	3600.00	720	4320.00	283	4037.00
11				外语系 汇总		1380			7768.00
12	男	1998年8月8日	讲师	物理系	1800.00	360	2160.00	31	2129.00
13	女	1996年8月9日	讲师	物理系	1950.00	390	2340.00	49	2291.00
14	女	1988年7月6日	副教授	物理系	2800.00	560	3360.00	151	3209.00
15				物理系 汇总		1310			7629.00
16				总计		4610			26505.00
17					23050.00	7910.00	27660.00	1155.00	45381.00
18							税金大于100的人数	5	

图 3-93　分类汇总结果

三、实验任务

选定“练习”文件夹中的“员工工资表.xlsx”的工作簿文件中的“完整的信息表”，复制成“数据排序”工作表、“数据筛选”工作表“数据高级筛选”工作表和“分类汇总”工作表，并按如下要求进行操作：

1. 在“数据排序”工作表中，以“工资等级”为关键字，以“一等”、“二等”、“三等”为序排序。同一等级以“实发工资”为关键字，递减方式排序。

2. 在“数据筛选”工作表中，筛选出“基本工资”大于3000元且小于6000元的记录。

3. 在“数据高级筛选”工作表中，使用“高级筛选”来筛选出生产部的主管和销售部的职员。

4. 在“分类汇总”工作表中，以“部门”为分类字段，对“基本工资”和“实发工资”进行“求和”分类汇总。

四、思考题

1. 如何将排序好的数据表恢复原样?
2. 如何撤销筛选? 筛选后的数据能排序吗?
3. 在分类汇总的分级显示区中，最上一级能同时出现“+”、“-”等分级显示符号吗?
4. 高级筛选和筛选有何不同? 它们应用的场合是什么?

实验 16　数据透视(表与图)

一、实验目的

1. 熟练掌握数据透视(表和图)的制作和编辑方法
2. 了解Excel数据分析的内容和方法

二、案例

在“人事资料表.xlsx”工作簿文件中，复制“函数应用”工作表为“添加透视表”工作表。复制“函数应用”工作表为“添加透视图”工作表。

1. 数据透视表的建立及编辑

为“人事资料表.xlsx”创建数据透视表，要求汇总各部门各职称男、女职工的税金和实发工资的和，同时还要汇总各部门男、女职工人数。

(1) 打开文件“人事资料表.xlsx”工作簿，选择“添加透视表”工作表，选择区域 A2:K11。

(2) 选择“插入”→“表格”→“数据透视表”命令。弹出如图 3-94 所示的“创建数据透视表”对话框，选择 A2:K11 作为要分析的数据，选择现有的工作表并设置放置数据透视表的位置 C13:G20。

(3) 单击“确定”按钮，效果如图 3-95 所示。此时的数据透视表是空表，若要生成数据透视表，还需要进行数据透视表字段的设置。

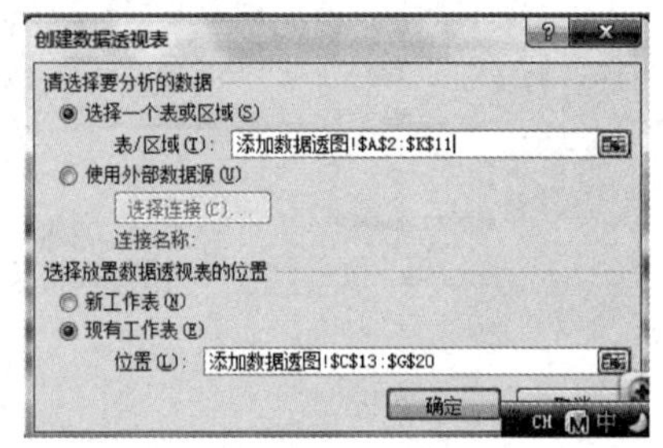

图 3-94 “创建数据透视表”对话框

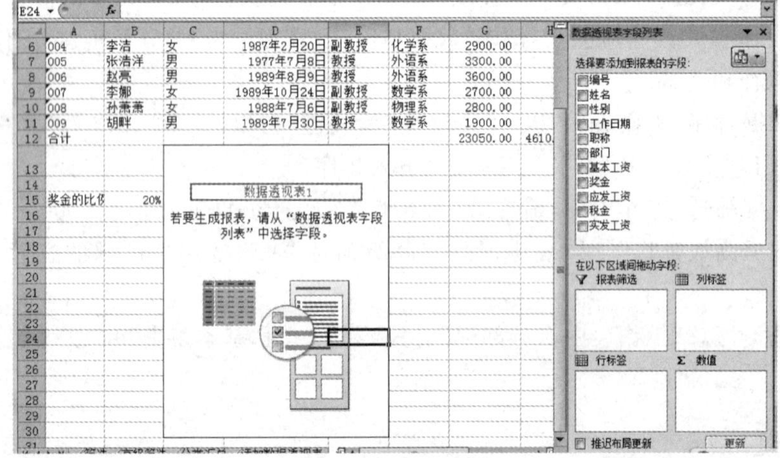

图 3-95 空的数据透视表

(4) 在如图 3-95 所示的空数据透视表中，分别将“部门”拖入“报表筛选”区域；“职称”拖入“行标签”区域；“性别”拖入“列标签”区域；“税金”、“实发工资”、“性别”拖入“数值”区域。在数据区中，系统自动将“税金”、“实发工资”的汇总方式设置为“求和”，将“性别”的汇总方式设置为“计数”，如果设定不正确，可双击相应按钮进行修改，如图 3-96 所示。

(5) 根据需要添加。将要添加的字段拖入相应的区域即可。例如增加“基本工资”的总和。将“基本工资”字段拖入“数值”区。结果如图 3-97 所示。

(6) 根据需要删除字段。将要删除的字段的选中标志取消即可。例如删除“税金”的总和。将“税金”字段的标志取消。

(7) 修改字段的汇总方式。例如将“基本工资”字段的求和改为求平均值。在值区域，

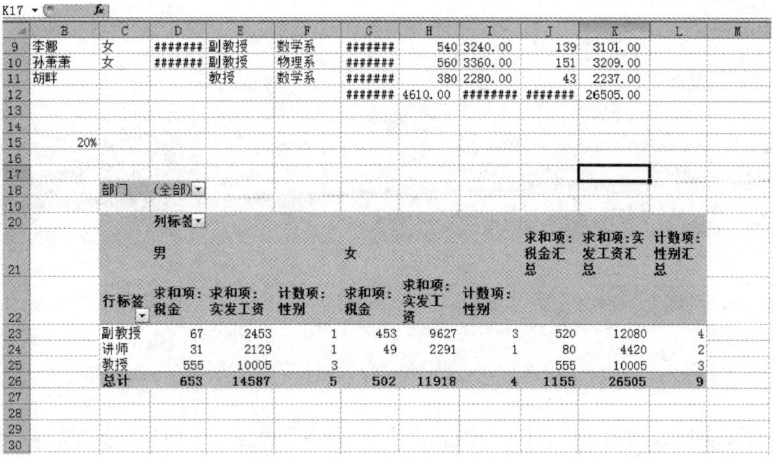

图 3-96　数据透视表结果

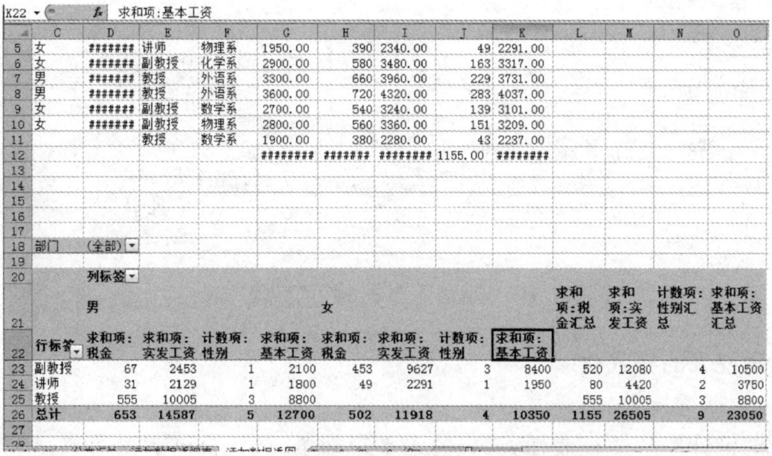

图 3-97　增加“基本工资”字段的数据透视表

选中“基本工资”字段后的下拉列表，弹出如图 3-98 所示的“值字段设置”对话框。在汇总方式中选择“平均值”，单击“确定”按钮。效果图如图 3-99 所示。

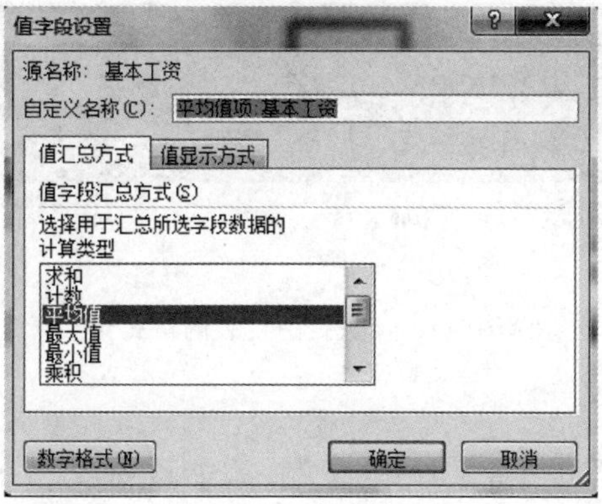

图 3-98　“值字段设置”对话框

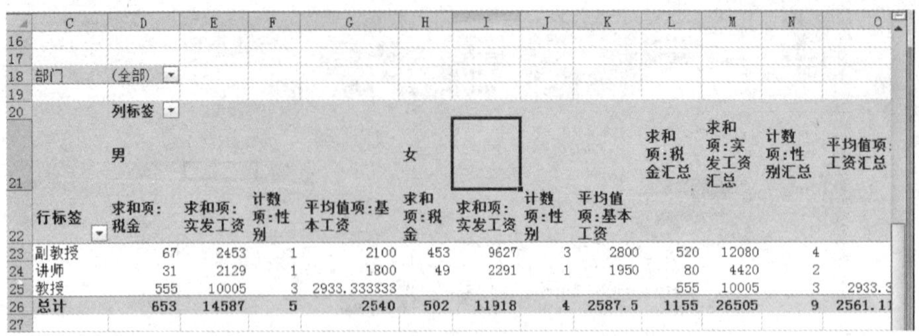

图 3-99　改变汇总方式后的数据透视表

(8) 可根据需要设置筛选条件。如只看“化学系”的各个统计数据,则在部门的搜索中只勾选“化学系”,单击“确定”按钮。结果如图 3-100 所示。

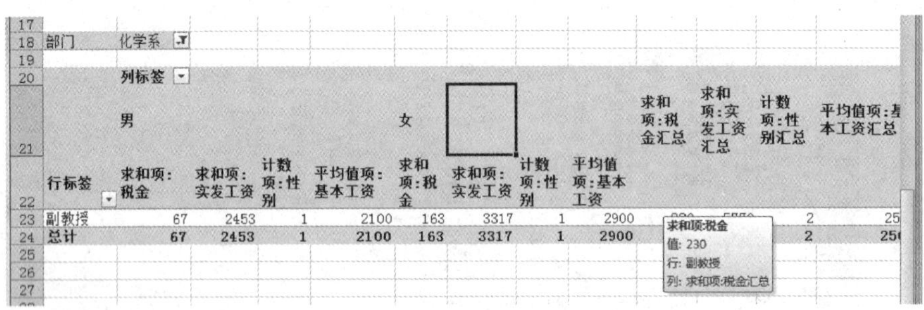

图 3-100　增加筛选条件后的数据透视表

2. 数据透视表的格式化

(1) 选定数据透视表。

(2) 选择“设计”→“透视表样式”中的水平滚动条,选择自己满意的透视表样式(中等深浅 4),如图 3-101 所示。

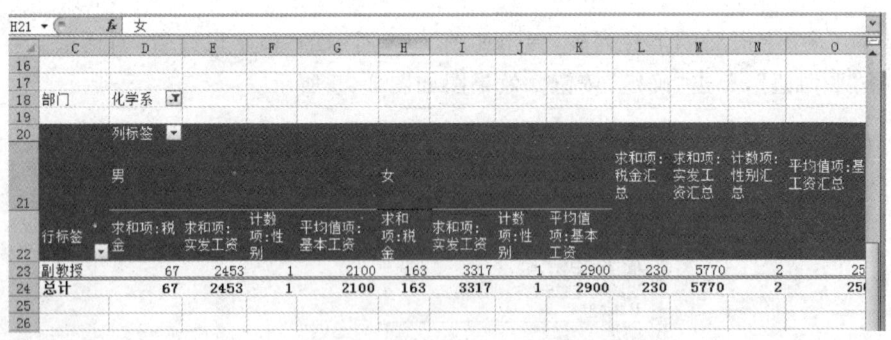

图 3-101　数据透视表的格式化

3. 切片器的应用

在“人事资料表.xlsx”工作簿文件中,复制“添加透视表”工作表为“切片器的应用”工作表。

(1) 选定“人事资料表.xlsx”工作簿文件中的“切片器的应用”工作表。

(2) 选定透视表,选择“选项”→“插入切片器”命令,弹出如图3-102所示的“插入切片器”对话框。选中“部门”,“职称”,“税金”等字段,单击“确定”命令,效果图如图3-103所示。

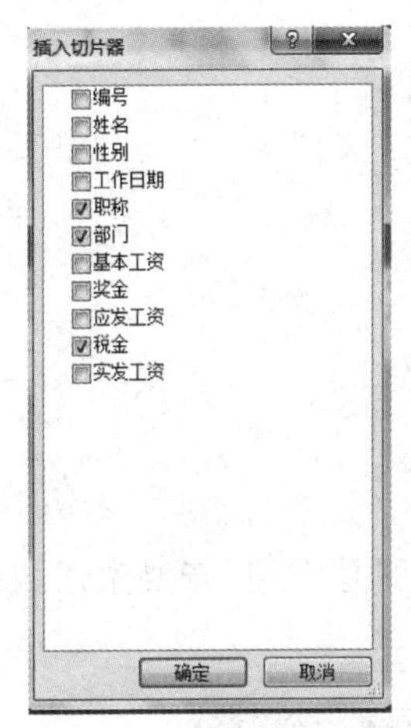

图3-102 “插入切片器”对话框

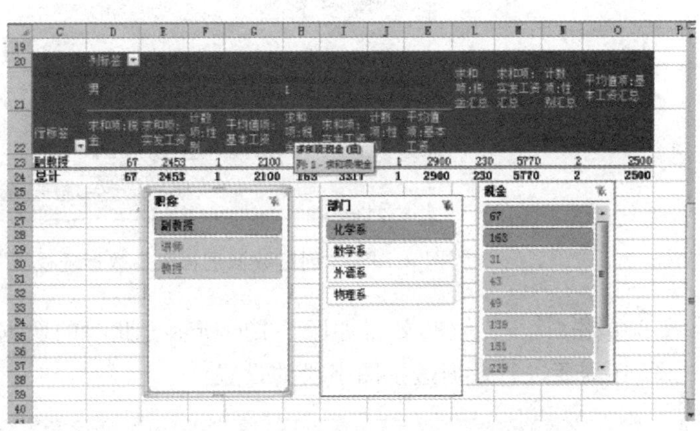

图3-103 增加切片器后的效果图

(3) 选定要格式化的切片器,选择“选项”→“切片器样式”命令。效果图如图3-104所示。

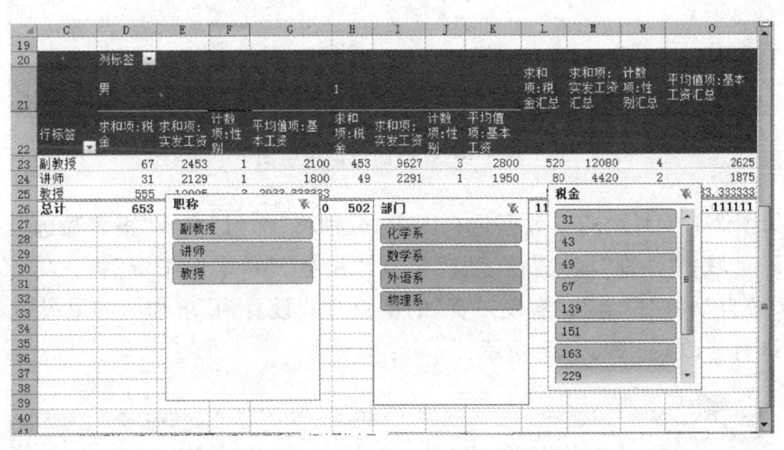

图3-104 格式化切片器后的效果图

4. 数据透视图的建立及编辑

为“人事资料表.xlsx”创建数据透视图,要求用柱形图表示汇总信息。汇总各部门各职称男、女职工的税金和实发工资的和。

(1) 打开文件“人事资料表.xlsx”工作簿,选择“添加透视图”工作表,选择区域A2:K11。

(2) 选择“插入”→“表格”→“数据透视图”命令。打开如图3-105所示的“创建数据透视表及数据透视图”对话框。在对话框中，选择 A2:K11 作为要分析的数据，选择现有的工作表并设置放置数据透视表的位置 C13:K23。

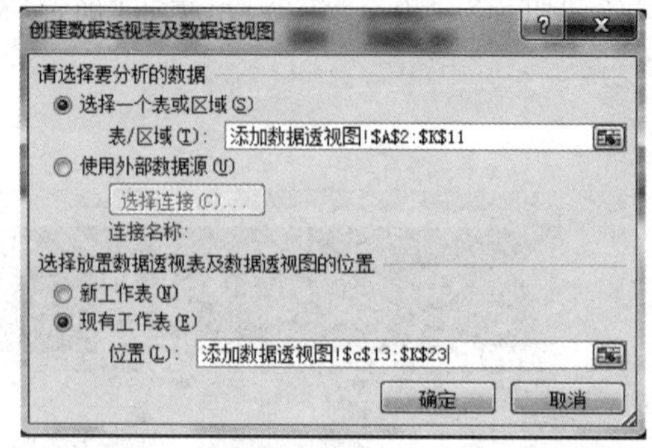

图 3-105 “创建数据透视表及数据透视图”对话框

(3) 单击“确定”按钮，效果如图 3-106 所示。此时的数据透视图是空图，若要生成数据透视图，还需要进行数据透视图字段的设置。

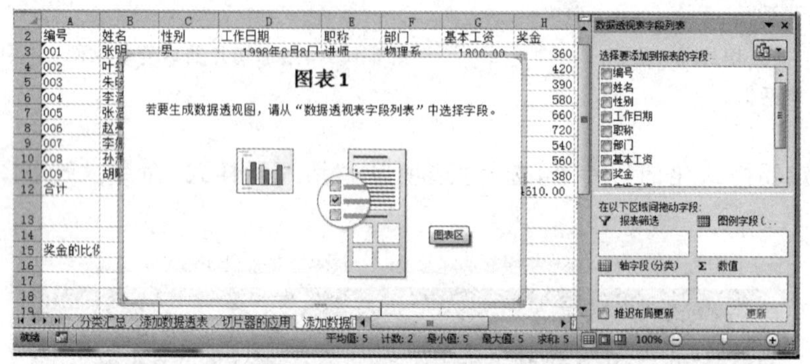

图 3-106 空的数据透视图

(4) 在如图 3-106 所示的空数据透视图中，分别将“部门”拖入“报表筛选”区域；“职称”拖入“轴字段”区域；“性别”拖入“轴字段”区域，“税金”和“实发工资”拖入“数值”区域。在数据区中，系统自动将“税金”、“实发工资”的汇总方式设置为“求和”，如果设定不正确，可双击相应按钮进行修改，如图 3-107 所示。

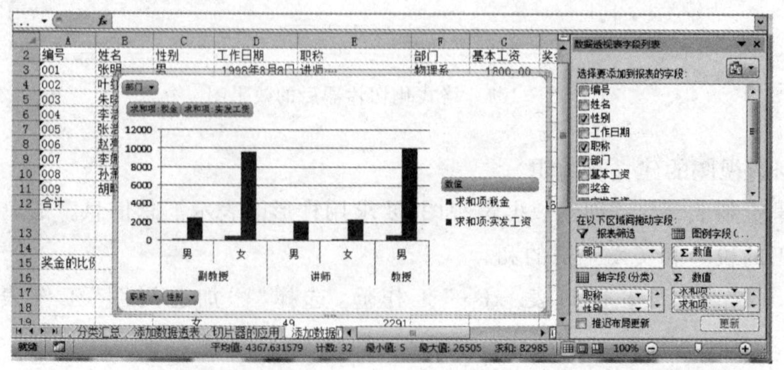

图 3-107 各部门各职称男、女职工的税金和实发工资透视图

(5) 根据需要添加。将要添加的字段拖入相应的区域即可。例如增加“基本工资”的总和。将“基本工资”字段拖入“数值”区。结果如图 3-108 所示。

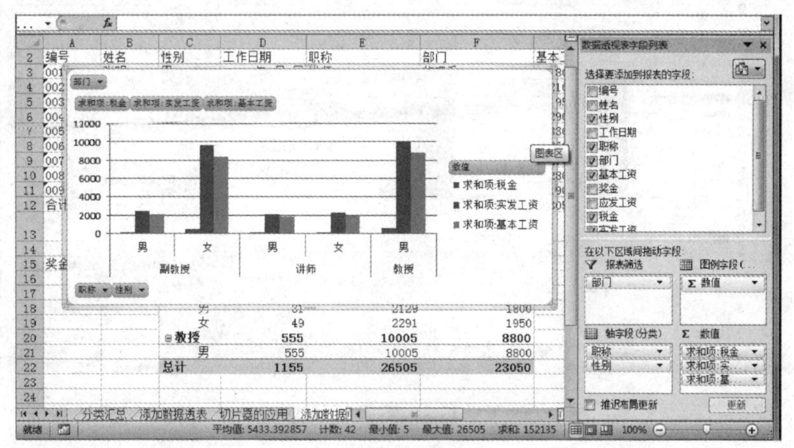

图 3-108　各部门各职称男、女职工的税金、实发工资和基本工资透视图

(6) 根据需要删除字段。将要删除的字段的选中标志取消即可。例如删除“职称”的分类。将“职称”字段的标志取消。结果如图 3-109 所示。

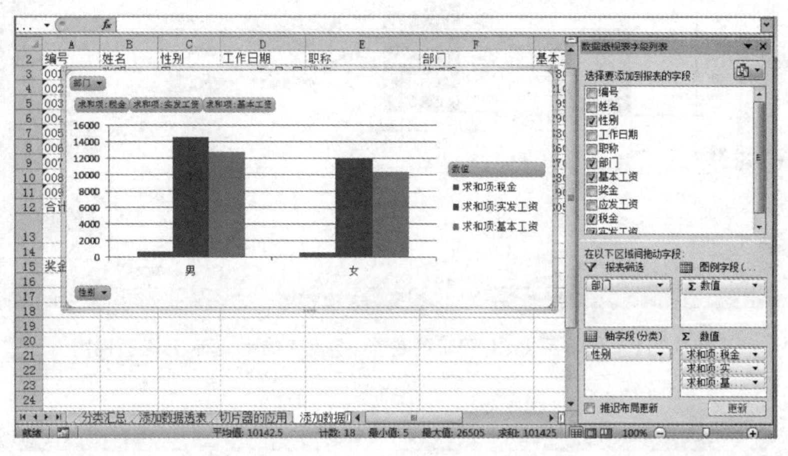

图 3-109　各部门男、女职工的税金、实发工资和基本工资透视图

(7) 修改字段的汇总方式。例如:将“基本工资”字段的求和改为求平均值。在值区域,选中“基本工资”字段后的下拉列表,弹出如图 3-98 所示的“值字段设置”对话框。在汇总方式中选择“平均值”,单击“确定”按钮。效果图如图 3-110 所示。

(8) 可根据需要设置筛选条件。如只看“化学系”的各个统计数据,则在部门的搜索中只勾选“化学系”,单击“确定”按钮。结果如图 3-111 所示。

(9) 切片器的应用。如在“化学系”汇总信息的基础上,想了解“化学系”的“姓名”、“基本工资”、“应发工资”和“税金”的详细信息,选择“选项”→“插入切片器”命令,弹出如图 3-102 所示的“插入切片器”对话框。选中“部门”、“职称”、“税金”等字段,单击“确定”命令。根据需要对各个切片器进行格式化处理。效果图如图 3-112 所示。

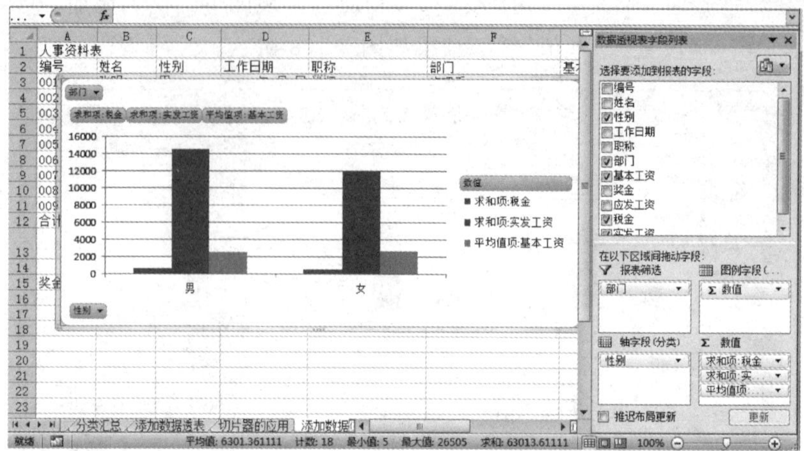

图 3-110　各部门男、女职工的税金、实发工资总和及平均基本工资透视图

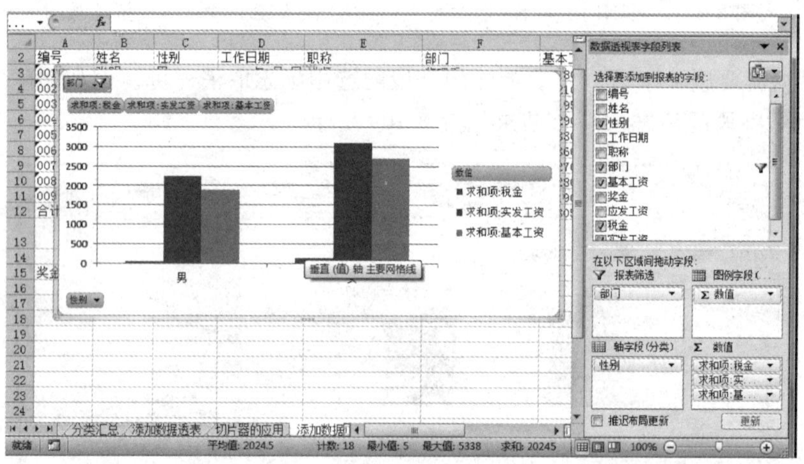

图 3-111　化学系男、女职工的税金、实发工资和基本工资透视图

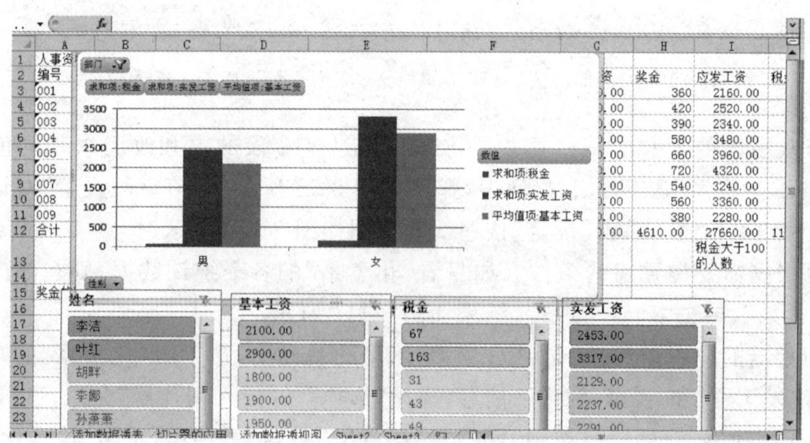

图 3-112　化学系男、女职工的税金、实发工资和基本工资的详细信息

三、实验任务

选定“练习”文件夹中的“员工工资表.xlsx”的工作簿文件中的“完整的信息表”，复制成“数据透视表”工作表和“数据透视图”工作表并按如下要求进行操作：

1. 在“数据透视表”工作表中，以“编号”为筛选项，以“部门”为列标签，“分组”为行标签，“基本工资”和“实发工资”为求和项，建立数据透视表并放于该工作表中。

2. 在“数据透视表”工作表中，增加“工资等级”、“编号”、“基本工资”和“实发工资”的切片。

3. 在“数据透视表”工作表中，对透视表和切片进行格式化。

4. 在“数据透视图”工作表中，以“部门”为筛选项，以“分组”为轴标签，“职务工资”为求和，“实发工资”为求平均值，建立柱型数据透视图并放于该工作表中。

5. 在“数据透视图”工作表中，增加“工资等级”、“编号”、“基本工资”和“实发工资”的切片。

6. 在“数据透视图”工作表中，对透视图和切片进行格式化。

四、思考题

1. 请比较数据透视表与分类汇总的不同用途。
2. 在数据透视表(图)中怎样隐藏和显示明细数据。
3. 如何将数据透视表嵌入到当前工作表中。

实验 17　演示文稿的创建和编辑

一、实验目的

1. 创建不同版式的幻灯片
2. 使用不同视图、常用对象
3. 掌握幻灯片文档内容的输入和编辑
4. 掌握超链接的使用方法

二、案例

1. 视图模式的控制

启动 PowerPoint 2010，选择“视图”→“演示文稿视图”功能组，该功能组中有 4 种主要视图方式，即普通视图、幻灯片浏览视图、阅读视图和备注页视图，如图 3-113 所示。单击“演示文稿视图”功能组中的任意一组视图按钮，即可对幻灯片进行编辑和查看。

2. 演示文稿的创建、修改和保存

(1) 在新建的 PowerPoint 文件中，如图 3-113 所示，在幻灯片编辑区内单击“单击此处添加第一张幻灯片”字样，新建一张默认版式的幻灯片。

(2) 执行“开始”→“幻灯片”→“新建幻灯片”命令。在展开的幻灯片版式库中单击“标题和内容”图标，此时新建了与第 1 张不同版式的第 2 张幻灯片。

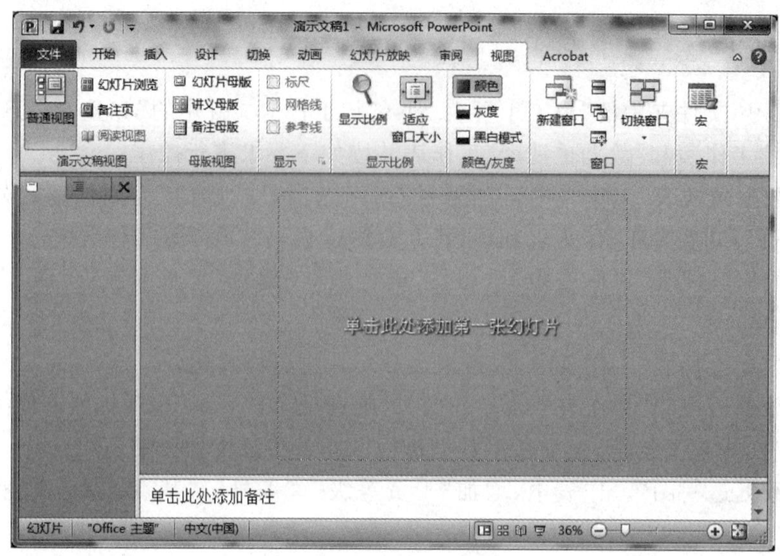

图 3-113　视图模式

(3) 按下快捷键 Ctrl＋M,会添加一张与上一张幻灯片相同版式的幻灯片,用该快捷键添加第 3 张幻灯片。

(4) 选中第 2 张幻灯片,执行“开始”→“幻灯片”→“版式”命令。在展开的幻灯片版式库中单击“空白”图标,如图 3-114 所示。

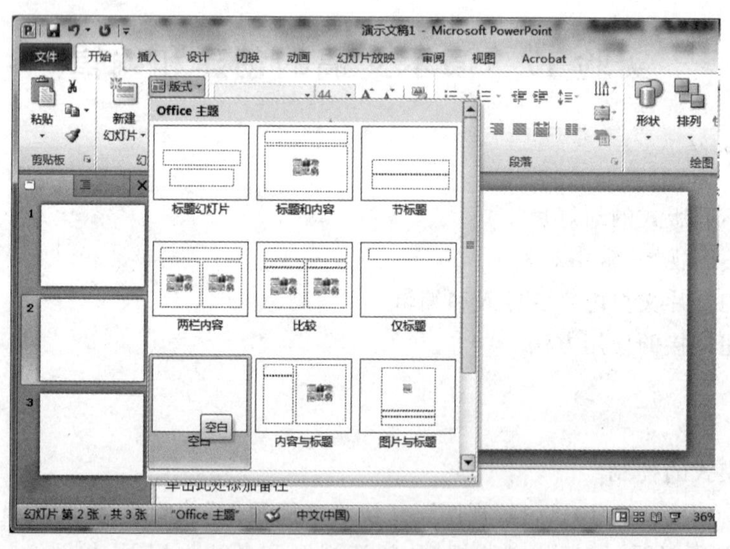

图 3-114　更改幻灯片版式

(5) 执行“文件”→“保存”命令,或者在快速访问工具栏中单击“保存”按钮,弹出“另存为”对话框,从中选择工作簿的保存位置,在“文件名”下拉列表文本框中输入要保存的名称“唐诗欣赏幻灯片”,如图 3-115 所示。

(6) 执行“文件”→“另存为”,在“文件名”下拉列表中更改文件名,可以将现有的演示文稿保存到其他位置或者另存为其他名称。

图 3-115　保存菜单

3. 文档内容的输入和编辑

(1) 选中第 1 张幻灯片，单击“单击此处添加标题”，在此文本占位符中输入“唐诗欣赏”。选中“唐诗欣赏”，在“开始”功能区的“字体”功能组中的“字体”下拉列表中选择“方正姚体”选项；“字号”下拉列表中选择“66”选项；设置“加粗”；单击“字体颜色”右侧的下箭头按钮，从弹出的下拉列表中选择“橄榄色”。单击“单击此处添加副标题”，在此占位符中输入“初唐、盛唐、中唐、晚唐”，根据上面方法依次编辑“字体”、“字号”、“加粗”、“颜色”等，如图 3-116 所示。

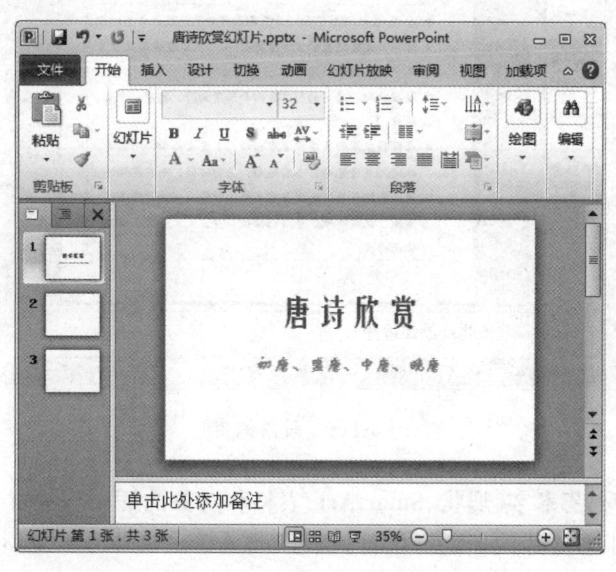

图 3-116　编辑标题版文本

(2) 选择第 2 张空白版式的幻灯片,执行“插入”→“文本”→“文本框”命令,在弹出的下拉菜单中选择“横排文本框”,拖动到幻灯片中,单击文本框直接输入文字。在“开始”选项卡的“字体”功能组中“字体”选择“楷体”选项;“字号”下拉列表中选择“24”选项;设置“加粗”;单击“段落”功能组右下角按钮,在弹出的“段落”对话框中,选择“对齐方式”为“左对齐”,“行距”为“1.5 倍行距”,如图 3-117 所示。单击“段落”功能组中的项目符号,选择“大圆形项目符号”,选择的文本段落即可添加上项目符号,如图 3-118 所示。

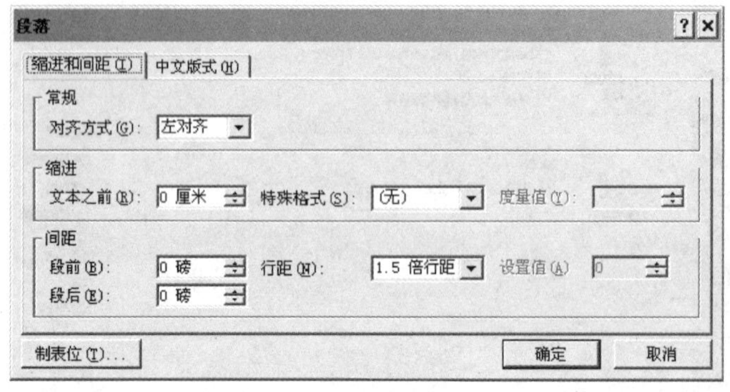

图 3-117 “段落”对话框

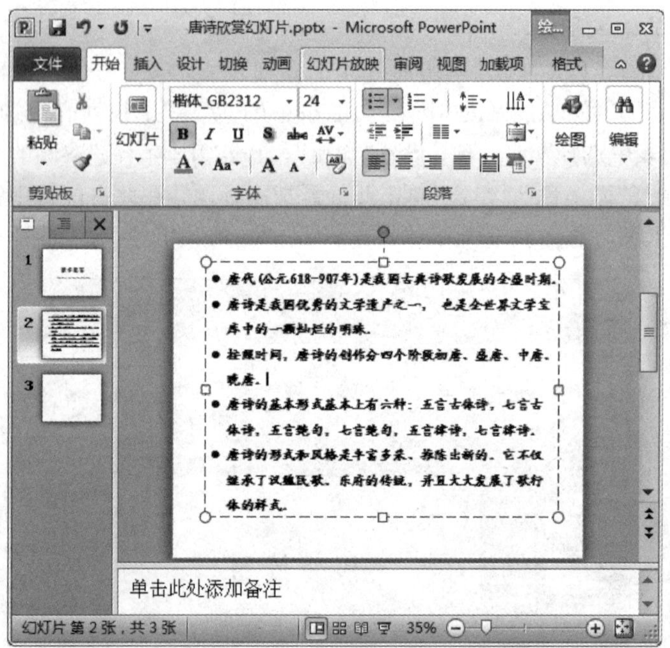

图 3-118 段落编辑

4. 图片、剪贴画、艺术字、形状、SmartArt、表格和对象的插入与编辑

(1) 选中第 3 张幻灯片的标题占位符,执行“插入”→“文本”→“艺术字”命令,弹出“艺术字”下拉列表框,单击选择其中一种艺术字样式,如图 3-119 所示。

(2) 在“单击此处添加文本”文本占位符中,单击“插入 SmartArt 图形”(或者选择“插

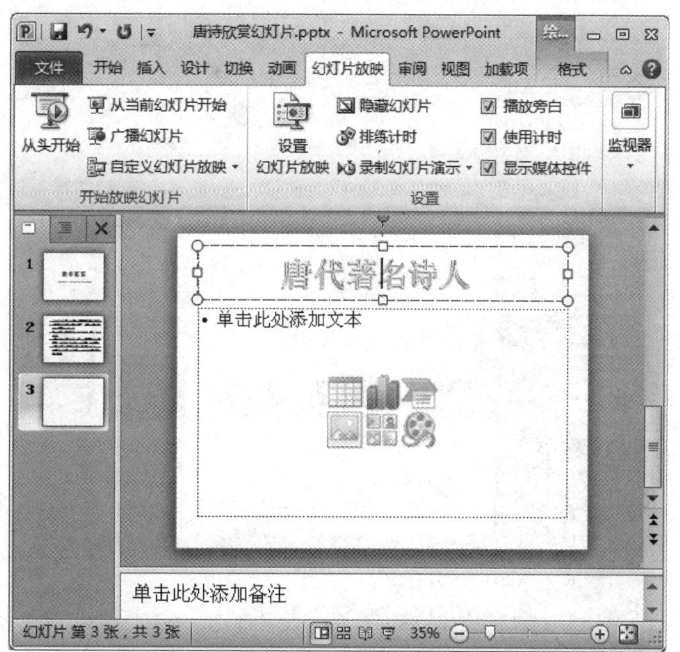

图 3-119　插入艺术字

入"→SmartArt 按钮)，弹出"选择 SmartArt 图形"对话框，如图 3-120 所示，选择"流程"中的"基本流程"，调整编辑之后，得到如图 3-121 所示。

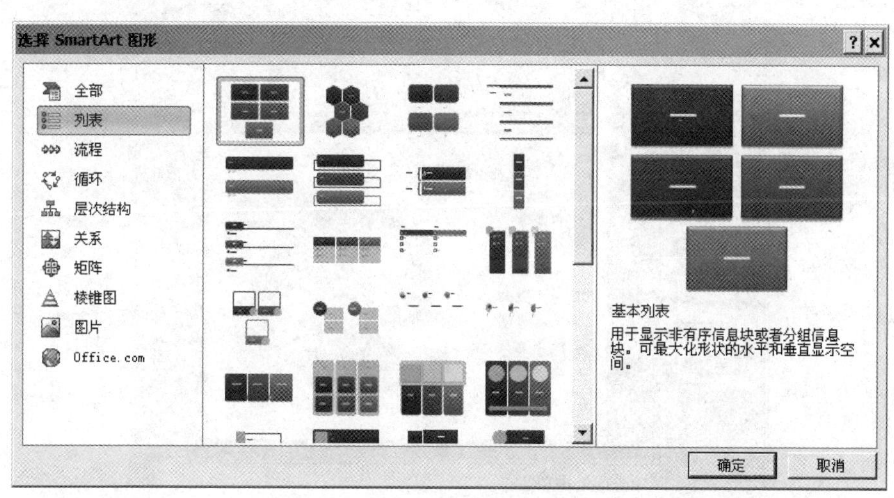

图 3-120　选择 SmartArt 图形

(3) 执行"开始"→"幻灯片"→"新建幻灯片"命令，在弹出的下拉列表中选择"两栏内容"，新建第 4 张幻灯片，在标题和左侧占位符输入相应内容。在右侧占位符中单击"剪贴画"标签(或者切换到"插入"选项卡，执行"图像"→"剪贴画"命令)，打开"剪贴画"窗格，在"搜索文字"文本框中输入"诗人"，单击"搜索"按钮，在剪贴画列表中单击选择准备插入的剪贴画之后，调整剪贴画的大小和位置，如图 3-122 所示。

图 3-121 SmartArt 基本流程

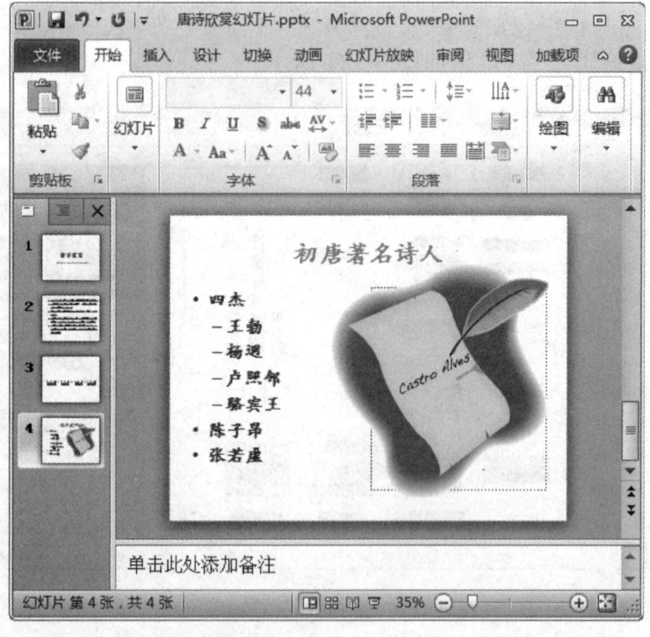

图 3-122 插入剪贴画

(4) 新建版式为“两栏内容”的第 5 张幻灯片，在标题和右侧占位符输入相应内容。在左侧占位符中单击标签“插入来自文件的图片”(或者切换到“插入”选项卡，在“图像”功能组中单击“图片”按钮)，弹出“插入图片”对话框，选择插入图片的路径，单击“插入”按钮，如图 3-123 所示。

图 3-123　插入图片

(5) 执行“视图”→“演示文稿视图”→“幻灯片浏览”命令，选中第 5 张幻灯片，右键“复制”，在适当位置右键“粘贴”，创建第 6、7 张幻灯片，如图 3-124 所示。

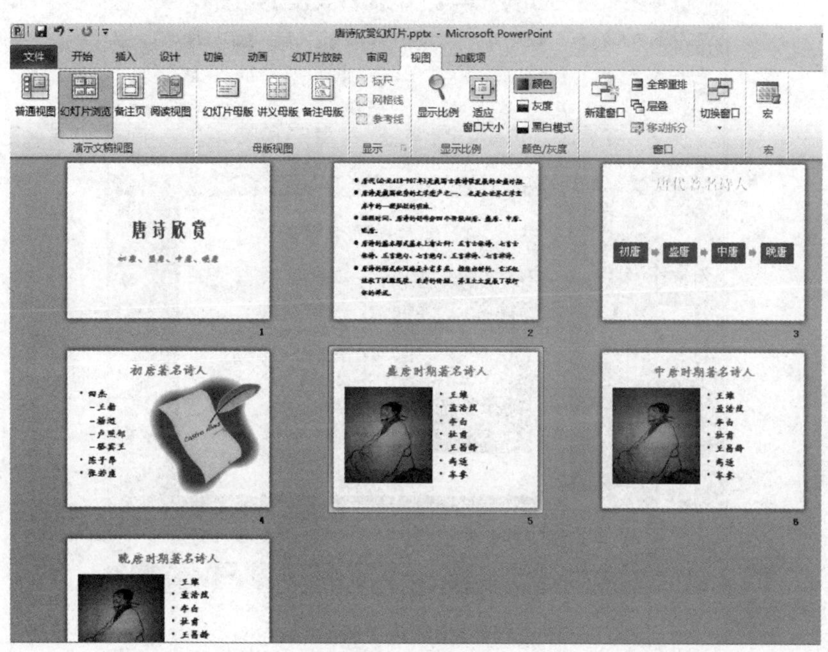

图 3-124　浏览视图

更改第 6、7 张幻灯片的内容，如图 3-125 和图 3-126 所示。

(6) 新建版式为“两栏内容”的第 8 张幻灯片，在左侧占位符中单击“插入表格”标签(或者切换到“插入”选项卡，在“表格”下拉菜单中选择“插入表格”按钮)，插入一个 2 行 5 列的表格，然后输入相应的表格内容，选中表格中的文本，执行“开始”→“字体”命令，选择“华文

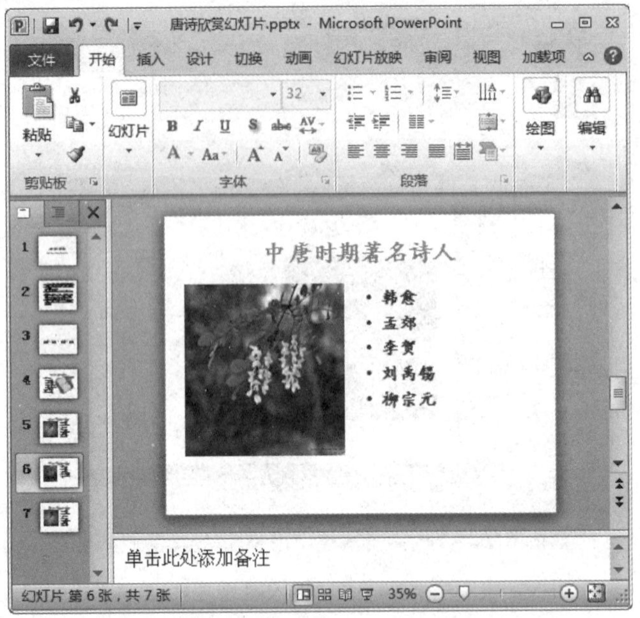

图 3-125　编辑第 6 张幻灯片

图 3-126　编辑第 7 张幻灯片

行楷”，执行“表格工具”→“设计”命令，在“表格样式”功能组中选择“中度样式 1 强调 3”，如图 3-127所示。

(7) 单击右侧占位符中的“插入图表”标签(或单击“插入”→“插图”→“图表”按钮)，选择“三维饼图”，同时弹出“Microsoft PowerPoint 中的图表”的工作簿，将数据粘贴到工作簿的数据区域中，并删除多余的数据。执行“图表工具”→“设计”命令，在“图表布局”中选择

"布局 3"，如图 3-127 所示。

(8) 新建第 9 张幻灯片，选择"标题和内容"版式，在标题中输入"王勃-送杜少府之任蜀州"，切换到"插入"选项卡，在"插图"功能组中单击"形状"按钮，选择"星与旗帜"中的"横卷形"拖入到内容占位符中，右键单击"横卷形"图形，在弹出的菜单中，选中"编辑文字"，再次右键单击"横卷形"选中"设置形状格式"中选择"文本框"，文字方向"竖排"，在"横卷形"中输入王勃的诗，如图 3-128 所示。

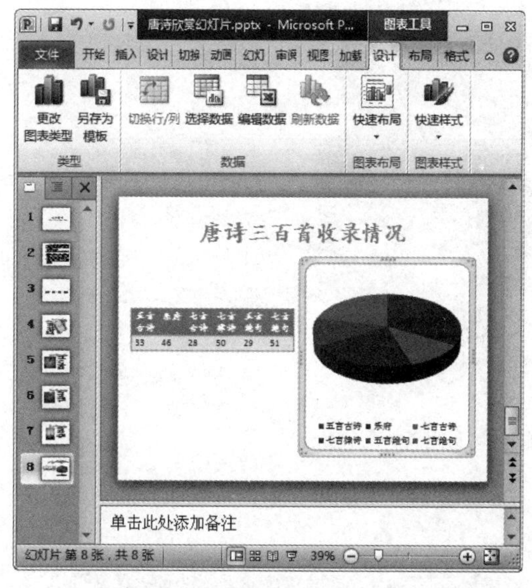

图 3-127 表格图表

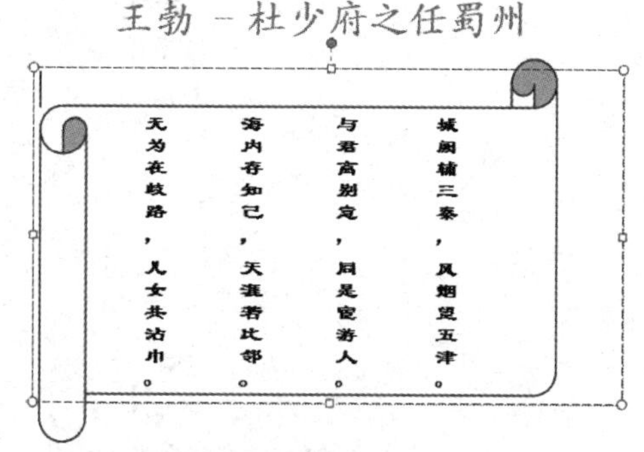

图 3-128 插入形状

5. 超链接

(1) 选择第 3 张幻灯片，选中"初唐"，执行"插入"→"链接"→"超链接"命令，弹出"插入超链接"对话框，切换到"本文档中的位置"，如图 3-129 所示，在"请选择文档中的位置"列表框中选择准备链接的位置，确认选择后，单击"确定"按钮，第 3 张幻灯片中的"盛唐"、"中唐"、"晚唐"可以用上述方法进行超链接。

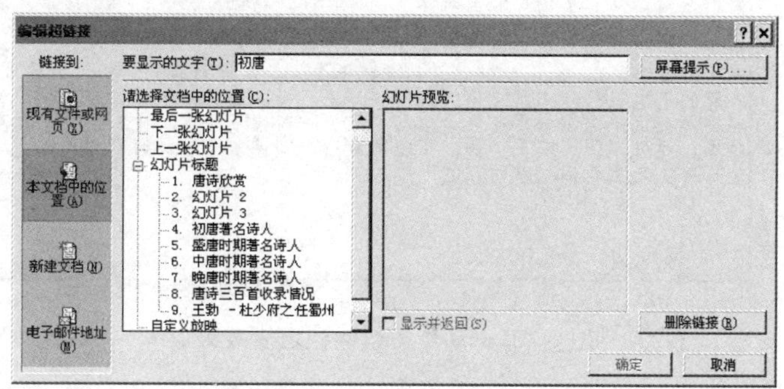

图 3-129 编辑超链接

(2) 选择第 4 张幻灯片，执行"插入"→"插图"→"形状"命令，在弹出的形状库中选择动作按钮组中准备应用的动作按钮，弹出"动作设置"对话框，切换到"单击鼠标"选项卡，选择

“超链接到”单选按钮，在“超链接到”下拉列表框中，选择其他文件选项，弹出“超链接到其他文件”对话框。

(3) 选择准备添加的文件所在的位置，例如“唐初四杰. txt”，单击“确定”按钮，放映之后如图 3-130 所示，单击超链接之后如图 3-131 所示。

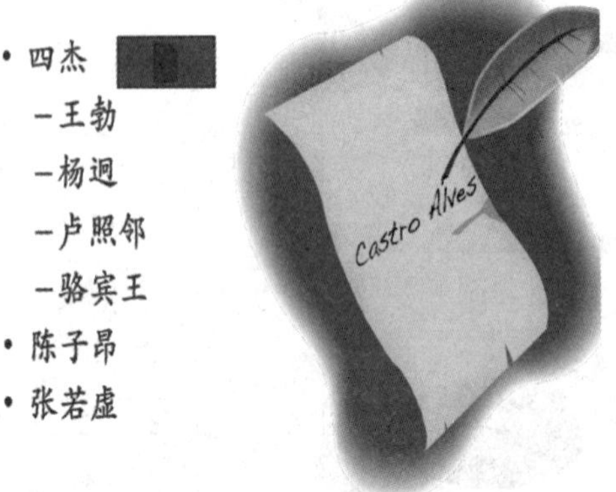

图 3-130　动作按钮链接

初唐著名诗人

唐初四杰.txt - 记事本

文件(F)　编辑(E)　格式(O)　查看(V)　帮助(H)

初唐文学家王勃、杨炯、卢照邻、骆宾王的合称。《旧唐书·杨炯传》说：“杨炯与王勃、卢照邻、骆宾王以文诗齐名，海内称为王杨卢骆，亦号为“四杰”。

四杰齐名，原指其诗文而主要指骈文和赋而言。《旧唐书·杨炯传》记张说与崔融对杨炯自说“愧在卢前，耻居王后”的评论,《旧唐书·裴行俭传》说他们“并以文章见称”等，所说皆指文。《朝野佥载》卷六记“世称王杨卢骆”后，即论杨炯、骆宾王之“文”为“点鬼簿”、“算博士”,所引例证为一文一诗,则四杰齐名亦兼指诗文。后遂主要用以评其诗。杜甫《戏为六绝句》有“王杨卢骆当时体”句，一般即认为指他们的诗歌而言；但也有认为指文，如清代宗廷辅《古今论诗绝句》谓“此首论四六”；或认为兼指诗文，如刘克庄《后村诗话·续集》论此首时，举赋、檄、诗等为例。　　四杰名次,亦记载不一。宋之问《祭杜学士审言文》说，唐开国后“复有王杨卢骆”，并以此次序论列诸人，为现所知最早的材料。张说《赠太尉裴公神道碑》称：“在选曹，见骆宾王、卢照邻、王勃、杨炯”，则以骆为首。杜甫诗句“王杨卢骆当时体”，一本作“杨王卢骆”；《旧唐书·裴行俭传》亦以杨王卢骆为序。　　四杰的诗文虽未脱齐梁以来绮丽余习，但已初步扭转文学风气。王勃明确反对当时“上官体”，“思革其弊”，得到卢照邻等人的支持(杨炯《王勃集序》)。他们的诗歌，从宫廷走向人生，题材较为广泛，风格也较清俊。卢、骆的七言歌行趋向辞赋化,气势稍壮;王、杨的五言律绝开始规范化，音调铿锵。骈文也在词采赡富中寓有灵活生动之气。陆时雍《诗镜总论》说“王勃高华，杨炯雄厚，照邻清藻，宾王坦易，子安其最杰乎？调入初唐，时带六朝锦色。”四杰正是初唐文坛上新旧过渡时期的人物。

• 四杰
–王勃
–杨迥
–卢照
–骆宾
• 陈子昂
• 张若虚

图 3-131　动作按钮链接之后效果

6. 背景和主题

(1) 选中第 1 张幻灯片，执行“设计”→“背景”→“背景样式”命令，从弹出的下拉列表中选择“设置背景格式”选项。随即弹出“设置背景格式”对话框，自动切换到“填充”面板，选中“渐变填充”，在“预设颜色”下拉列表中选择“薄雾浓云”选项，如图 3-132 所示。

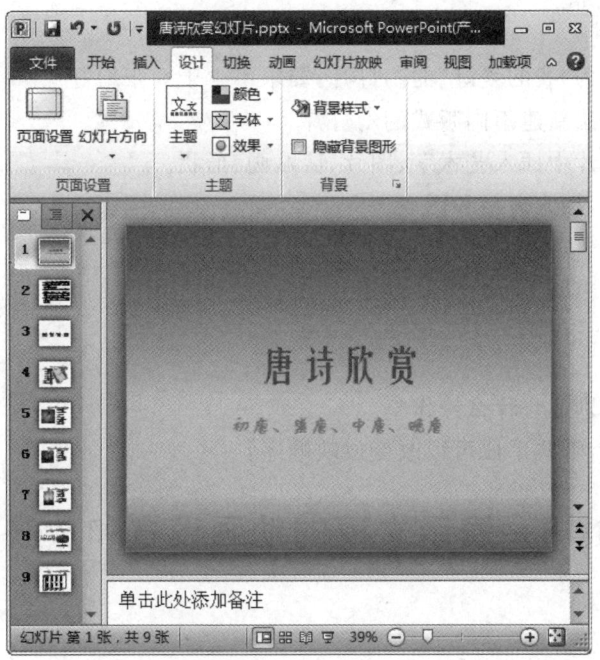

图 3-132　设计背景

(2) 选择第 2 张幻灯片，执行“设计”→“主题”命令，从弹出的下拉列表框中选择“凸显”选项，右键单击“凸显”选项，选择“应用于此幻灯片”，此幻灯片的主题颜色更改为“凸显”主题的颜色效果，如图 3-133 所示。

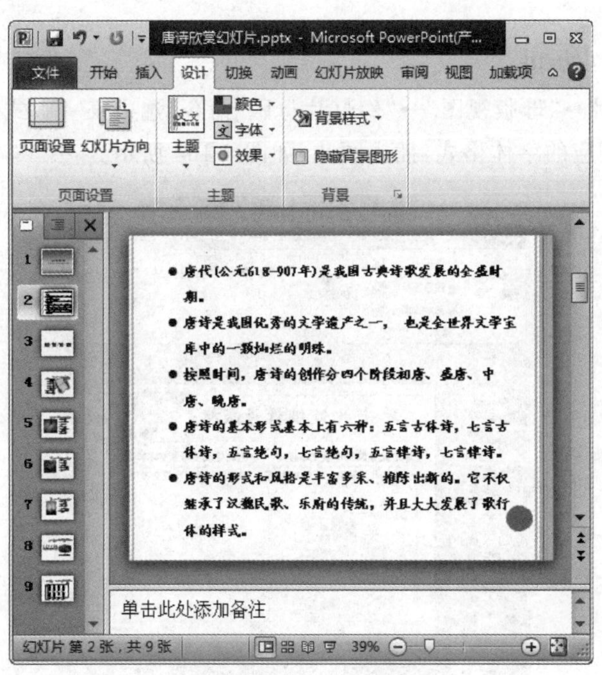

图 3-133　加入主题

三、实验任务

1. 设计一个名为“我的爱好”的幻灯片,要求不少于 6 张幻灯片。
2. 使用不同方法新建不同版式的幻灯片。
3. 在新建幻灯片中插入艺术字、图片、剪贴画、形状。
4. 新建幻灯片,插入表格和图表。
5. 建立超链接。
6. 设置背景和主题。

四、思考题

1. 各种视图分别适合什么操作?
2. 播放过程中,哪些手段可以改变放映顺序?

实验 18 演示文稿的动画设置和放映设置

一、实验目的

1. 了解母版,定制自己的母版
2. 学会设置动画的基本方法
3. 了解放映方法和切换方式
4. 了解幻灯片的打印方法

二、案例

1. 母版的设计与应用

(1) 执行“视图”→“母版视图”→“幻灯片母版”命令,选中某一版式的幻灯片母版,选中标题占位符,修改相应的字体格式,插入图片,如图 3-134 所示。

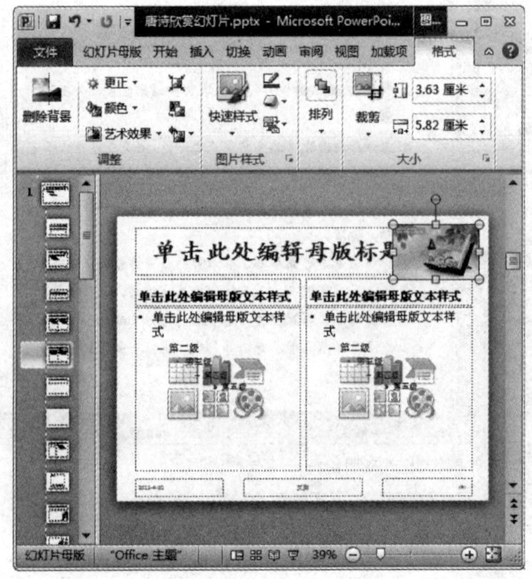

图 3-134 修改母版

(2) 切换到“母版视图”，执行“插入”→“文本”→“页眉和页脚”命令，弹出“页眉和页脚”对话框，勾选“幻灯片编号”、“页脚”、“标题幻灯片中不显示”复选框，在“页脚”文本框中输入页脚内容，单击“全部应用”按钮，如图 3-135 所示。

2. 幻灯片的切换设置

执行“切换”→“切换到此幻灯片”命令，展开切换方式库后，单击“华丽型”组中的“百叶窗”图标；单击“效果选项”按钮，在展开的下拉列表中单击“垂直”选项；单击“计时”功能组中的“声音”下拉列表框右侧的下三角按钮，在展开的下拉列表中单击需要使用的声音选项；在“计时”功能组中的“持续时间”数值框内输入需要设置的切换时间；取消选择“单击鼠标时”复选框，选择“设置自动换片时间”复选框，将换片时间设置为 2 秒；单击“全部应用”按钮，如图 3-136 所示。

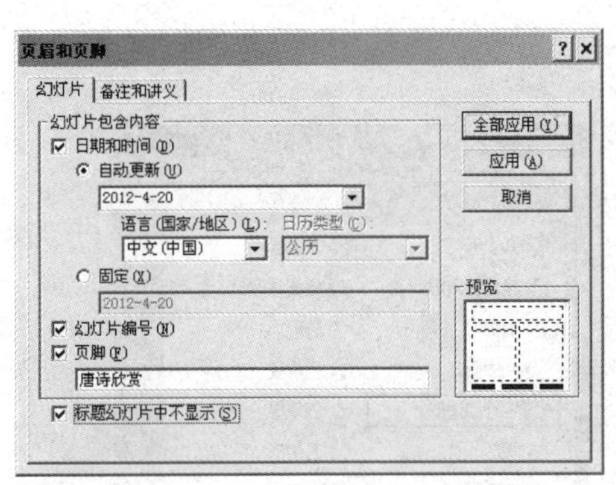

图 3-135 在母版中加入页眉和页脚

图 3-136 设置切换方式

3. 动画设计

(1) 在“唐诗欣赏幻灯片”中新建版式为“垂直排列标题与文本”的第 10 张幻灯片，输入如图 3-137 所示内容。选中要设置动画的对象，例如标题“静夜思”，切换到“动画”选项卡，单击“动画”功能组中的折叠按钮，展开动画库，单击需要使用的“飞入”动画效果。

(2) 选中“窗前明月光”，展开动画库，选择“更多进入效果”，如图 3-138 所示。在“华丽型”组中单击“字幕式”，单击“确定”按钮。

(3) 选中“疑是地上霜”，展开动画库，选择“更多强调效果”，如图 3-139 所示。选择“细微型”中的“加粗闪烁”，单击“确定”按钮。

(4) 选中“举头望明月”，展开动画库，选择“其他动作路径”，如图 3-140 所示。选择“基本”中的“平行四边形”，单击“确定”按钮。

(5) 选中“低头思故乡”，展开动画库，选择“动作路径”中的“自定义路径”，如图 3-141 所示。

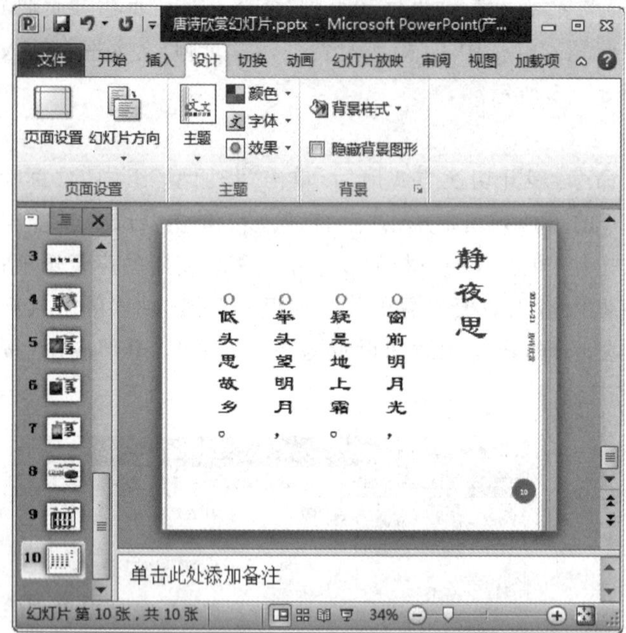

图 3-137　垂直排列标题与文本版式

图 3-138　更多进入效果

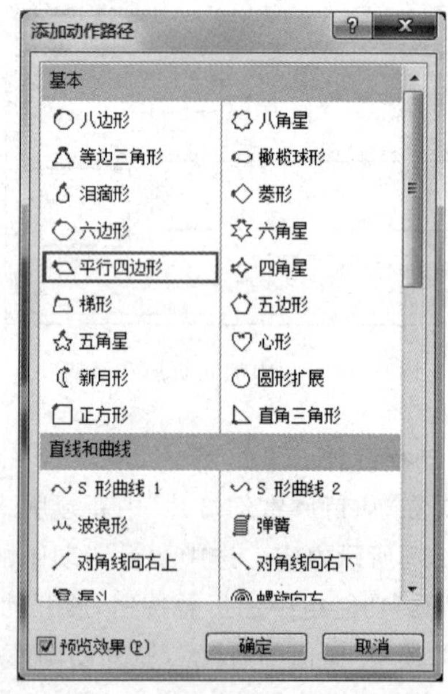

图 3-139　更多强调效果

图 3-140　其他动作路径

(6) 经过上述动画设置之后的幻灯片效果如图 3-142 所示。

(7) 选择需要编辑的动画效果后，单击“计时”功能组中“开始”下拉列表框右侧的下拉按钮，选择“上一动画之后”选项，其他各项可以按此方法完成更改动画运行方式的操作。

(8) 选择“低头思故乡”，单击“计时”功能组中“对动画重新排序”下的“向前移动”按钮，可以更改动画排序。

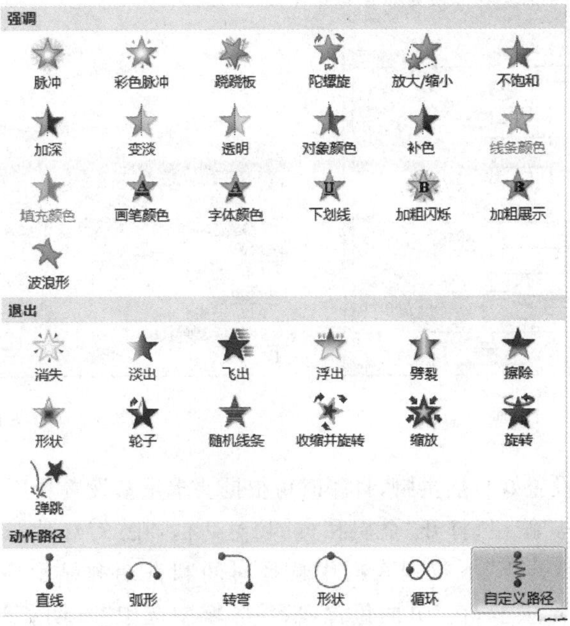

图 3-141　自定义动作路径

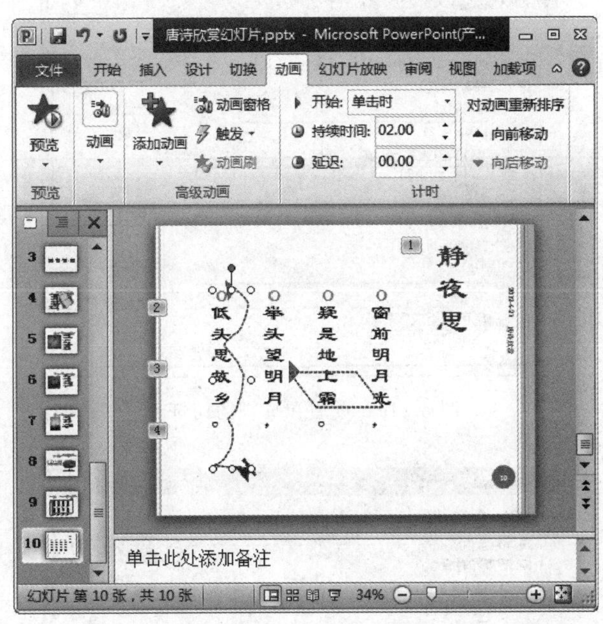

图 3-142　综合添加动画效果

(9) 选择“静夜思”，单击“动画效果”下方展开按钮，弹出所添加动画效果的“飞入”选项，如图 3-143 所示，在“增强”区域选择“声音”效果为“风铃”，单击“确定”按钮。

4. 打印幻灯片

(1) 执行“设计”→“页面设置”命令，选择“A4 纸张”，“方向”选择“纵向”，如图 3-144 所示，单击“确定”按钮。

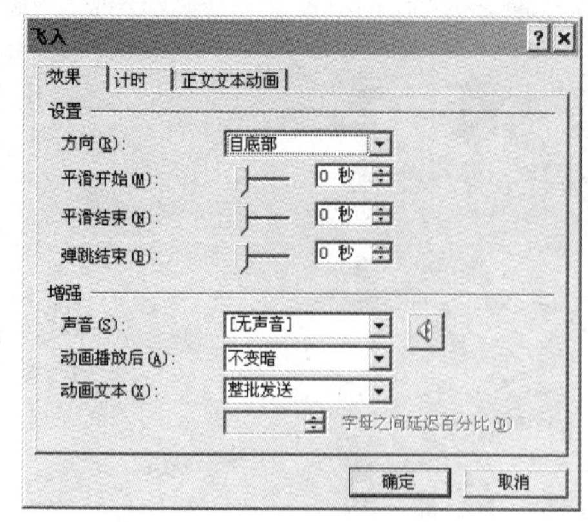

图 3-143　添加动画声音

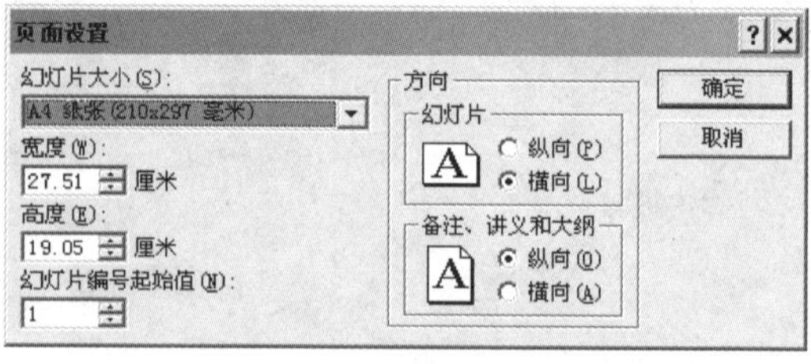

图 3-144　页面设置

（2）母版中已经设置好页眉页脚，打印时可根据要求重新设置页眉和页脚，单击“插入”→“文本”→“页眉和页脚”按钮，打开“页眉和页脚”对话框，在“幻灯片”选项卡中选中“日期和时间”复选框，在“自动更新”下拉列表框中选择时间和日期的显示格式，如图 3-145 所示。切换到“备注和讲义”选项卡，在“页面包含内容”区域中选中“日期和时间”复选框，单击“全部应用”按钮，如图 3-146 所示。

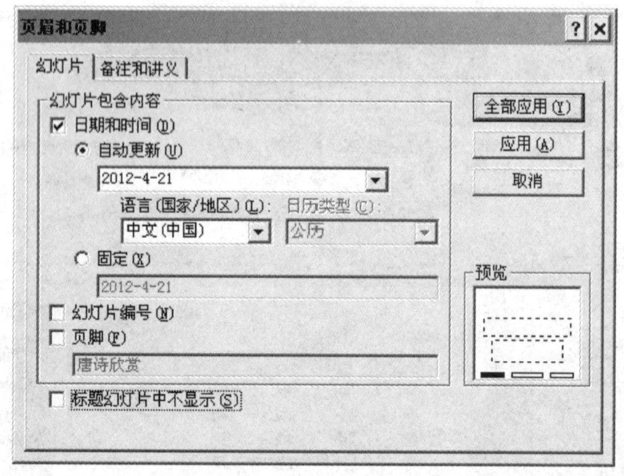

图 3-145　页眉和页脚的幻灯片

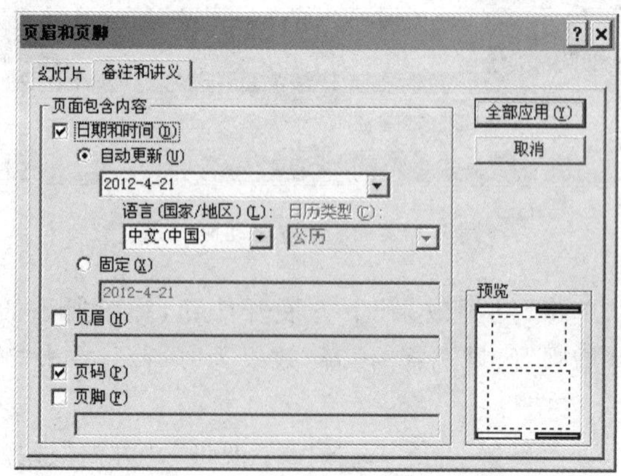

图 3-146　页眉和页脚的备注和讲义

(3) 执行“文件”→“打印”命令，在“打印机”下拉列表框中选择准备使用的打印机，在“设置”下拉列表框中选择“打印全部幻灯片”选项，选择每张“4 张垂直放置幻灯片”，如图 3-147 所示，单击“打印”按钮，完成打印的操作。

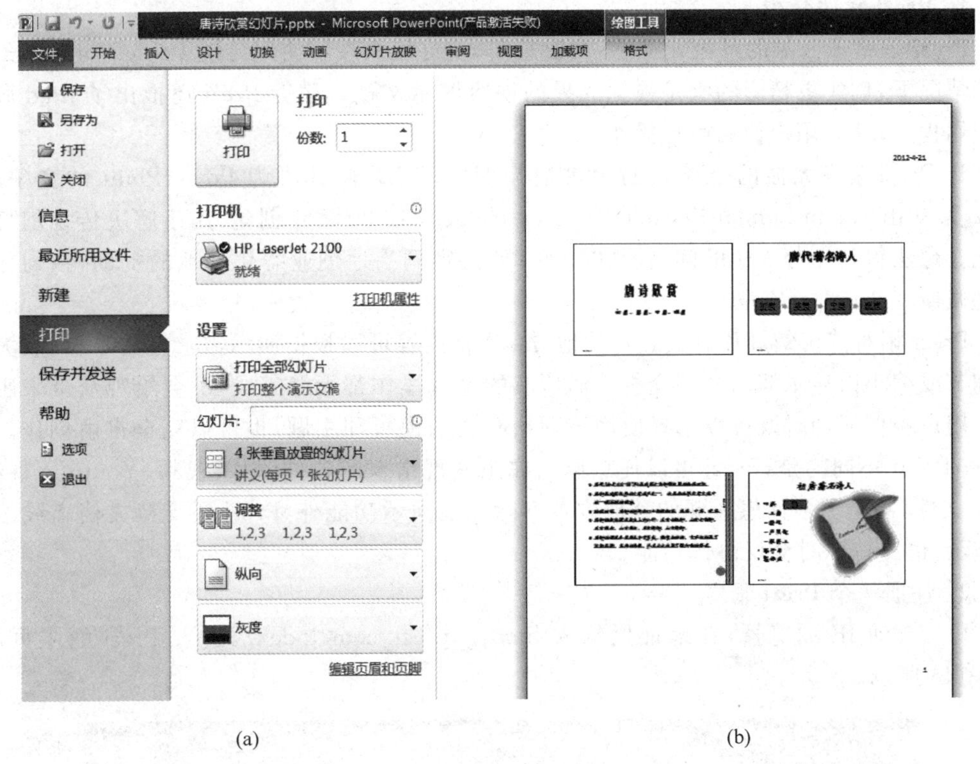

(a) (b)

图 3-147 打印设置

三、实验任务

1. 对前面实验所创建的幻灯片中的对象设置动画效果、放映方式。
2. 打印幻灯片。
3. 定制具有自己风格的幻灯片母版。

四、思考题

1. 母版的作用是什么?
2. 如何在打印幻灯片时，每页打印 9 张幻灯片?

实验 19 使用 Prezi 制作演示文档

一、实验目的

1. 了解 Prezi 软件
2. 学会使用 Prezi 模板制作简单的演示文档

3. 掌握利用 Prezi 的功能制作应用于演示文档的特殊效果的方法

二、案例

1. Prezi 软件介绍

Prezi 是基于云端的可视化演示/演讲工具，允许用户在不使用传统 PowerPoint 式幻灯片的情况下，创建更精彩的满足视觉效果的内容演示文档。最近 Prezi 还推出了 iPad 版本的应用程序，允许用户使用触控操作。

让 Prezi 名声大振的是著名的演讲视频网站 TED，使其成为 PowerPoint 的竞争者。Prezi 最初由 Adam Somlai-Fischer 和 Peter Halacsy 在 2007 年创建，用于解决传统幻灯片不能让想法得到充分表达的问题。2009 年，两人得到当地创业孵化基地的资助，在匈牙利布达佩斯正式成立了公司。

Prezi 相对传统幻灯片有其独特的地方：文档内容可以根据演示需求左右平移、放大局部细节或缩小以显示演示文档全貌。而所有的这些操作都无缝完成，不会给观众带来唐突感。用户制作文档时既可以选择使用该网站收集的模板和主题，也可以完全自由创作。与 PowerPoint 不同的是，Prezi 可以任意插入你想展现出来的各种图片、视频、Youtube 视频、PDF 文件，甚至更多你想展现的其他内容。除在线演示功能外，Prezi 还支持文档离线编辑或演示，也支持即时会议协作功能。

2. 注册一个 Prezi 账号

(1) 启动 IE 浏览器，在地址栏输入 http://prezi.com/index/，进入 Prezi 的主页，如图 3-148 所示。

图 3-148 Prezi 主页

(2) 单击 Sign up 按钮跳转到选择账户类型页面，如图 3-149 所示。

(3) 单击 Start now 按钮跳转到注册账户页面，如图 3-150 所示。普通邮箱域名注册的账号有 100MB 的空间，如果选择 edu 域名注册账号有 500MB 服务器空间。

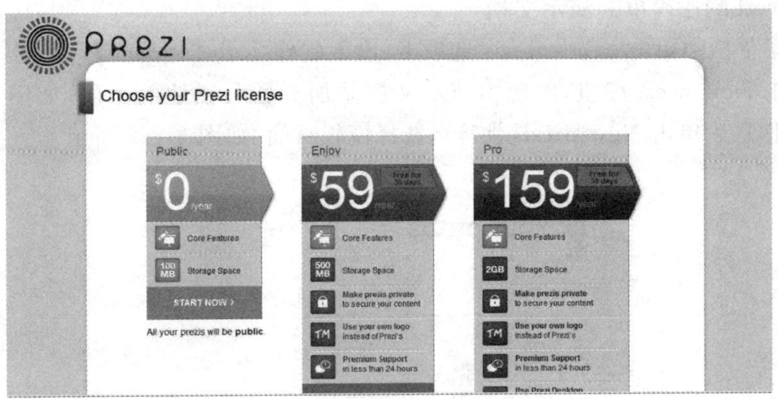

图 3-149　选择账号类型

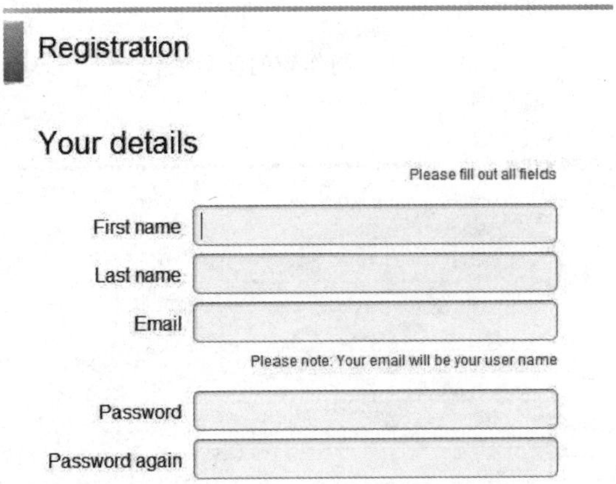

Registration

Your details

Please fill out all fields

First name

Last name

Email

Please note: Your email will be your user name

Password

Password again

图 3-150　注册页面

3. 登录 Prezi

注册成功后，单击 Log in 按钮登录账户，如图 3-151 所示。

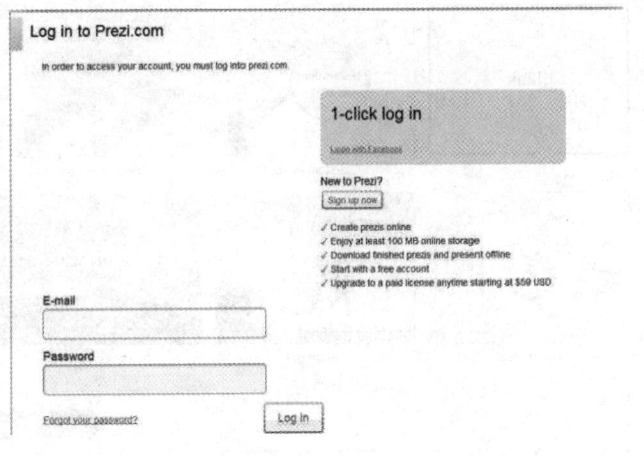

图 3-151　登录页面

4. 用 Prezi 制作简单的演示文档

(1) 在菜单栏中单击 Your prezis 选项卡,出现制作演示文档的界面,如图 3-152 所示。

(2) 单击 New prezi 按钮,出现为演示文档添加标题和描述的页面,如图 3-153 所示。输入相应的信息后单击 New prezi,跳转至选择模板页面,如图 3-154 所示。

图 3-152　制作新的演示文档

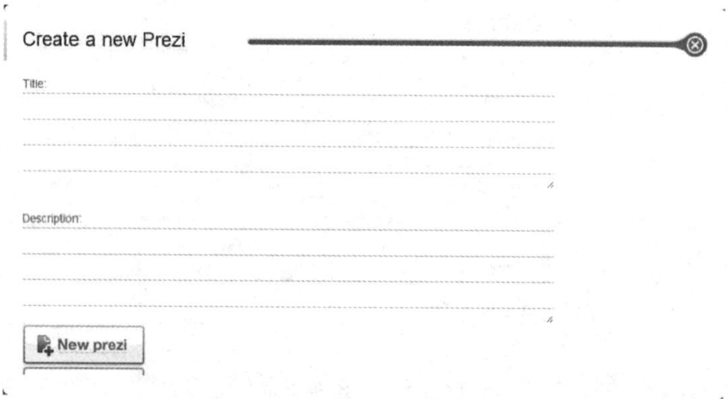

Create a new Prezi

Title:

Description:

New prezi

图 3-153　添加标题和说明

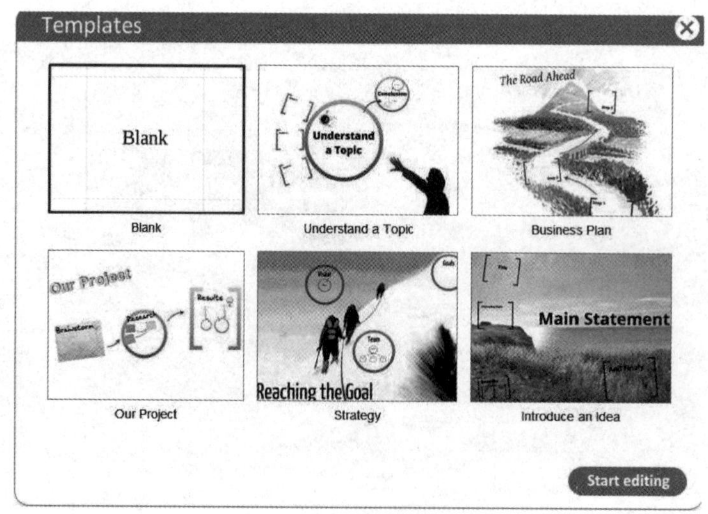

图 3-154　选择模板

(3) 选择一个模板,在页面中单击 Start editing,进入编辑演示文档页面,如图 3-155 所示。

图 3-155 编辑演示文档

(4) 页面左侧的菜单栏是演示文档的顺序,可拖动文档改变演示顺序;单击某一张图片可对其进行单独编辑,也可在页面中单击想要修改的部分,页面顶端的工具栏有撤销与恢复的相应按钮。

(5) 单击 The Road Ahead,修改演示文档的标题,如图 3-156 所示。单击"铅笔状"图标可对文字进行编辑,如图 3-157 所示,编辑好后单击 OK;单击"垃圾桶状"图标,可删除标题部分;单击"+"可放大文字部分;单击"-"可缩小文字部分;鼠标左键按住"手状"图标,可拖动其位置;鼠标左键按住外圈部分,可旋转标题。

提示:此软件不允许输入中文,更改文字时请输入英文。

图 3-156 编辑标题(a)

图 3-157 编辑标题(b)

(6) 单击左侧菜单栏的第三幅图片,为 Step 1 添加内容,如图 3-158 所示。

图 3-158 添加文字信息

(7) 双击 Step 1 可修改标题,双击蓝色文字可添加描述语言,双击空白处也可添加文字信息。在左上角的功能选项卡中,可以添加额外的内容,比如文本框、流程图等,如图 3-159 所示。在 Insert 选项卡中可以添加一些附件和流程图,如图 3-160 所示;在 Frame 选项卡中可以添加一些外框,如图 3-161 所示。

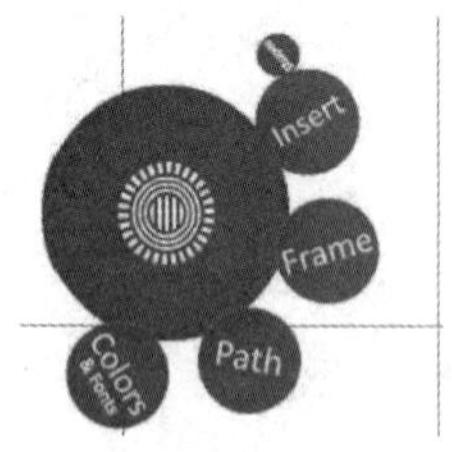

图 3-159 工具栏

图 3-160 Insert 选项卡

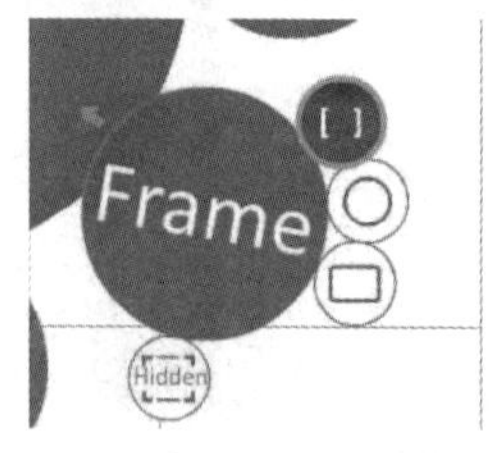

图 3-161 Frame 选项卡

(8) 单击 Path 选项卡,可修改聚焦的先后顺序,如图 3-162 所示。单击圆圈数字旁边的"+",拖动至需要聚焦的目标上,即可以新增加一个顺序。若想删除一个聚焦,在左侧菜单栏中找到相应的顺序号,单击"×"即可;或者拖动需要删除的序号至上一个序号处即可。

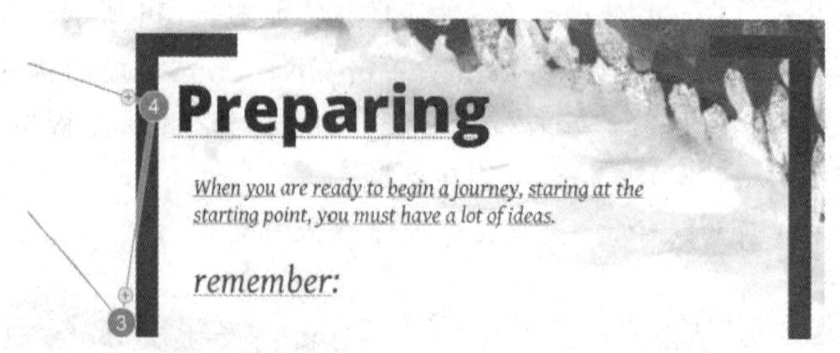

图 3-162 编辑聚焦顺序

(9) 在左侧菜单栏中找到 Step 2,修改标题并为其添加内容,如图 3-163 所示。

图 3-163 添加文字内容

(10) 在此部分的空白处输入一段文字,并调整其方向,如图 3-164 所示。

(11) 修改 Task 中的标题,并为其添加内容。

(12) 修改 Step 3 中的标题,并为其添加内容。

(13) 完成页面的所有设计后,规划好聚焦顺序,如图 3-165 所示。

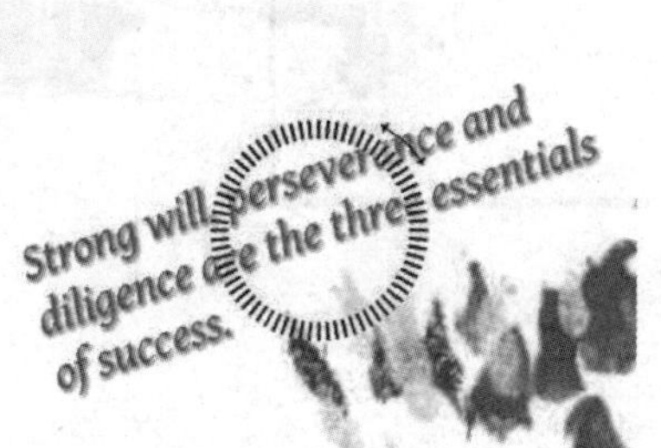

图 3-164　改变文字内容方向

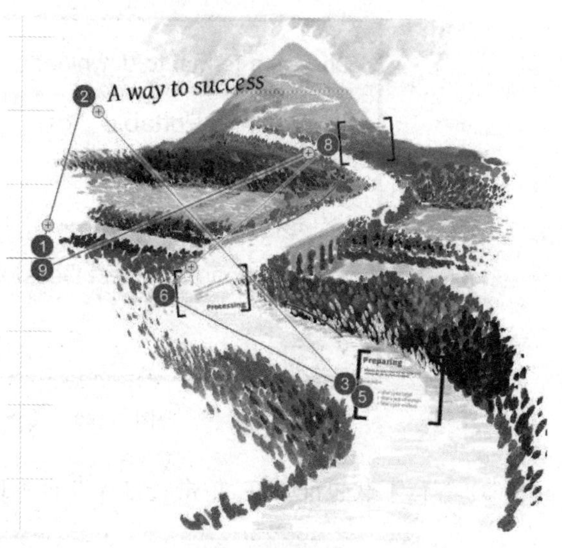

图 3-165　制作完成图

5. 保存演示文档并导出

(1) 编辑完成后,单击页面左下角的播放按钮,如图 3-166 所示,预览制作效果。

(2) 单击顶端的工具栏中 Exit 按钮,保存并退出编辑状态,如图 3-167 所示。

图 3-166　播放演示文档按钮

图 3-167　工具栏

(3) 在完成页面中可以再次进行演示文档的预览,并可再次编辑,下载导出,或者发送给其他人观看等,如图 3-168 所示。

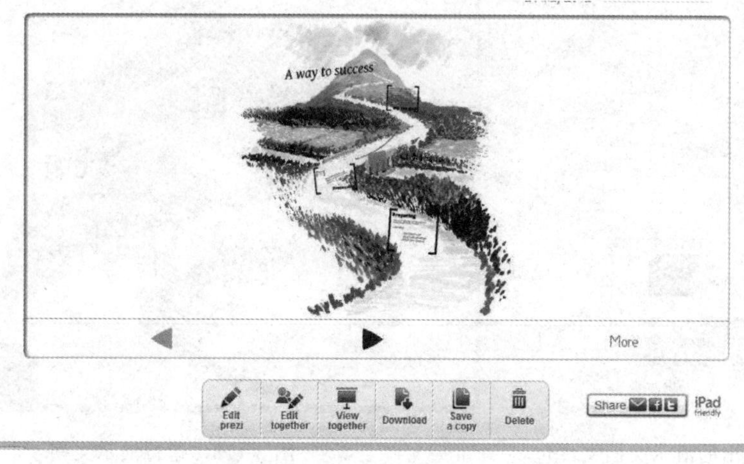

图 3-168　预览图

（4）单击 Download 按钮，选择保存方式，如图 3-169 所示。选择 Export to Portable prezi 方式。

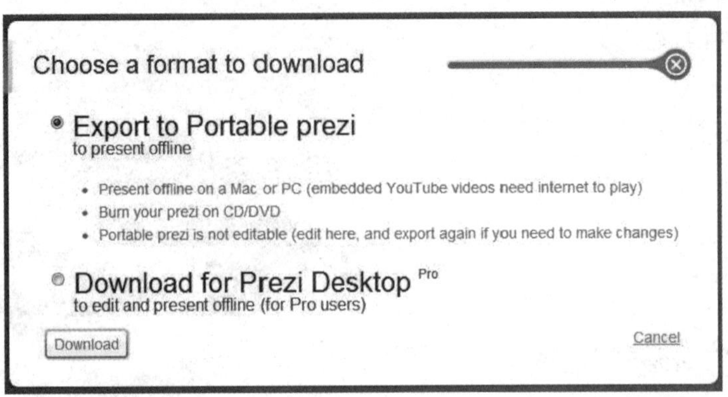

图 3-169　选择导出方式

（5）等待下载包准备好，单击链接保存至本地，如图 3-170 所示。

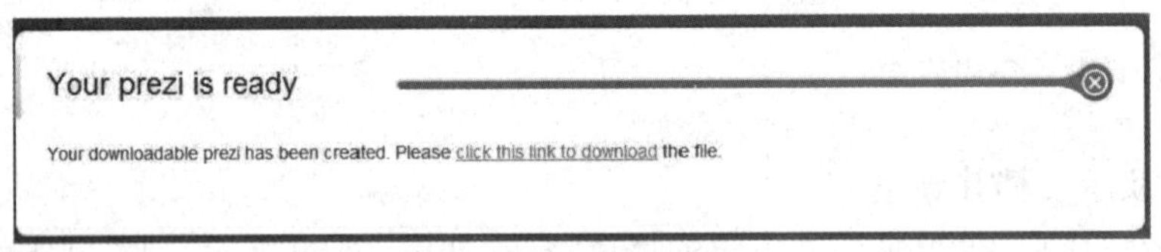

图 3-170　下载演示文档

（6）采用（4）所述方式下载的是 .zip 文件包。采用另外一种下载方式生成的文件是 .pez文件，如图 3-171 所示。

（7）解压 .zip 文件，选择可执行的 .exe 文件，观看演示文档效果，如图 3-172 所示。

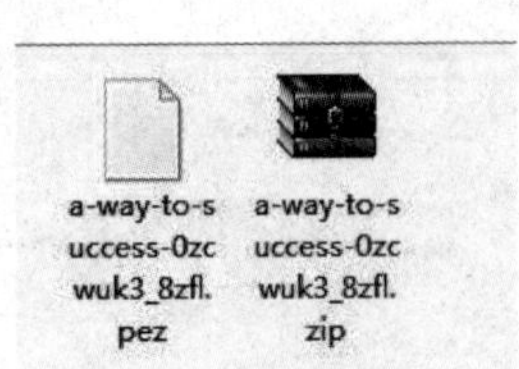

图 3-171　导出的演示文档文件包

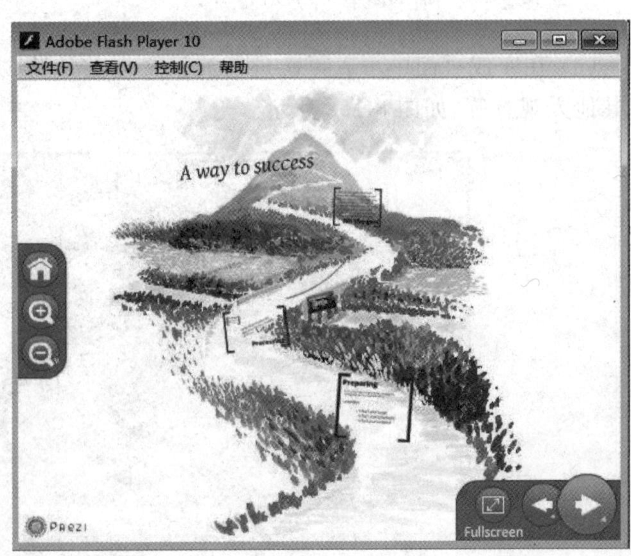

图 3-172　运行演示文档

三、实验任务

1. 注册个人 Prezi 账号。
2. 选择个人感兴趣的主题，设计如何应用演示文档展示。
3. 在演示文档中添加诠释主题的信息，并合理安排放映顺序。
4. 下载并保存演示文档。

四、思考题

1. Prezi 与 PPT 相比有什么不同？竞争优势有哪些？
2. 如何安排放映顺序更能抓住观看者的眼球？

实验 20　一般 PDF 格式文件的创建

一、实验目的

1. 学会从文件创建 PDF 格式文件
2. 学会从网页创建 PDF 格式文件
3. 了解 PDF 格式文件特点

二、案例

1. 从文件创建 PDF 格式文件

(1) 执行"创建"→"从文件创建 PDF"命令，即显示"打开"对话框，如图 3-173 所示。

图 3-173　"打开"对话框

在打开的对话框中："文件类型"自动显示"所有支持的格式"，在显示所有支持格式的文件清单上，单击准备转换成 PDF 格式文件的"我的家乡.docx"文件，其自动填入"文件名"框中。单击"打开"按钮，系统即显示"正在创建 Adobe PDF……"的过程中，把 docx 文件转换成 PDF 格式文件。最后执行"文件"→"保存"(或"另存为")命令即创建了一个 PDF 格式文件，原来的 docx 文件不变，将原来的"我的家乡.docx"转换为"我的家乡.pdf"文件，如图 3-174 所示。

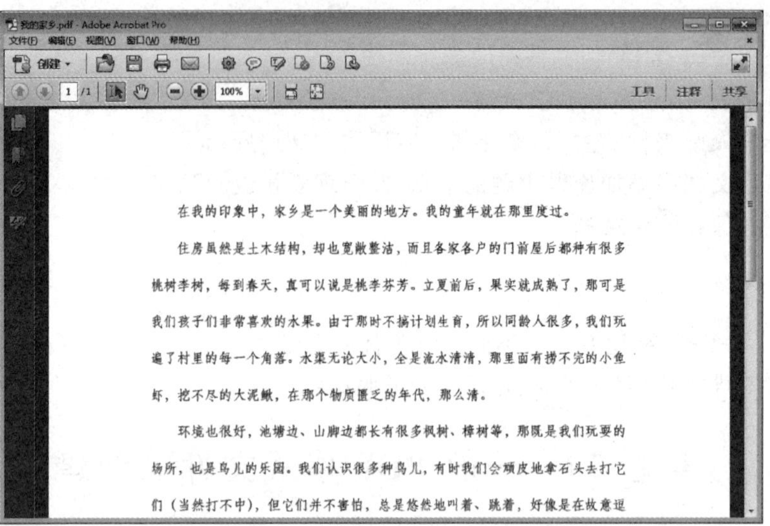

图 3-174　Word 文档生成 PDF 文件

(2) 执行“文件”→“创建”→“从文件创建 PDF”命令，如图 3-175 所示，即显示“打开”对话框。在“打开”对话框中的设置与操作和(1)中所述相同。

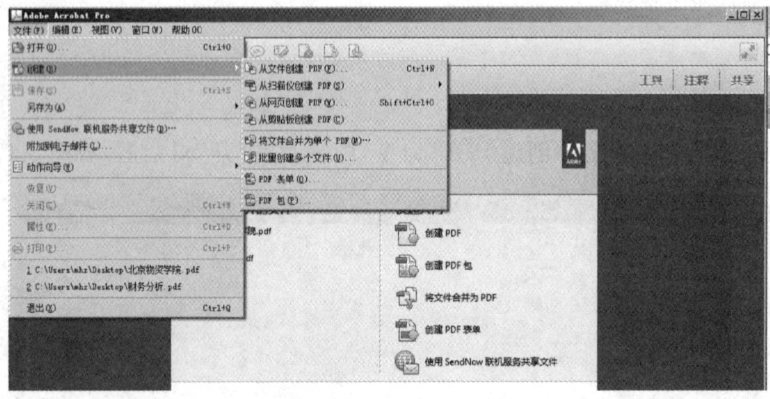

图 3-175　文件创建子菜单

(3) 在菜单栏执行“文件”→“打开”命令，显示“打开”对话框。在该对话框的“文件类型”中选择“所有类型”，在显示所有类型文件清单上，单击准备转换成 PDF 格式文件的 docx 文件名，其自动填入“文件名”框中。单击“打开”按钮，系统即显示“正在创建 Adobe PDF……”的过程中，把 docx 文件转换成 PDF 格式文件。最后选择“文件”→“保存”(或“另存为”)命令即创建了一个 PDF 格式文件，原来的 docx 文件不变。

(4) 把报表、图像等不同格式文件转换为 PDF 格式文件，其操作步骤与(3)中所述相同。

2. 从网页创建 PDF 格式文件

(1) 把搜狐主页创建成名为“搜狐主页”的 PDF 格式文件。执行“创建”→“从网页创建 PDF”命令，打开如图 3-176 所示的“从网页创建 PDF”对话框。

图 3-176 “从网页创建 PDF”对话框

(2) 在 URL 栏中填入 http://www.sohu.com 后，单击“创建”按钮，结果如图 3-177 所示。

图 3-177 将搜狐主页创建成 PDF 格式文件

(3) 执行“文件”→“另存为”命令，填入文件名“搜狐主页”，即得 PDF 格式文件。

(4) 利用“文件”→“创建”→“从网页创建 PDF”命令，也可打开如图 3-176 所示的对话框。用这种方法也可以将网页转换成 PDF 格式。

三、实验任务

1. 把你的“个人简历.docx”的 Word 文档转换成“个人简历.pdf”文件，再通过电子邮件发给自己。

2. 从电子邮件上下载你的“个人简历.pdf”文件，看内容有无变化，再在 Adobe Acrobat 窗口的菜单栏中，执行“文件”→“导出”命令，把“个人简历.pdf”文件导出成“个人简历.docx”，看内容有无变化。

3. 利用 Adobe Acrobat 软件，把你学校的网站主页转换成.pdf 文件。

四、思考题

1. 从文件创建 PDF 格式文件有几种方法？
2. 从网页创建 PDF 格式文件有几种方法？
3. PDF 文件有哪些特性？

第4章 计算机网络应用基础

实验环境

1. 中文 Windows 7 操作系统
2. Internet 环境

实验1 组建局域网

一、实验目的

1. 学习双绞线制作
2. 学习局域网基本配置
3. 学习使用局域网

二、案例

1. 组网工具

除了组网所需的计算机、交换机或集线器、网卡、双绞线和 RJ-45 接头外，还需要专用的组网工具，即 RJ-45 专用钳和专用网线测试仪，如图 4-1 所示。

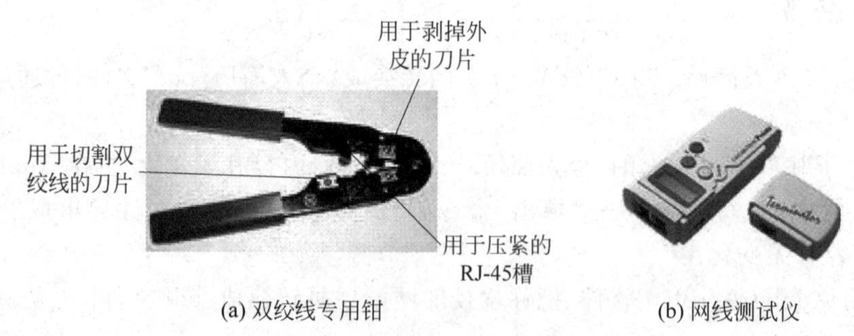

图 4-1 双绞线专用钳和网线测试仪

2. 制作电缆

(1) 用切线钳切割出长度合适的双绞线(不能超过 100m)，如图 4-2 所示。

(2) 用剥线钳剥出 1.5～2cm 长的双绞线，如图 4-3 所示。

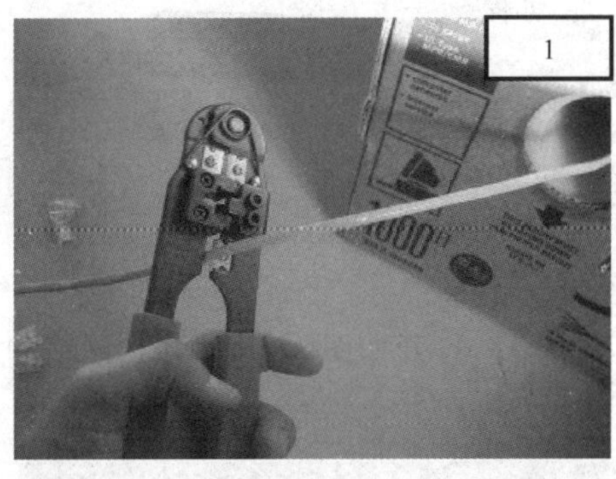

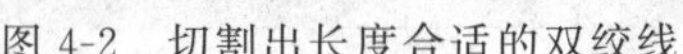

图 4-2 切割出长度合适的双绞线

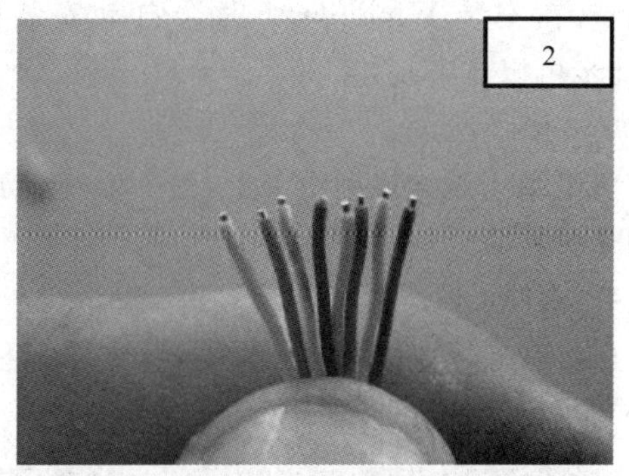

图 4-3 剥出 1.5～2cm 长的双绞线

(3) 将剥好的双绞线按表 4-1 的顺序排列好，用专用钳剪齐留出 1cm 左右的双绞线头。

表 4-1 T568B 接线标准

1	2	3	4	5	6	7	8
橙白	橙	绿白	蓝	蓝白	绿	棕白	棕

(4) 将排好顺序的双绞线插入 RJ-45 接头，如图 4-4 所示，用专用钳压紧，必须无松动，如图 4-5 所示。

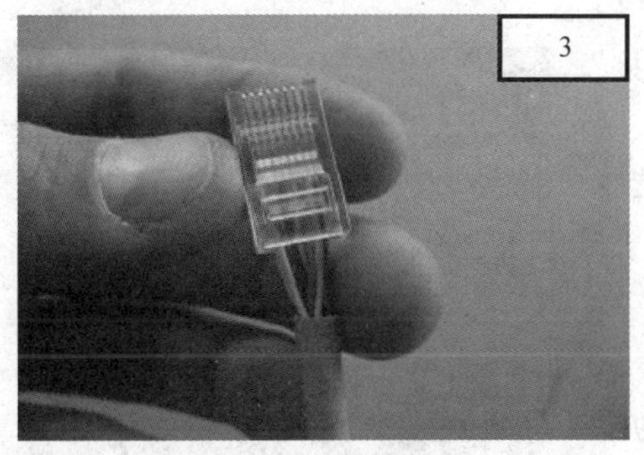

图 4-4 排好顺序的双绞线插入 RJ-45 接头

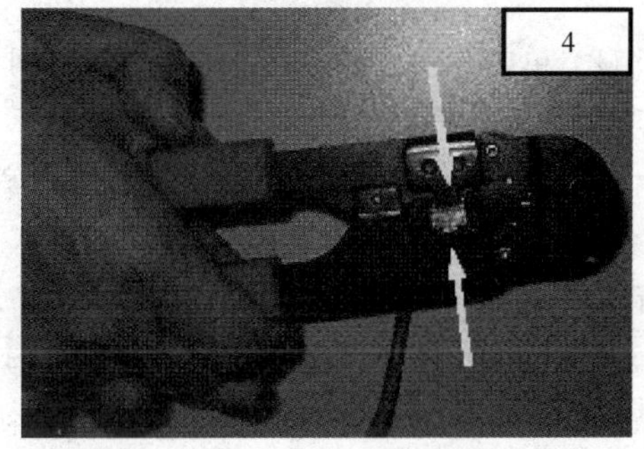

图 4-5 用专用钳压紧

(5) 按照相同的线序接好另一端的 RJ-45 接头。

(6) 将制作好的双绞线的两个接头分别插入到测试表的 RJ-45 接口，测试是否连通，若测试表指示灯逐对亮起绿灯，说明双绞线制作成功；若出现红灯或不亮，说明双绞线制作有问题。

3. 安装硬件

(1) 安装网卡

在切断计算机电源的情况下，打开机箱。将网卡插入总线插槽并固定好，然后盖好机箱(如果计算机中已经安装好网卡，可以省略此步骤)。

(2) 安装网卡驱动程序

重新启动计算机后，Windows 7 的即插即用功能会自动搜索到新硬件，并显示“添加新硬件向导”对话框，选择“从磁盘安装”，由厂商提供的驱动程序安装。也可以用控制面板中的“添加新硬件”或“系统”属性中的“设备管理器”中安装(如果在安装 Windows 7 前就装好了网卡，在安装 Windows 7 时会自动安装网卡驱动程序，此步可以省略）。

（3）接线

将电缆一端连接到网卡上，另一端连接到交换机上，如图 4-6 所示。

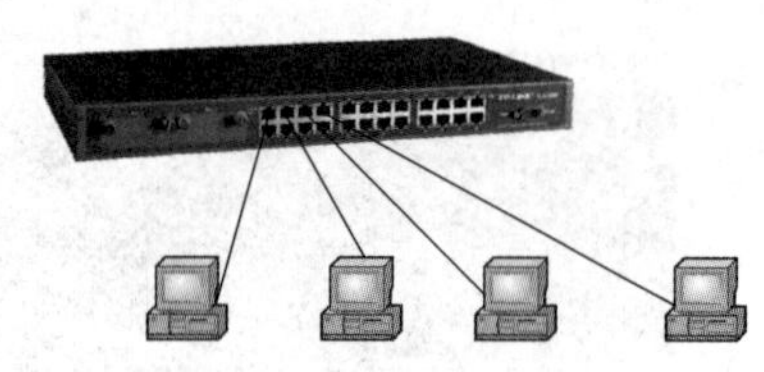

图 4-6　网络接线图

4. 软件设置

（1）单击“开始”→“控制面板”→“网络和共享中心”，打开如图 4-7 所示的“网络和共享中心”窗口。

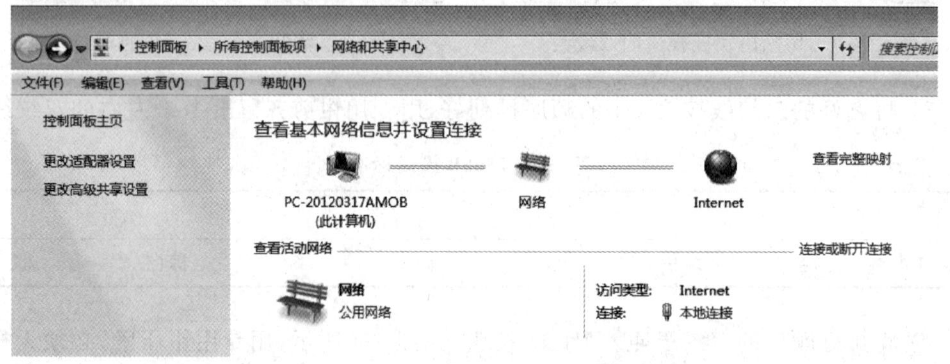

图 4-7　“网络和共享中心”窗口

（2）单击“更改适配器设置”，出现“网络连接”窗口，如图 4-8 所示。

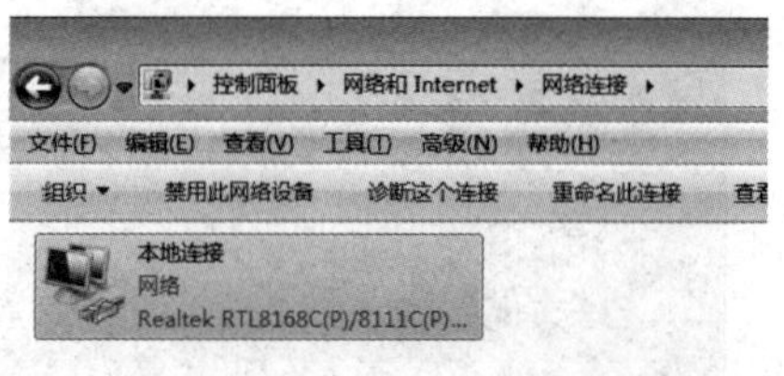

图 4-8　“网络连接”窗口

（3）右击“本地连接”图标，在快捷菜单中选择“属性”命令，出现“本地连接属性”对话框，如图 4-9 所示。

（4）局域网可以使用多种协议，但要连入 Internet 必须使用 TCP/IP 协议，TCP/IP 协议为默认安装的协议。若使用 TCP/IP 协议，需要配置 IP 地址，单击“Internet 协议版本（TCP/IP4）”，再单击“属性”按钮，出现“Internet 协议版本 4（TCP/IPv4）属性”对话框，如图 4-10 所示。若配置固定 IP 地址就选择“使用下面的 IP 地址”，并输入相应的 IP 地址、子网掩码、默认网关等信息。若自动获取，就选择“自动获得 IP 地址”和“自动获得 DNS 服务器地址”，然后单击“确定”按钮。

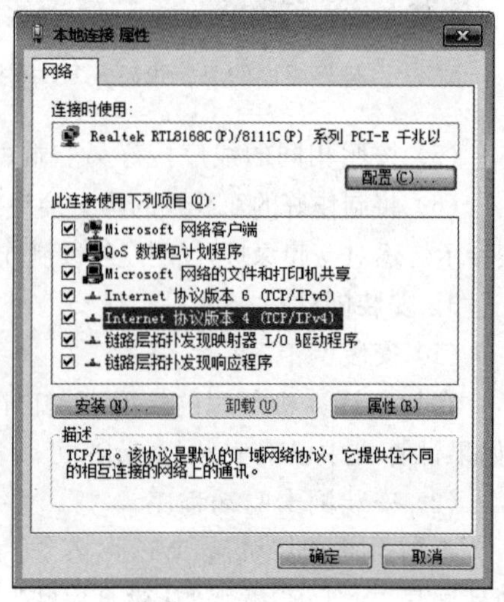

图 4-9　“本地连接属性”对话框

三、实验任务

1. 学习制作双绞线。
2. 配置 TCP/IP 属性。

3. 使用 IPConfig 命令查看自己计算机的网络配置信息。

4. 使用 Ping 命令测试计算机之间的通信状态。

四、思考题

1. 双绞线的接线标准有哪些？

2. 什么时候要制作直通线？什么时候需要制作交叉线？

3. TCP/IP 属性中要配制哪些参数？有何意义？

4. IPConfig 和 Ping 命令的作用如何？

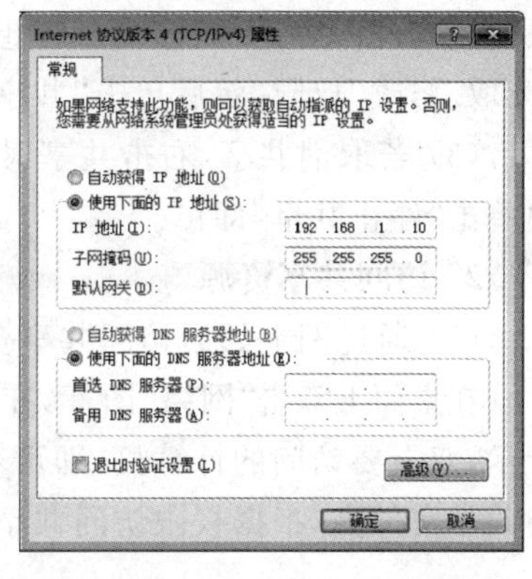

图 4-10 “TCP/IP 属性”对话框

实验 2 在局域网中共享文件

一、实验目的

1. 学习在网络上共享文件夹

2. 学习访问共享文件

二、案例

1. 设置共享文件夹

局域网连接好后，可以设置一些共享的资源供其他用户访问，具体设置步骤如下：

(1) 在“计算机”或“资源管理器”中右击共享对象，在快捷菜单中选择“共享”命令下的特定用户，出现“文件共享”对话框，如图 4-11 所示。

(2) 在“选择要与其共享的用户”下拉列表下选择用户，如果要让当前网上所有用户共享，可选择 Everyone 组，然后单击“添加”按钮。用户默认的共享权限是“读取”，即网上邻居

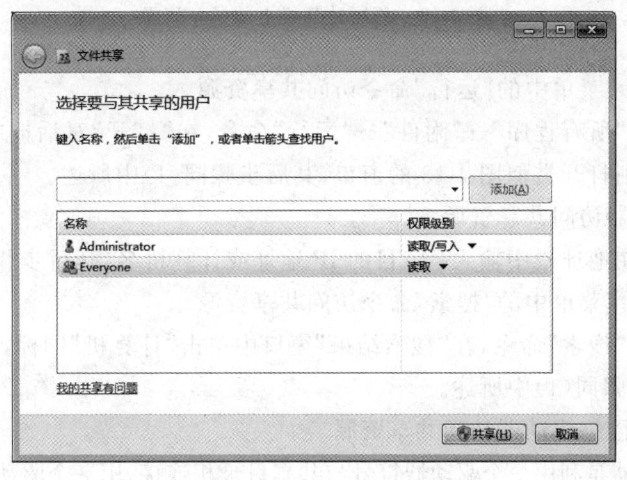

图 4-11 “文件共享”对话框

只能读文件内容,不能修改。若想给网上邻居修改权限,则可在“权限级别”这一列下,选择“读取/修改”权限,然后单击“共享”按钮,如图 4-11 所示。

(3) 若取消共享,右击共享对象,选择“共享”命令下的“不共享”,在随后出现的对话框中单击“停止共享”即可。

2. 访问共享资源

(1) 通过网上邻居访问共享资源

在桌面上双击“网络”图标,在“网络”窗口中即可看到当前局域网中的计算机,如图 4-12 所示,双击要访问的计算机,即可看到该计算机上的共享资源,如图 4-13 所示。双击要访问的共享文件夹,根据权限访问共享文件夹下的资源。

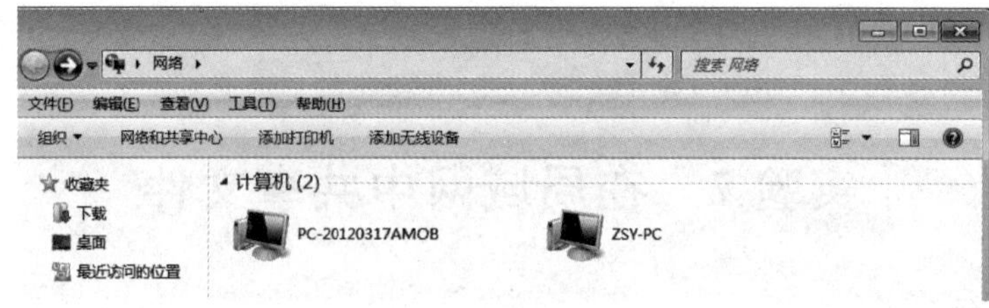

图 4-12 “网络”窗口

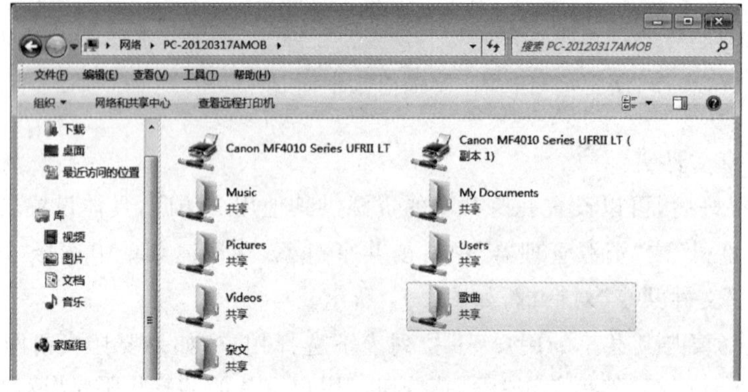

图 4-13 邻居计算机上的共享资源

(2) 利用“开始”菜单中的“运行”命令访问共享资源

单击“开始”→“所有程序”→“附件”→“运行”命令,在“打开”对话框中键入:\\目的 IP 地址或计算机名,则打开类似图 4-13 的窗口,其后步骤同(1)中所述。

(3) 使用浏览器访问共享资源

打开浏览器,在地址栏中输入:\\目的 IP 地址或计算机名,其后步骤同(1)中所述。

(4) 利用“开始”菜单中的“搜索”命令访问共享资源

执行“开始”→“搜索”命令,在“搜索结果”窗口中单击“计算机”图标,然后输入计算机名或 IP 地址,其后步骤同(1)中所述。

(5) 通过映射网络驱动器访问共享资源

所谓网络驱动器是利用一个驱动器符号与共享目录相连接,用一个驱动器符号去指向网上的一个共享文件夹,建立网络驱动器后,用户访问共享文件夹就像使用自己的驱动器一样。

- 右击桌面的“计算机”图标，在快捷菜单中选择“映射网络驱动器”命令，打开如图4-14所示的“映射网络驱动器”对话框。
- 在图4-14中，在“驱动器”的下拉列表框中选择驱动器符号(为了避免与物理驱动器产生冲突，网络驱动器从Z开始使用)；在“文件夹”中选择共享资源的网络路径，可以直接输入共享资源的网络路径或通过浏览选择。若选择“登录时重新连接”，则每次用户登录后，自动创建连接，否则，在关机后再重新启动时网络驱动器映射将消失。
- 使用网络驱动器：打开“计算机”窗口，映射的网络驱动器出现在“计算机”窗口中，如图4-15所示，用户可以像使用本地驱动器一样使用网络驱动器。

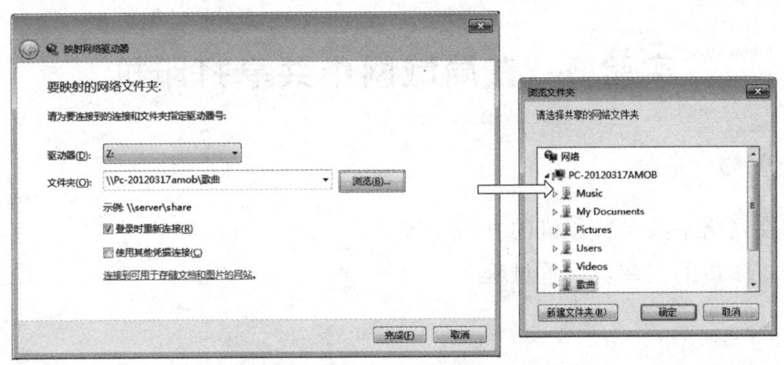

图4-14 映射网络驱动器

图4-15 “计算机”窗口中的网络驱动器

三、实验任务

1. 在计算机上建立一个文件夹，文件夹名字自定。
2. 在文件夹中建立一个Word文档，文档名自定。
3. 将该文件夹设置为共享，共享组名为Everyone，权限为“只读”。

4. 在其他计算机上用5种方法访问该共享文件夹。
5. 在其他计算机上修改文件夹中的Word文档内容并保存。
6. 将Everyone组的共享权限改为“读取/写入”。
7. 在其他计算机上通过网络将共享的Word文档复制到自己的计算机下。

四、思考题

1. 访问共享资源有哪些方法?
2. 如何将邻居计算机上的文件通过网络复制到自己的计算机上?
3. “只读”权限和“读取/写入”权限有何区别?

实验3　在局域网中共享打印机

一、实验目的

1. 了解在网络上共享打印机的方法
2. 学习打印机的安装及设置过程

二、案例

要实现一台打印设备供给多台计算机使用,主要有两种解决方案:

(1) 打印设备通过并口或USB口直接连接在一台计算机上,通过在计算机上设置打印机共享,可以实现网络打印,如图4-16所示。

(2) 打印设备上自带网络接口,可直接连接到网络上。如图4-17所示,这种打印机内部包含一个打印服务器,负责网络通信和打印任务处理,是网络中的独立成员,用户可以通过网络直接访问使用该打印设备,打印效率更高,更适合部门级、企业级局域网应用。

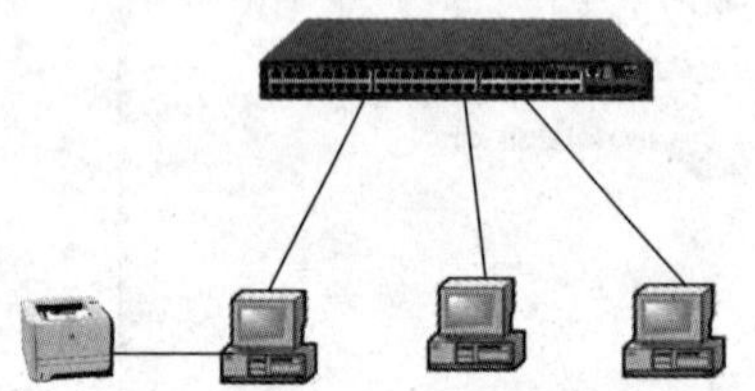

图4-16　连接在打印服务器上的打印机

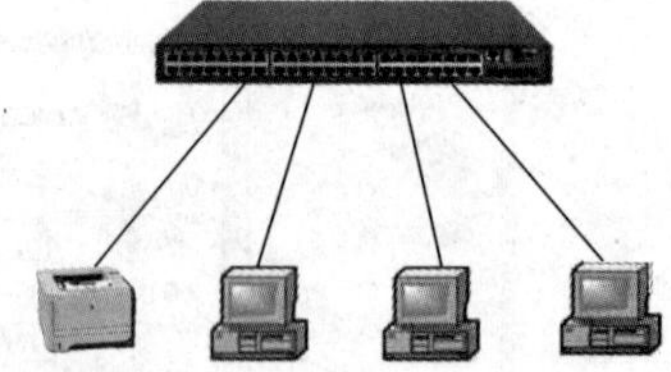

图4-17　自带网络接口的打印机

1. 设置打印服务器

(1) 单击“开始”→“设备和打印机”命令,在如图4-18所示的在“设备和打印机”窗口单击“添加打印机”,启动添加打印机的向导,如图4-19所示。

(2) 在如图4-19所示的对话框中选择“添加本地打印机”,然后单击“下一步”按钮,出现“选择打印机端口”对话框,如图4-20所示。

(3) 选择正确的本地端口(一般是并口或USB口),单击“下一步”按钮,出现安装打印机驱动程序对话框,如图4-21所示。

图 4-18 “设备和打印机”窗口

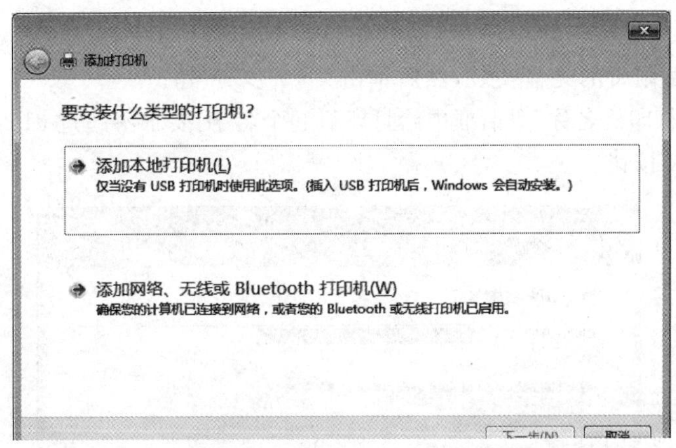

图 4-19 “添加打印机”对话框——选择打印机类型

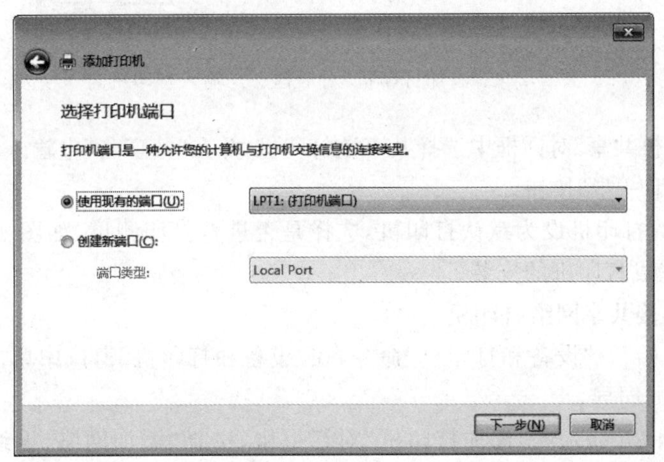

图 4-20 “添加打印机”对话框——选择打印机端口

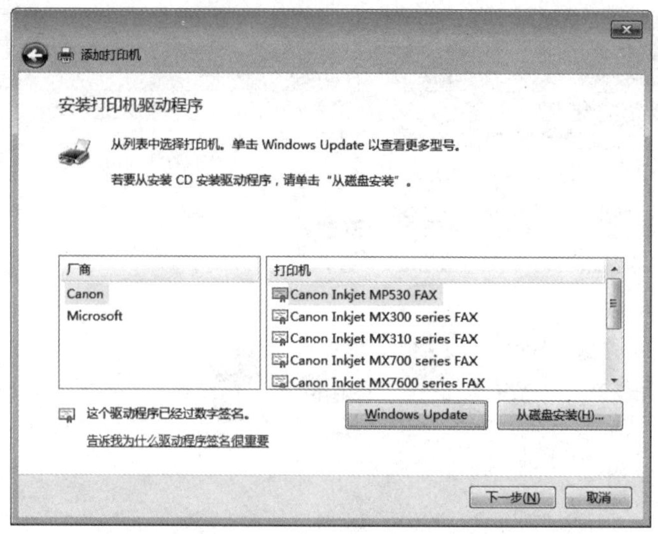

图 4-21 "添加打印机"对话框——安装驱动程序

(4) 在"安装打印机驱动程序"对话框中选择打印机厂商和型号，或者选择"从磁盘安装"，用从打印设备附带的光盘安装，然后单击"下一步"按钮。

(5) 在"键入打印机名称"对话框中给打印机起个名字，要求不超过 31 个字符，如图 4-22，然后单击"下一步"按钮。

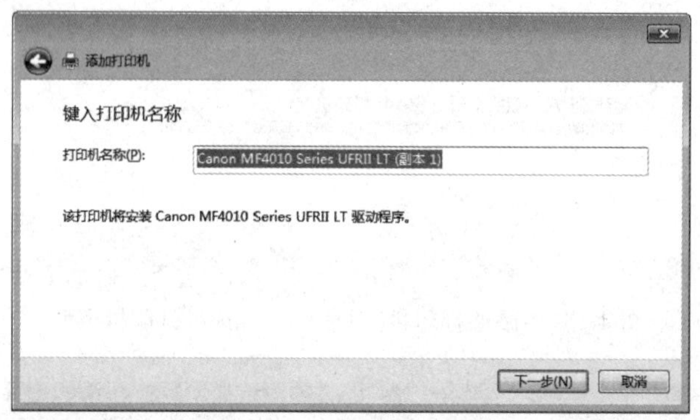

图 4-22 "添加打印机"对话框——输入打印机名

(6) 在"打印机共享"对话框中选择共享该打印机，并在"共享名"中输入共享名，如图 4-23 所示，然后单击"下一步"按钮。

(7) 将安装的打印机设为默认打印机，选择是否进行打印测试，如图 4-24 所示，然后单击"完成"按钮，完成打印机的安装。

2. 客户端连接共享网络打印机

(1) 单击"开始"→"设备和打印机"命令，在"设备和打印机"窗口中单击"添加打印机"，启动添加打印机的向导。

(2) 在如图 4-25 所示的"添加打印机"对话框中，选择"添加网络、无线或 Bluetooth 打印机"，单击"下一步"按钮，系统自动搜索出网上共享的打印机，如图 4-26 所示。

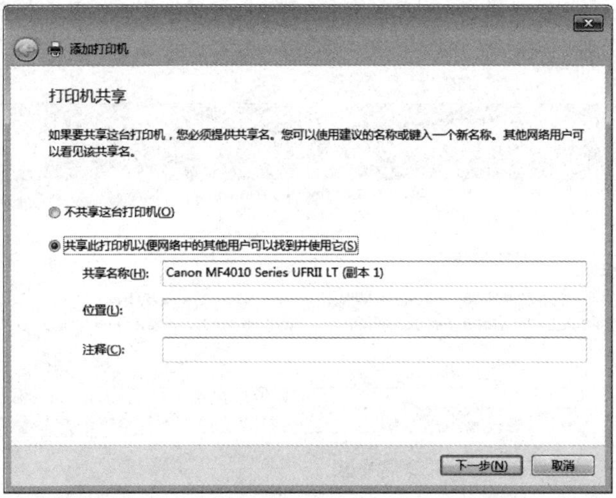

图 4-23 “添加打印机”对话框——设置共享

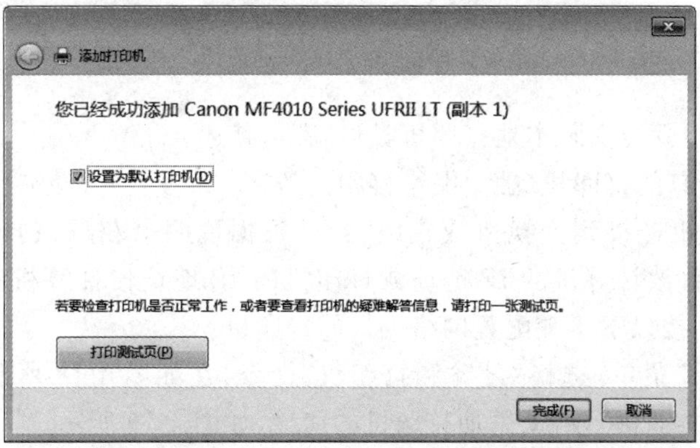

图 4-24 “添加打印机”对话框——设置默认打印机

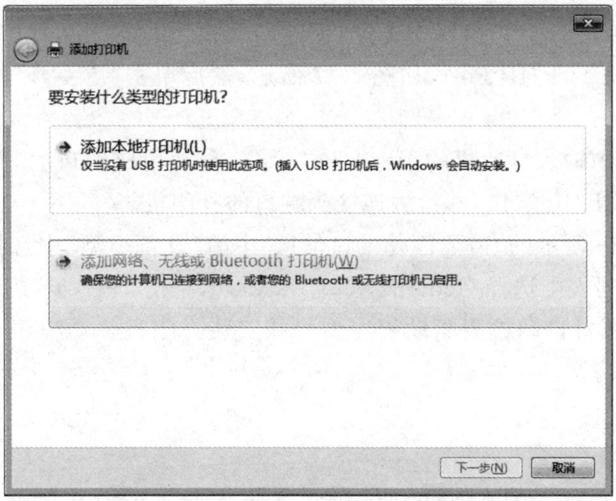

图 4-25 “添加打印机”对话框——添加网络打印机

(3) 在如图 4-26 所示的对话框中单击选择“我需要的打印机不在列表表中”,浏览并选择打印机,如图 4-26 所示。

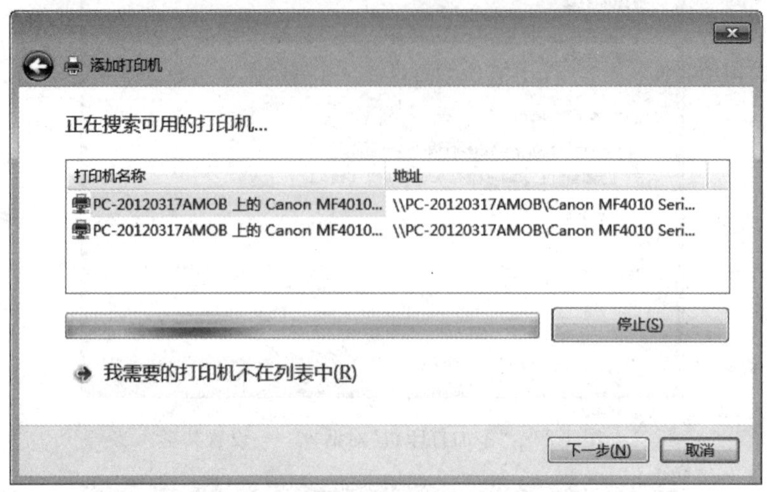

图 4-26 “添加打印机”对话框——可用的共享打印机

(4) 接下来的步骤与安装本地打印机类似,不再赘述。

3. 添加网络接口的打印机(独立网络打印设备)

先将网络打印机连接到交换机或集线器上,根据说明书获取该打印机的 IP 地址,如 192.168.0.1,通过修改计算机的 IP 地址或打印机的 IP 地址使计算机和打印机的 IP 地址在同一个网段,然后按以下步骤配置网络端口的打印机。

(1) 单击“开始”菜单,选择“设备和打印机”命令,在如图 4-18 所示的在“设备和打印机”窗口单击“添加打印机”,启动添加打印机的向导,如图 4-19 所示。

(2) 在图 4-19 中选择“添加本地打印机”,然后单击“下一步”按钮,出现“选择打印机端口”对话框,如图 4-20 所示。

(3) 在“选择打印机端口”窗口中选择“创建新端口”单选按钮,在“端口类型”下拉列表框中,选择 Standard TCP/IP Port,如图 4-27 所示,然后单击“下一步”按钮,打开如图 4-28 所示对话框。

(4) 在图 4-28 中输入打印机的 IP 地址,向导会自动生成端口名,单击“下一步”按钮。计算机自动检测 TCP/IP 端口,并检测连接到端口的打印机。

(5) 在如图 4-29 所示的“需要额外端口信息”中的“设备类型”中选择“标准”单选按钮,并在其右侧的下拉列表中选择 Generic Network Card,单击“下一步”按钮。

(6) 接下来计算机自动检测驱动程序型号并安装打印机驱动程序,步骤与安装本地打印机类似,不再赘述。

三、实验任务

1. 在一台计算机上安装本地打印机,并设置共享。
2. 在另一台计算机上安装网络打印机,与前一台计算机共享打印机。
3. 安装一次网络接口的打印机。

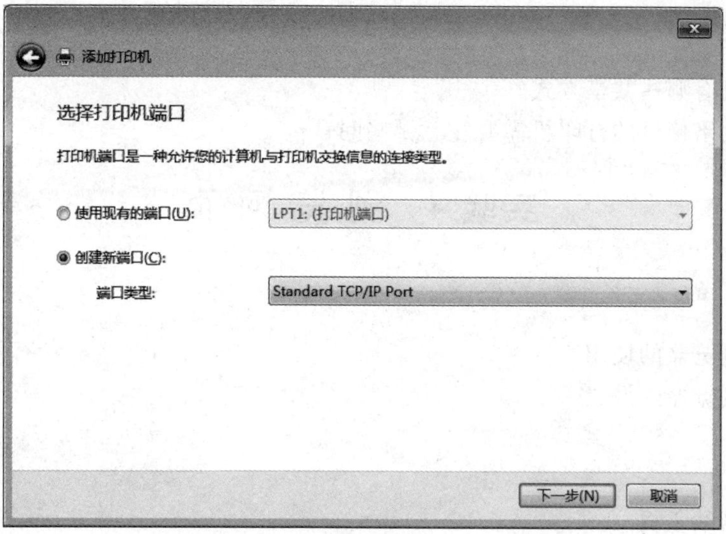

图 4-27 “添加打印机”对话框——创建新端口

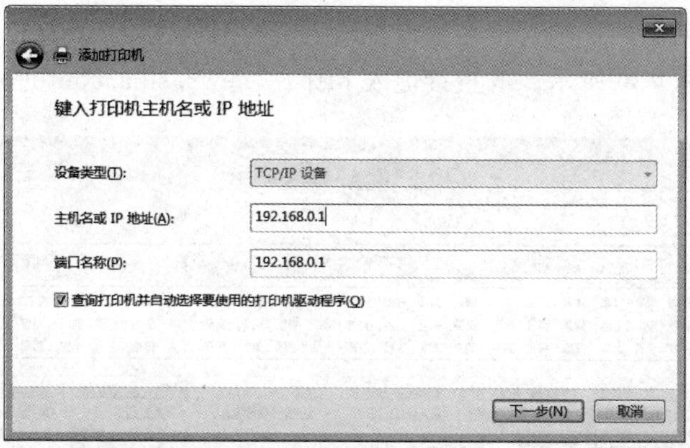

图 4-28 “添加打印机”对话框——输入 IP 地址

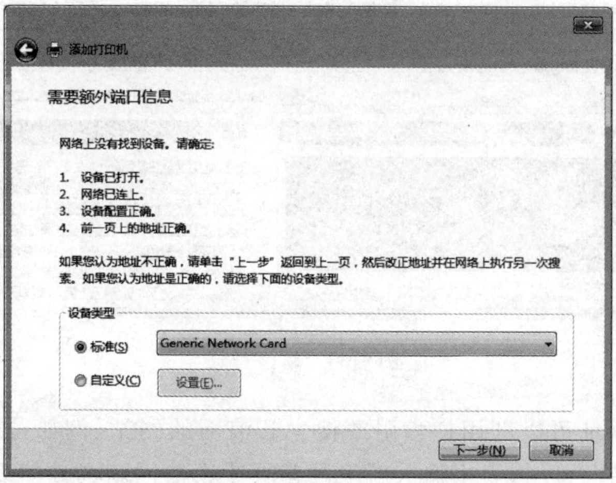

图 4-29 “添加打印机”对话框——选择设备类型

四、思考题

1. 打印机有哪些共享方式?
2. 安装网络接口的打印机需要注意哪些问题?

实验4 浏览网页

一、实验目的

1. 学习浏览器的使用
2. 学习浏览器的设置

二、案例

1. 进入网站主页

以到新浪网浏览CBA总决赛信息为例,说明信息浏览方法。

在Internet上浏览网页可以采用以下方法:

(1) 若知道网站的网址则直接在地址栏输入新浪网的网址:http://www.sina.com进入新浪网主页,如图4-30所示。或直接键入http://news.sina.com进入新浪网新闻频道。

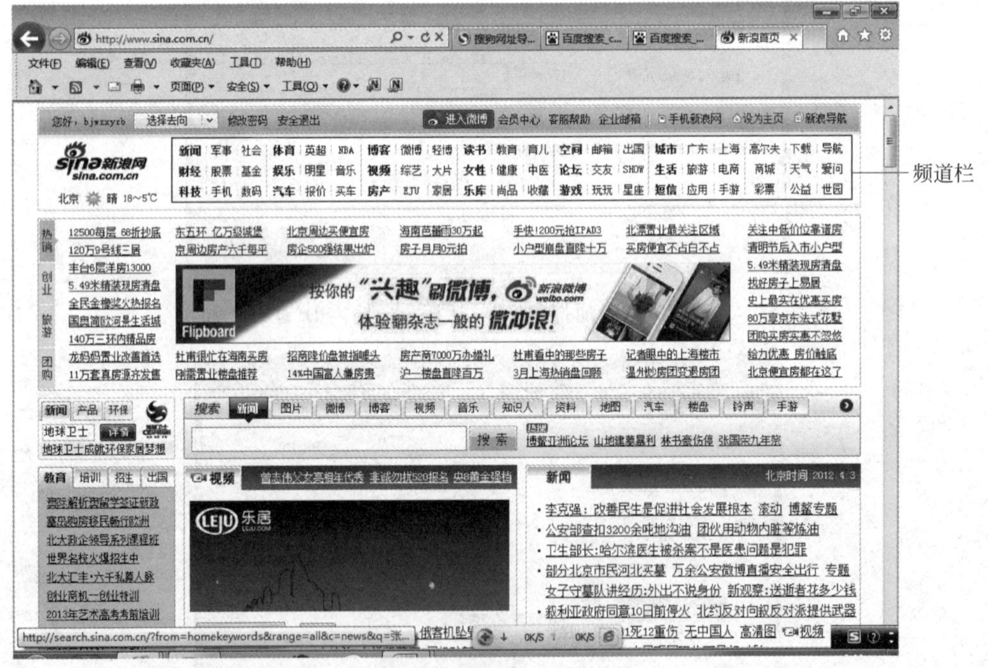

图4-30 新浪首页

(2) 若不知道网址可以利用搜索引擎搜索新浪网的网站,例如:先登录百度(http://www.baidu.com),在百度搜索中输入新浪网首页或新浪网新闻。然后在搜索结果中找到最匹配的链接,并单击该链接即可访问到该网站,如图4-31所示。

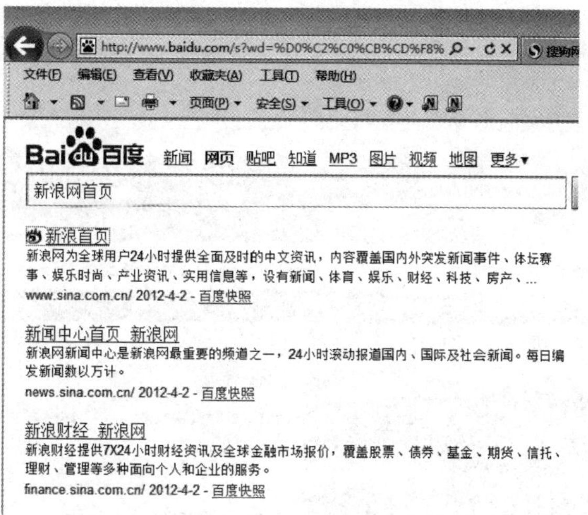

图 4-31　搜索新浪网的结果

(3) 有许多导航网站，如搜狗网址导航(http://123.sougou.com)、好 123 网址之家(http://www.hao123.com)等。这些网站将各大知名网站加以分类，罗列在一个网页上，使用非常方便，可以将其设为首页，然后单击网站的连接就可以访问该网站，搜狗网址导航如图 4-32 所示。

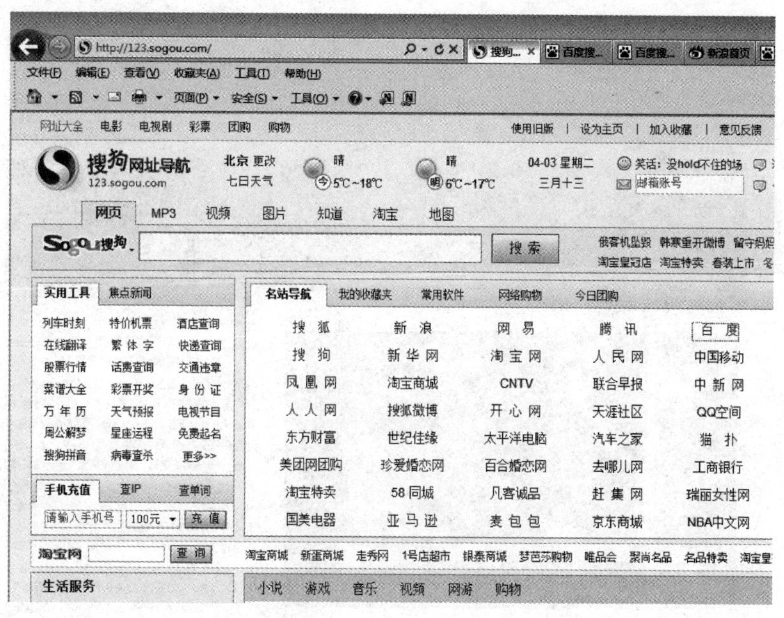

图 4-32　搜狗网址导航主页

2. 在网站内浏览

(1) 利用导航频道浏览。

网站内都有导航频道，在新浪网主页导航栏中单击“体育”频道，出现体育频道主页，如图 4-33 所示。在体育频道导航栏中单击 CBA，出现有关 CBA 的信息，如图 4-34 所示，选择关心的新闻的超链接即可阅读该新闻。

图 4-33　新浪网体育频道

图 4-34　新浪网 CBA 频道

(2) 使用工具按钮

通过地址栏上的“前进”与“后退”按钮可以访问刚刚访问过的网页；单击“主页”按钮，则回到启动浏览器时的起始页；单击“刷新”按钮可以重新显示当前页面；单击“停止”按钮则中断正在进行的连接。

(3) 收藏网页

执行“收藏夹”→“添加到收藏夹”命令，可以将当前网页的网址收藏在收藏夹中，以后单击“收藏夹”菜单或单击“搜藏夹、源和历史记录”按钮就可以重新访问该网页。

(4) 保存网页

执行“文件”→“另存为”命令，打开“保存网页”对话框，选择保存位置，单击“保存”按钮进行保存。

(5) 保存网页中的图片

右击要保存的图片，在快捷菜单中单击“图片另存为”命令，在打开的“保存图片”对话框中选择保存位置，然后单击“保存”按钮。

(6) 打印网页

执行“文件”→“打印”命令或者单击命令栏中的打印机图标，选择打印命令，即可将网页打印出来。

3. 设置IE浏览器的起始页

执行“工具”→“Internet 选项”命令，打开“Internet 属性”对话框，如图4-35所示。在“常规”选项卡中的“主页”区域中可以设置打开浏览器后出现的第一个页面，或单击“主页”按钮要到达的页面，如将新浪主页设置为IE浏览器的起始页，具体设置方法是：先把新浪网主页打开，在如图4-35所示的对话框中单击“使用当前页”按钮，或者在地址栏中直接输入作为浏览器起始页的网址，单击“确定”按钮。

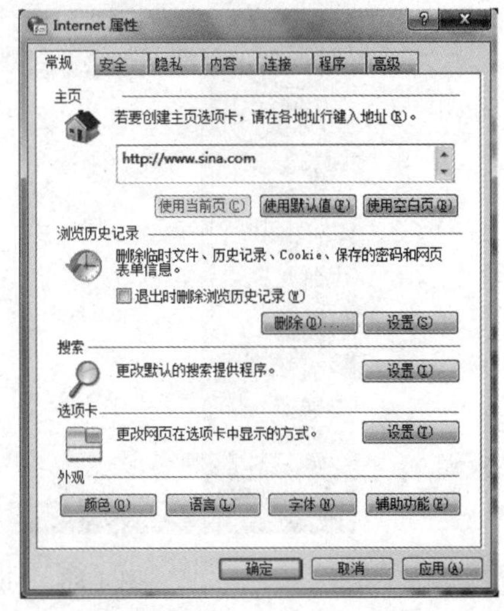

图4-35 “Internet 属性”对话框

三、实验任务

1. 分别用网址导航、百度搜索、直接输入网址3种方式访问搜狐网站。
2. 浏览搜狐新闻、体育频道，并浏览具体内容，浏览过程中注意使用各按钮。
3. 访问北京大学网站，并将其主页收藏在收藏夹中，然后利用收藏夹访问该网站。
4. 将北京大学研究生院主页保存到自己的计算机上。
5. 将北京大学主页上的某个图片下载到自己计算机上。
6. 将你自己经常访问的网站主页设置为浏览器的主页。

四、思考题

1. 如果你经常访问某些网站，若想快速地访问到这些网站你会怎样做？
2. 设置浏览器主页有哪几种方法？说明详细步骤。
3. 浏览器上有哪些按钮？解释这些按钮的作用。

实验5 使用 Microsoft Outlook 收发邮件

一、实验目的

1. 学习用 Microsoft Outlook 收发和管理邮件
2. 学习 Microsoft Outlook 的设置

二、案例

在 Windows 7 中取消了电子邮件客户端软件 Outlook Express，可以利用 Microsoft Outlook 2010 收发、管理邮件。单击“开始”→“所有程序”→Microsoft Office→Microsoft Outlook 2010，打开如图 4-36 所示的 Microsoft Outlook 窗口。

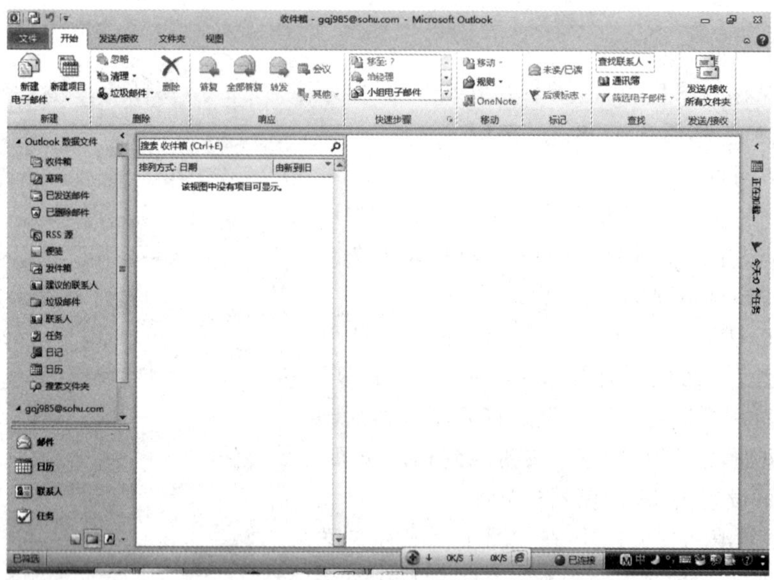

图 4-36　Microsoft Outlook 2010 主窗口

1. 建立账户

使用 Microsoft Outlook 需要先建立邮件账号，在第一次启动 Outlook 时系统会自动弹出新建账号向导，若以后想建立账号可以按以下步骤操作：

（1）单击“文件”菜单，再单击“添加账户”按钮，出现“选择服务”对话框，选择账户类型，如图 4-37 所示。

（2）在如图 4-37 所示的对话框中选择“电子邮件账户”，然后单击“下一步”按钮，出现“自动账户设置”对话框，输入账户信息，如图 4-38 所示。

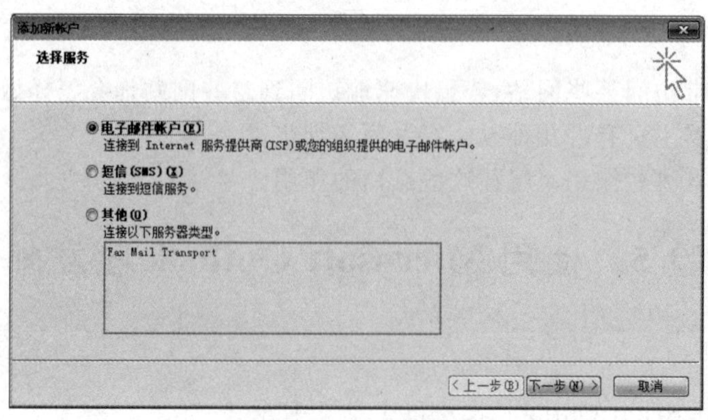

图 4-37　选择账户类型

(3) 在如图 4-38 所示的对话框中,分别填写姓名和电子邮件地址,并设置密码,单击“下一步”按钮。系统会自动进行账户设置,单击“完成”按钮完成账户建立。

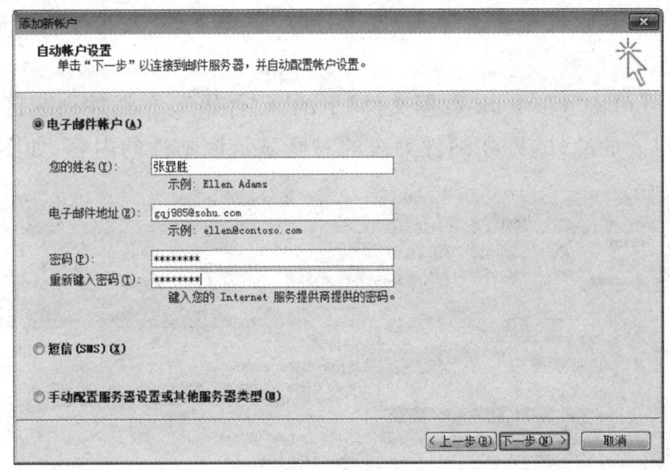

图 4-38　输入账户信息

2. 邮件的编辑与发送

(1) 发送邮件

在如图 4-36 所示的窗口中单击“新建电子邮件”按钮,打开新邮件撰写窗口,如图 4-39 所示。在“收件人”框中输入收件人的邮箱地址,若希望同时发送给多人,可在“收件人”框中输入多个邮件地址,用逗号分隔;在“抄送框”中,输入要抄送人的信箱地址,也可以输入多个信箱地址;在“主题”中,输入邮件主题,在收件人收到邮件后,该主题将直接显示在邮件列表中;在“正文”中输入邮件正文。输入完毕,单击工具栏上的“发送”按钮,只要计算机连在 Internet 网上,即可完成邮件的发送。

(2) 发送带附件的邮件

在发送邮件时,可以将一个编辑好的文件作为附件一起随邮件发送。具体做法是:在发送邮件前,单击工具栏上的“附加文件”按钮(曲别针图案),或单击“插入”菜单中的“附加文件”命令,在打开的插入附件对话框中,通过浏览找到作为附件的文件,单击“插入”按钮,回到邮件撰写窗口,同时插入的附件会显示在“附件”框中,如图 4-39 所示,可以插入多个附件。

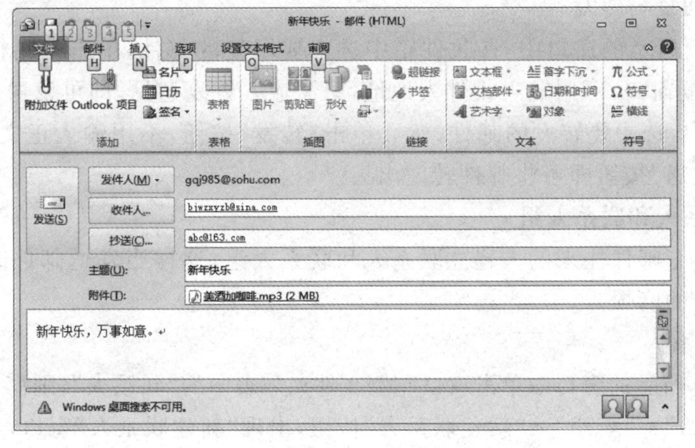

图 4-39　编辑与发送邮件

3. 邮件的接收与阅读

在连接 Internet 的情况下启动 Outlook，若发件箱中有邮件将被自动发送，若收件箱中有邮件将被自动接收到收件箱中。单击“发送接收”菜单下的“发送接收所有文件夹”命令也可以起到同样的作用。

收到邮件后，可单击“Outlook 数据文件”下的“收件箱”，在邮件列表区域显示收到的邮件列表。单击要阅读的邮件，即在邮件列表的右侧显示该邮件的内容，如图 4-40 所示。

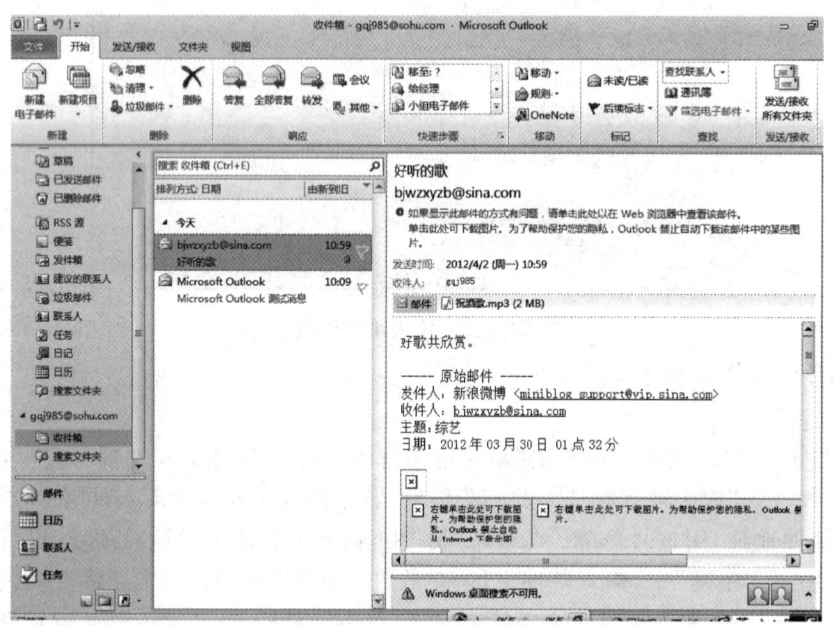

图 4-40 阅读邮件

阅读邮件附件：若收到的邮件带有附件，则在邮件列表中的邮件标题左侧有“曲别针”图标，要阅读邮件附件或将附件保存到磁盘，可以双击附件，在打开的对话框中选择“保存”或“打开”，单击“保存”按钮在随后出现的对话框中选择保位置，再单击“保存”按钮就可以将附件文件保存在自己的计算机上。

4. 邮件的回复与转发

在如图 4-40 所示的窗口中，在收件箱中选中要回复的邮件，单击工具栏上的“答复”按钮，就会打开回复窗口，不用输入收件人地址，只需输入答复意见，即可发送。

在图 4-40 中，选中要转发的邮件，然后单击“转发”按钮，不用输入正文，只需输入收件人地址，单击“发送”按钮即可将邮件转发出去。

5. 使用联系人和联系人组

可以为经常有邮件往来的人建立联系人和联系人组，这样当发送邮件时可以免去输入收件人信箱地址的麻烦。

(1) 新建联系人

在如图 4-40 所示的窗口中单击窗口左侧文件夹列表中的“联系人”，则窗口显示如图 4-41 所示。单击“开始”→“新建”→“新建联系人”按钮，出现“新建联系人”窗口，如图 4-42 所示。

在如图 4-42 所示的窗口中输入联系人姓名和邮箱地址，单击“联系人”→“动作”→“保

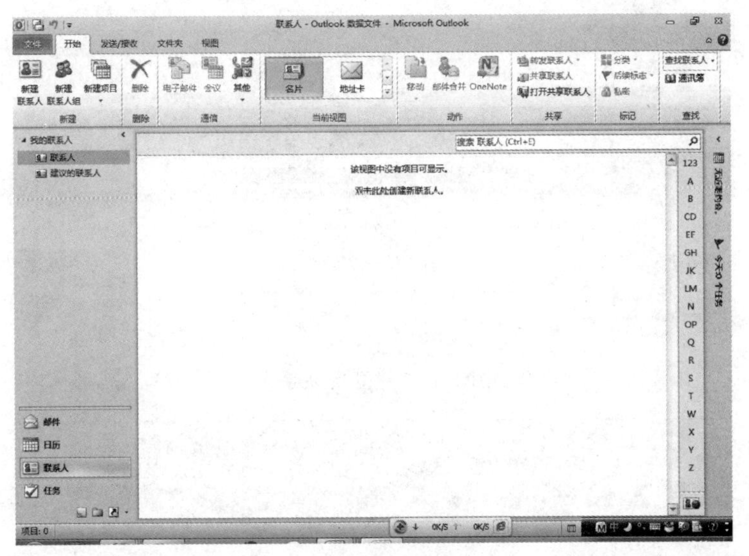

图 4-41　Outlook 中联系人视图

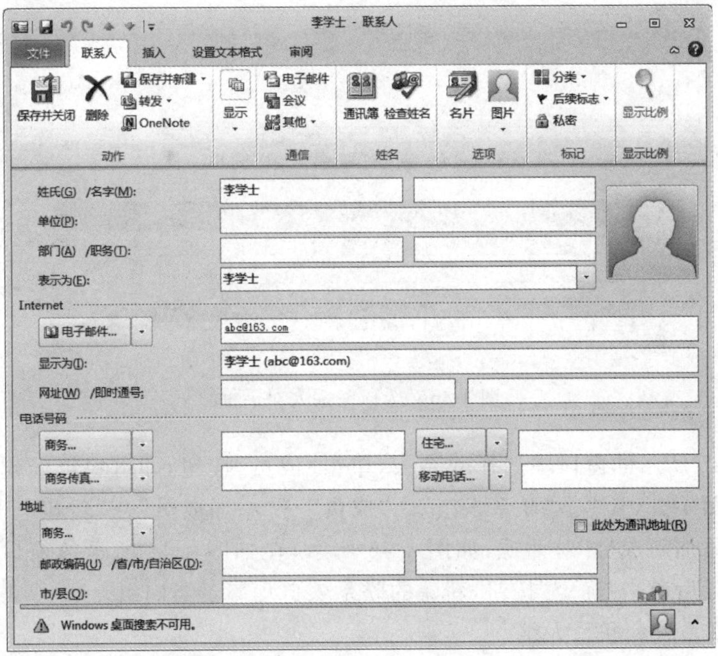

图 4-42　输入联系人信息

存并新建”按钮，将建立的联系人信息保存起来，并建立新的联系人。若不再建立新的联系人则单击“关闭”按钮，结束联系人创建，如图 4-43 所示。

(2) 新建联系人组

在如图 4-43 所示的窗口中的命令栏中单击“开始”→“新建联系人组”按钮，出现新建“联系人组”窗口，如图 4-44 所示。

在如图 4-44 所示的窗口中单击命令栏中的“联系人组”→“成员”→“添加成员”→“从通讯簿”命令，可以在已经建立好的联系人中选择组成员，如图 4-45 所示。

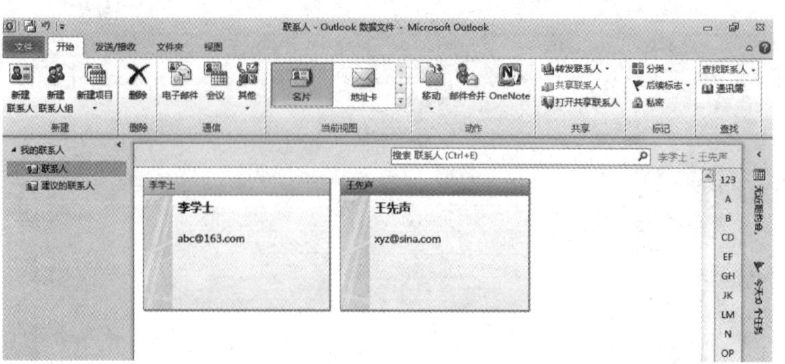

图 4-43　建立的联系人

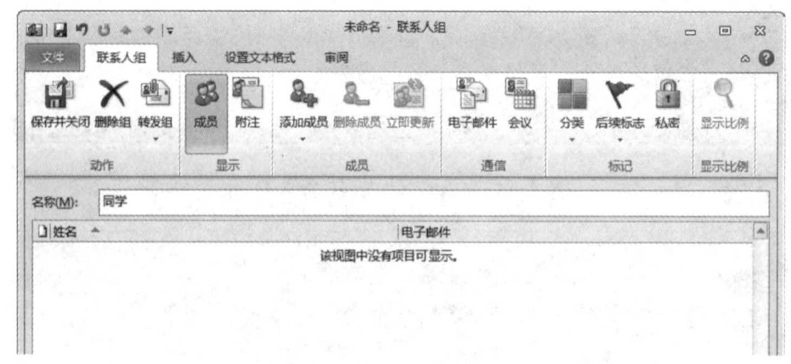

图 4-44　新建"联系人组"窗口

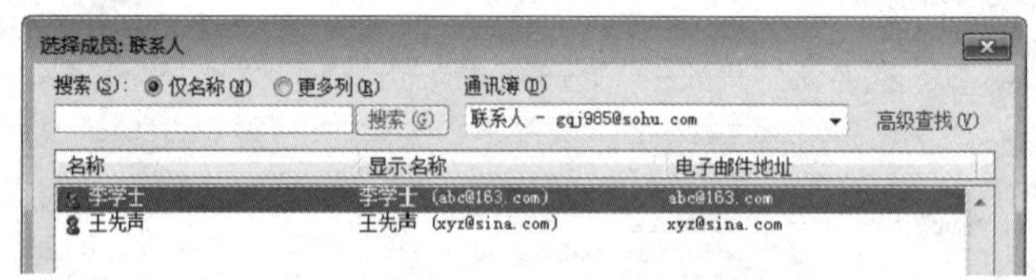

图 4-45　选择联系人对话框

在如图 4-45 所示的窗口中选择联系人，单击"成员"按钮，即可将已经建立的联系人添加到组。若在图 4-44 中单击"联系人组"→"成员"→"添加成员"→"新建电子邮件联系人"命令，则出现"添加新成员"对话框，如图 4-46 所示，在如图 4-46 所示的窗口中输入联系人姓名和邮箱地址后单击"确定"按钮，新建的联系人自动属于当前组。

(3) 使用联系人和联系人组

在如图 4-40 所示的窗口中，单击"开始"→"新建电子邮件"命令，如果要给已经建立的联系人或联系人组发送邮件，可以在命令栏中单击"开始"→"查找"→"通信簿"按钮，出现已经建立的联系人和联系人组，如图 4-47 所示，在如图 4-47 所示的窗口中双击要发送邮件的联系人或联系人组，则他们的邮箱地址出现在"收件人"栏中。编辑好邮件内容后，单击"发送"按钮就可将邮件发送给联系人或联系人组。

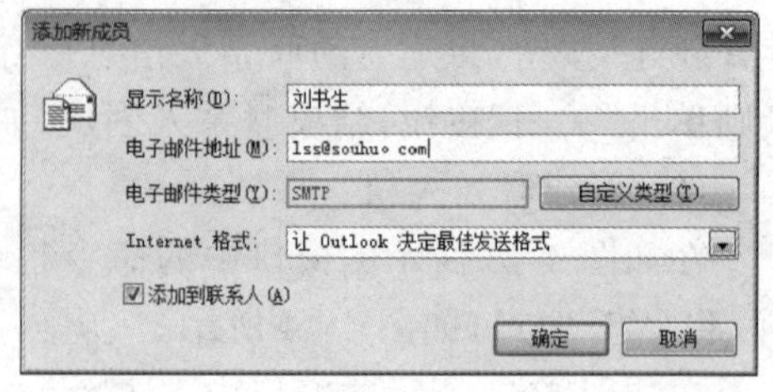

图 4-46　"添加新成员"对话框

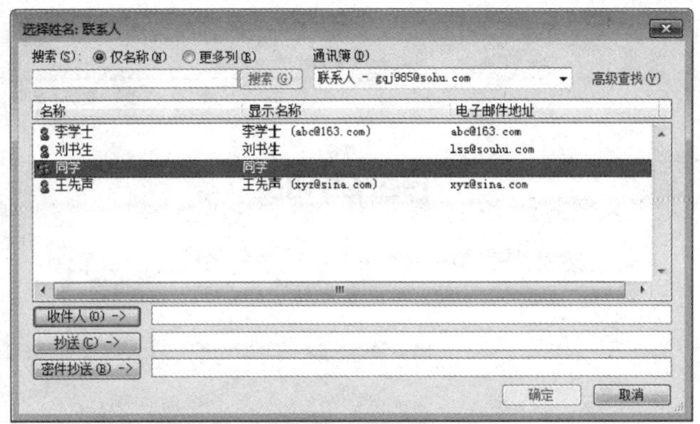

图 4-47　选择联系人对话框

三、实验任务

1. 到网易或其他电子邮箱提供服务商处申请一个信箱(注意不要用自己的常用邮箱)。

2. 在 Microsoft Outlook 中为自己建立一个账户。

3. 利用新建的邮箱给你的同学发送一封带附件的邮件,同时让同学给你发送一封带附件的邮件。

4. 接收同学的邮件并阅读,下载附件并打开附件浏览。

5. 给你的同学回复邮件。

6. 将同学发送来的邮件转发给另一个同学。

7. 建立 3 个联系人,建立一个联系人组,将 3 个联系人添加到联系人组。

8. 给你建立的联系人组发送一封邮件。

四、思考题

1. 使用 Outlook 收发邮件有何特点?

2. 建立联系人或联系人组有什么用途?

实验 6　使用搜索引擎

一、实验目的

1. 学习百度搜索引擎的使用

2. 了解百度搜索引擎的功能

二、案例

1. 百度搜索引擎的基本使用

(1) 登录百度主页。在浏览器地址栏键入百度网址:www.baidu.com,出现百度主页,如图 4-48 所示。

(2) 在百度搜索栏中输入要搜索的关键字,如“北京大学”,然后按 Enter 键或单击“百

图 4-48　百度主页

度一下”按钮，搜索结果就会出现在随后的页面中，如图 4-49 所示。输入的查询内容可以是一个词语、多个词语、一句话，但是百度搜索引擎严谨认真，要求“一字不差”。当用户分别输入“帐号”和“账号”会得到不同的结果。因此在搜索时，用户可以试用不同的词语。

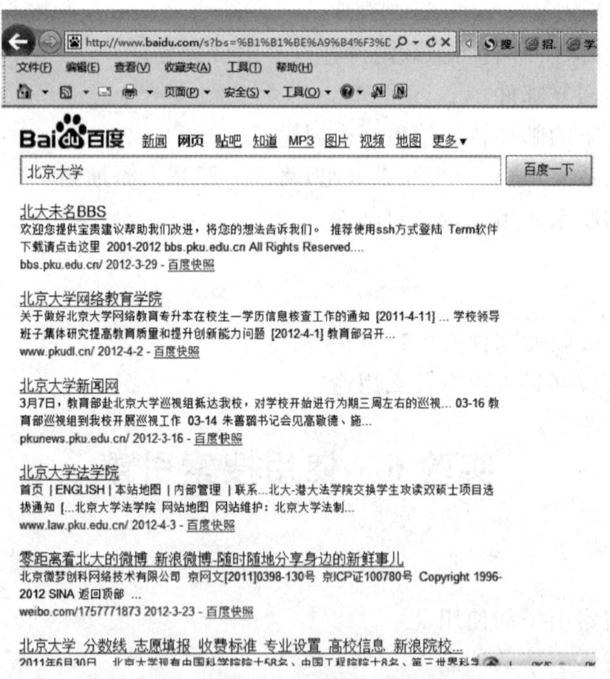

图 4-49　搜索“北京大学”的结果

2. 百度搜索技巧

(1) 输入多个词语搜索

输入多个词语搜索，可以获得更精确的搜索结果。百度查询时不需要使用符号 AND 或“＋”，当关键词为多个空格隔开的词语时，百度会自动在这些词语之间加上“＋”。如搜索“北京大学 医学部”，结果如图 4-50 所示。

(2) 减除无关资料

有时候，排除含有某些词语的资料有利于缩小查询范围。百度支持“－”功能，用于有目的地删除某些无关网页，但减号之前必须留一个空格。例如，要搜寻关于“北京大学”，但不含“医学部”的资料，可使用“北京大学 －医学部”查询，如图 4-51 所示。

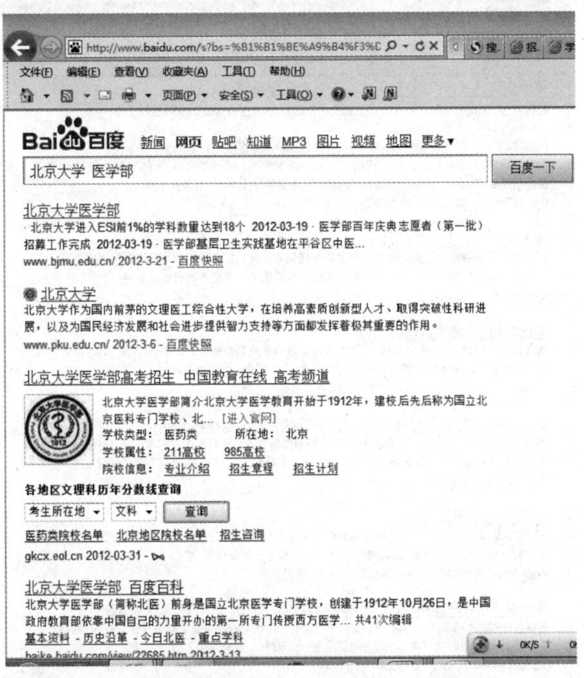

图 4-50　搜索“北京大学 医学部”的结果

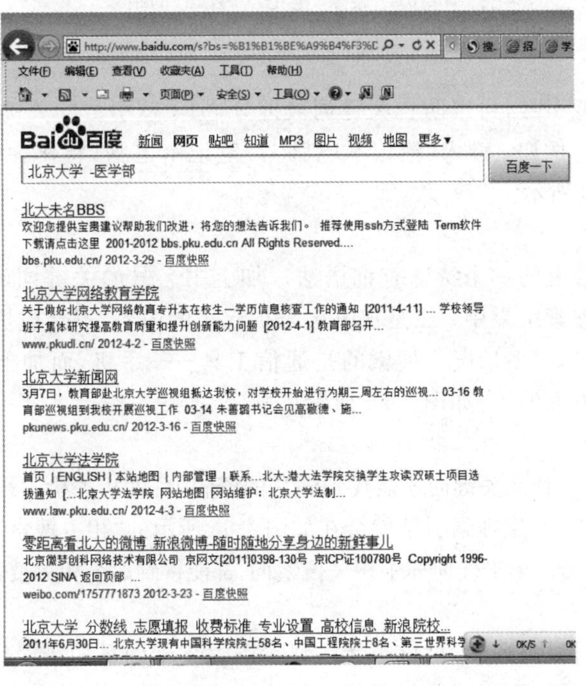

图 4-51　搜索“北京大学 －医学部”的结果

(3) 并行搜索

使用 A|B 来搜索“或者包含词语 A,或者包含词语 B”的网页。例如：如果要查询“笔记本”或“数码”相关资料,无须分两次查询,只要输入“笔记本|数码”搜索即可,如图 4-52 所示。

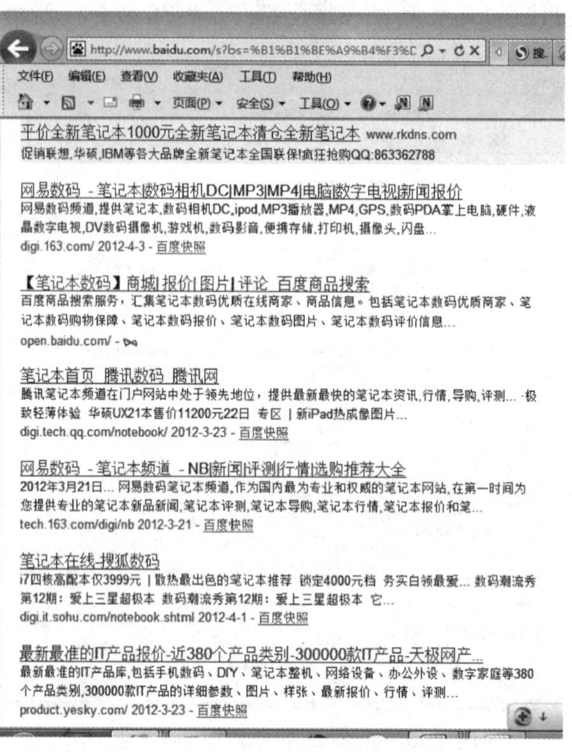

图 4-52 搜索“笔记本|数码”的结果

(4) 精确匹配

给关键词加上双引号,可以防止关键词被拆分,加了双引号的关键词将会作为一个整体出现在搜索结果中。例如：输入“笔记本电脑”,“笔记本电脑”将作为一个整体词出现在搜索结果中,如图 4-53 所示。

(5) 使用书名号

书名号是百度独有的一个特殊查询语法。加上书名号的关键词,有两层特殊功能：一是书名号会出现在搜索结果中；二是被书名号扩起来的内容,不会被拆分。例如查电影“手机”,如果不加书名号,很多情况下搜索的是通信工具——手机,而加上书名号后,《手机》结果就都是关于电影方面的了,如图 4-54 所示。

(6) 相关检索

如果无法确定输入什么关键词才能找到满意的资料,百度相关检索可以帮助找到相关搜索词。例如：输入“手机”,百度搜索引擎就会在如图 4-55 所示的“相关搜索”中提供其他用户搜索过的相关搜索词作参考。单击任何一个相关搜索词,都能得到那个相关搜索词的搜索结果。

(7) 百度快照

我们在上网的时候都遇到过“该页无法显示”(找不到网页的错误信息)。无法登录网站是令人十分头痛的问题,百度快照能很好地解决这个问题。百度搜索引擎已先预览各网站,

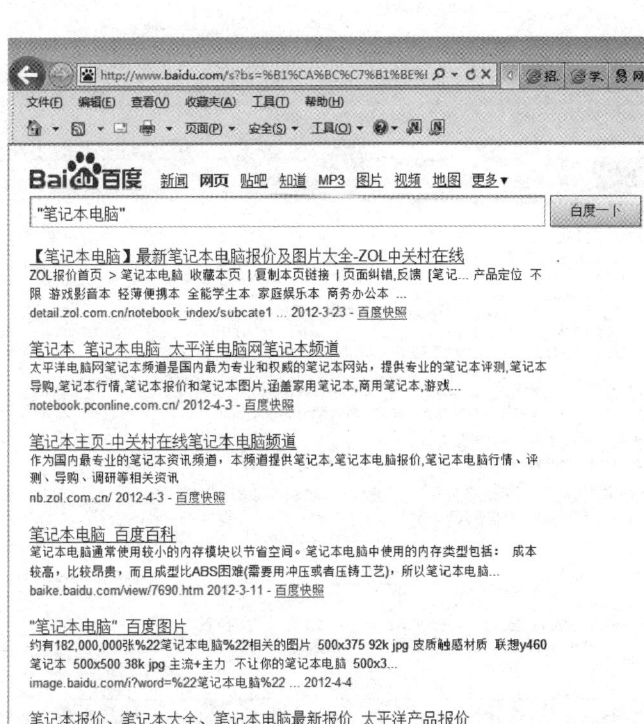

图 4-53 搜索“笔记本电脑”的结果

图 4-54 搜索“《手机》”的结果

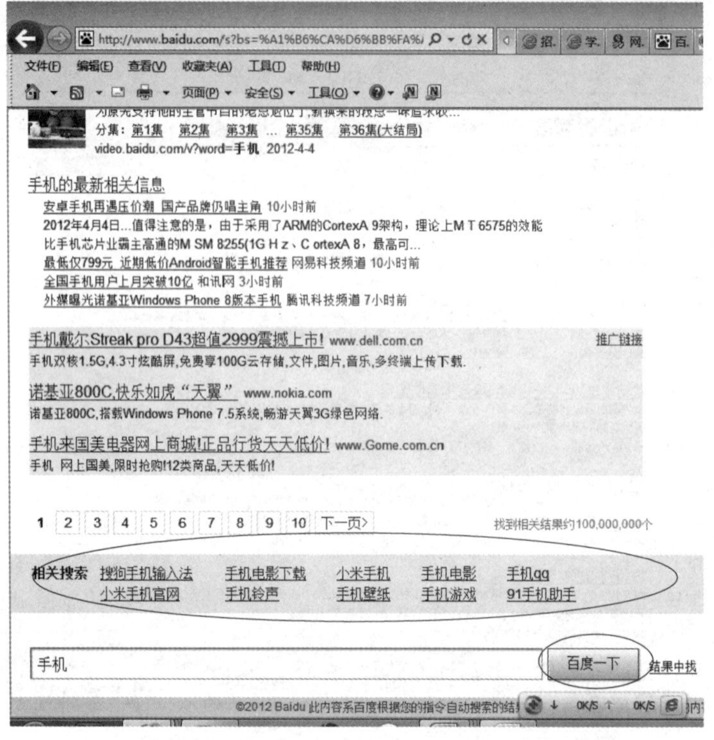

图 4-55 搜索“手机”的相关搜索

拍下网页的快照，为用户存储了大量的应急网页。单击每条搜索结果后的“百度快照”，可查看该网页的快照内容。百度快照的下载速度极快，但是百度快照拍下的是先前的网页，快照本身不会自动更新。百度快照如图 4-56 所示。

图 4-56 百度快照

(8) 在"结果中找"

当用一个关键词没有搜索到想要的内容时,可以再输入一个新的关键词,搜索引擎会在上次的搜索结果中搜索包含新关键词的内容,这是一种缩小搜索范围的精确查找方法。例如:先搜索关键词"手机",在搜索结果页面的右下角单击"结果中找",如图 4-55 所示,在随后出现的页面中输入"铃声",单击"结果中找"按钮,结果如图 4-57 所示。

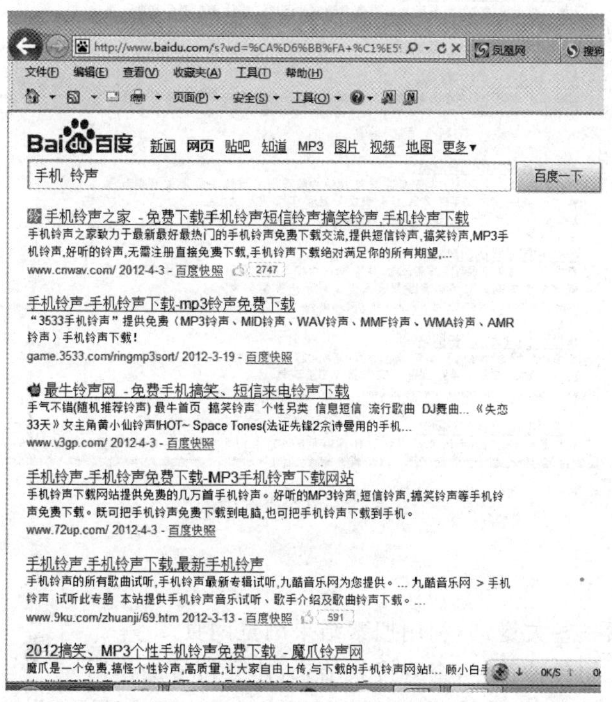

图 4-57 在"结果中找"

(9) 在指定网站内搜索

在一个网址前加"site:",可以限制只搜索某个具体网站、网站频道或某域名内的网页。例如:输入"房产 site:www. sohu. com",表示在搜狐网站内搜索和"房产"相关的资料,搜索结果如图 4-58 所示。

3. 百度搜索的其他功能

输入关键词后单击"百度一下",默认是搜索与关键词相关的网页;若先单击"新闻",后单击"百度一下"则搜索与关键词相关的新闻。

若单击"贴吧",后单击"百度一下"则搜索与关键词相关的贴吧。

若单击"知道",后单击"百度一下"则搜索与关键词相关的问题与答案。

若单击"图片",后单击"百度一下"则搜索与关键词相关的图片。

若单击"MP3",后单击"百度一下"则搜索与关键词相关的 MP3 歌曲。

若单击"视频",后单击"百度一下"则搜索与关键词相关的视频。

若单击"地图",后单击"百度一下"则搜索与关键词相关的机构在地图中的位置。

若单击"百科",后单击"百度一下"则搜索与关键词相关的知识介绍。

若单击"文库",后单击"百度一下"则搜索与关键词相关文章。

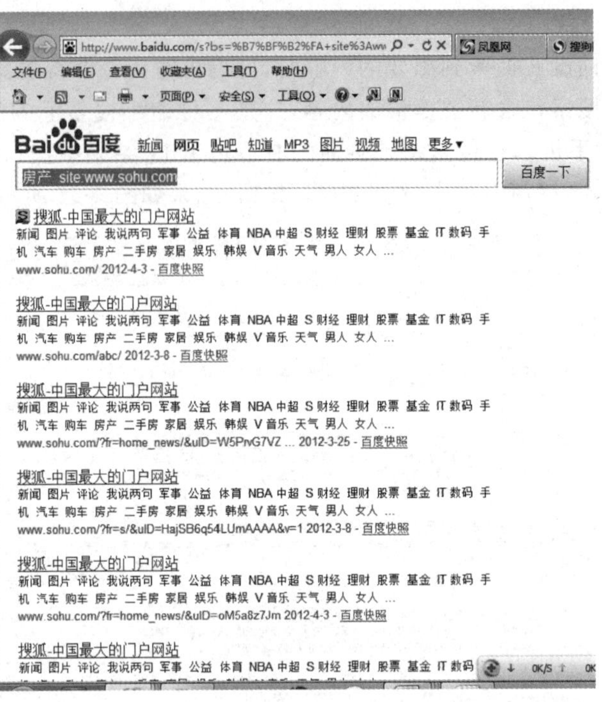

图 4-58　在“站点内找”

三、实验任务

1. 用百度搜索一些关键词，利用搜索结果浏览网页。
2. 在搜索中使用各种符号，查看搜索结果，体会符号的作用。
3. 输入一个关键词，查看用百度的不同搜索功能（新闻、网页、贴吧、指导、百科、地图、图片、MP3 等）搜索到的结果。
4. 搜索一个关键词，在搜索结果中搜索另一个词。
5. 学习使用相关搜索。

四、思考题

1. 在百度搜索引擎中可以使用哪些符号？这些符号的含义如何？
2. 百度搜索能搜索哪些内容？

实验 7　文献检索

一、实验目的

1. 掌握在科技文献数据库中检索资料的方法
2. 了解文献数据库网站的功能

二、案例

利用文献数据库检索文献需要先在文献数据库的网站上注册，登录后即可使用。出于保护知识版权的原因，阅读或下载这些电子版图书需要支付一定的费用，因此用户要先在网站的充值中心充值，以后才可以下载阅读文献。目前中国高校及有些科研部门一般采用包库的方式购买特定学科的专题数据库供学校或部门内部使用，因此，一般在高校内部网访问文献数据库网站不需要付费。

下面，以在中国知网(CNKI)检索资料为例，说明资料检索方法。

1. 检索文献

(1) 登录中国知网

在浏览器地址栏键入：http://www.cnki.net，进入中国知网主页，如图 4-59 所示。

图 4-59 中国知网(CNKI)主页

(2) 输入检索控制条件和内容检索条件

单击“中国学术期刊网络出版总库”，出现如图 4-60 所示的文献检索窗口。在“输入检索控制条件”中设定“期刊年限”、“来源期刊”、“作者”、“作者单位”、“支持基金”等内容。在“输入内容检索条件”→“主题”中输入要检索的文献的主题，如“物联网技术”。

(3) 显示并下载检索结果

单击“检索文献”按钮，检索结果以列表方式显示出来，如图 4-61 所示，若想阅读文献内容，可以单击文献超链接，即出现文献内容简介，如图 4-62 所示。若想阅读文献全部内容就单击“CAJ 下载”或“PDF 下载”即可。

2. 检索专利

(1) 在如图 4-59 所示的中国知网(CNKI)主页中，单击“中国专利”，出现“中国专利数据库(知网版)”，如图 4-63 所示。

(2) 在“检索项”中选择要检索的项目，如“关键词”，在“检索词”下输入检索的内容，如“物联网技术”，在“匹配”中选择“模糊”，在专利类别是复选框中选择所需类别是“发明专利”、“外观设计”、“使用新型”或“全选”，单击“检索”按钮。符合条件的专利将出现在如图 4-64 所示的列表中。单击某个专利名称，可以查看专利的详情。

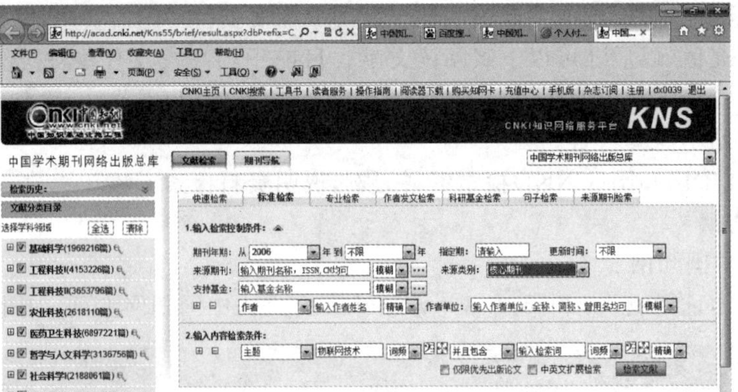

图 4-60　文献检索窗口

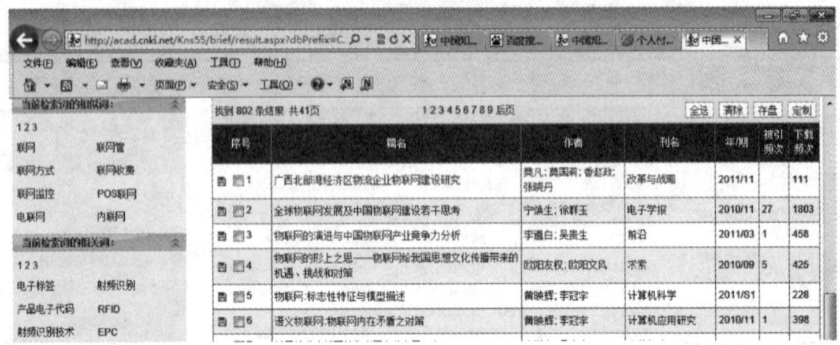

图 4-61　检索“物联网技术”的结果

图 4-62　文献简介与下载界面

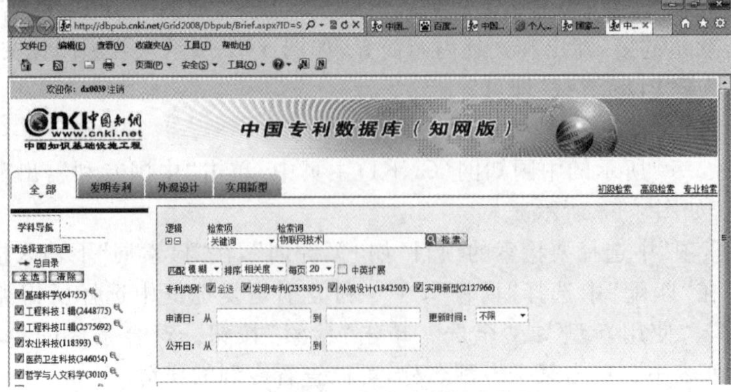

图 4-63　专利检索界面

首页 上页 下页 1 /3 转页 共有记录52条

序号	专利名称	发明人	申请人	申请日	公开日
1	基于物联网技术的电子毕业证	魏二有	鲁东大学	2010-04-01	2010-09-22
2	一种基于JCI标准和物联网技术的数字化医院管理平台	章笠中;何国平;曹世华;王剑伟;刘飞	医惠科技(苏州)有限公司	2010-04-15	2010-09-22
3	基于物联网技术的多功能餐厅服务系统	王粉花;郑飞;吴文权;李玉玲	北京科技大学	2010-05-12	2010-10-06
4	基于物联网技术的节能计量与控制系统	袁中华	湖南弘龙科技开发有限公司	2010-08-02	2010-11-24
5	基于ZigBee技术的物联网无线通信网关装置	杨丁;张涛;张云	北京中能普瑞技术有限公司	2010-08-12	2011-01-26
6	基于物联网技术的动力电池组用大容量电池自动筛分系统	潘胜琼;李琦;宋红奇	中山市嘉科电子有限公司	2010-06-30	2011-02-09
7	基于物联网技术的边坡倾斜度监测方法	刘文峰;韩伟;李彦斌;王辅宋;朱拼;冯保记;杨松远	刘文峰	2010-08-12	2011-02-09

图 4-64　专利检索结果

3. 检索科技成果

(1) 在中国知网(CNKI)主页中(如图 4-59),单击“国家科技成果”,出现“国家科技成果数据库(知网版)”,如图 4-65 所示。

(2) 在“检索项”中选择检索的项目,如“成果名称”,在“检索词”下输入检索的内容,如“物联网技术”,在“匹配”中选择“模糊”。

(3) 单击“检索”按钮,符合条件的科技成果将出现在如图 4-66 的列表中。单击某个成果名称,可以了解该成果的详细信息。

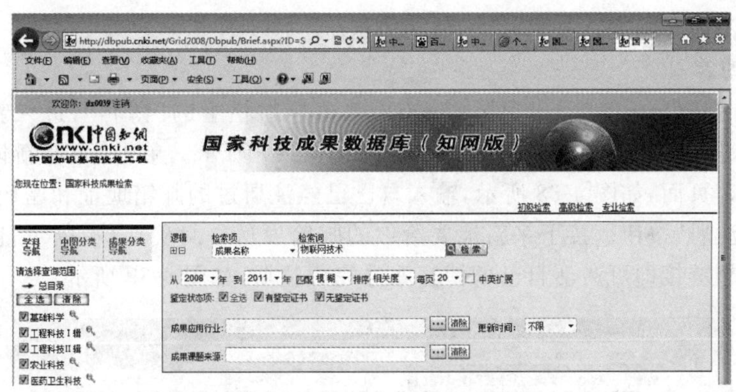

图 4-65　科技成果检索界面

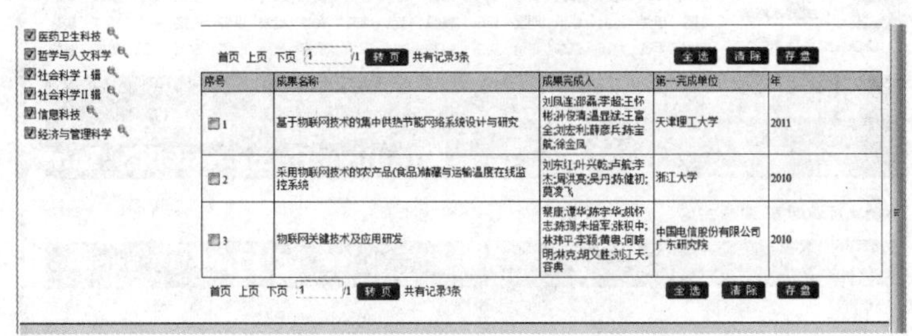

图 4-66　“物联网技术”科技成果检索结果

三、实验任务

1. 用中国知网检索与“新能源”有关的文章。
2. 用中国知网检索与“新能源”有关的专利。

3. 用中国知网检索与“新能源”有关的科技成果。
4. 登录维普资讯，重复上述检索过程。
5. 登录万方数据，重复上述检索过程。

四、思考题

1. 中国知网提供了哪些数据库？
2. 中国知网提供了哪些检索方式？

实验 8　网 上 交 流

一、实验目的

1. 学习使用博客、微博、BBS 等交流工具
2. 了解常用社交网站及其功能

二、案例

1. 使用博客

以使用新浪博客为例，说明博客的使用方法。

(1) 开通博客

登录新浪网站(http://www.sina.com)，单击导航栏上的“博客”，进入新浪博客主页(或者直接键入网址 http://blog.sina.com)，如图 4-67 所示。单击“开通新博客”按钮，进入注册新浪博客页面，如图 4-68 所示，输入自己已经注册过的邮箱地址和密码，给自己起一个昵称，单击“注册”按钮。接下来新浪要给你的邮箱发送一封确认信，登录自己的邮箱，按提示单击一个超链接即可激活自己的博客账号完成注册，如图 4-69 所示。

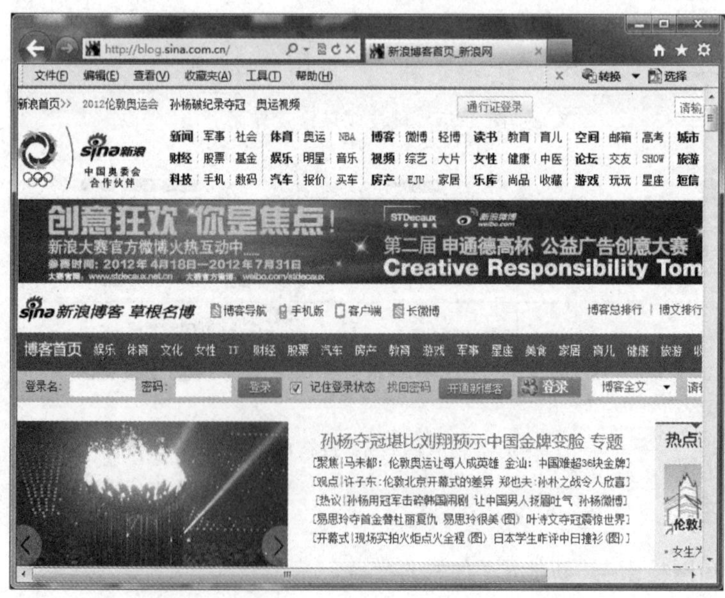

图 4-67　新浪博客主页

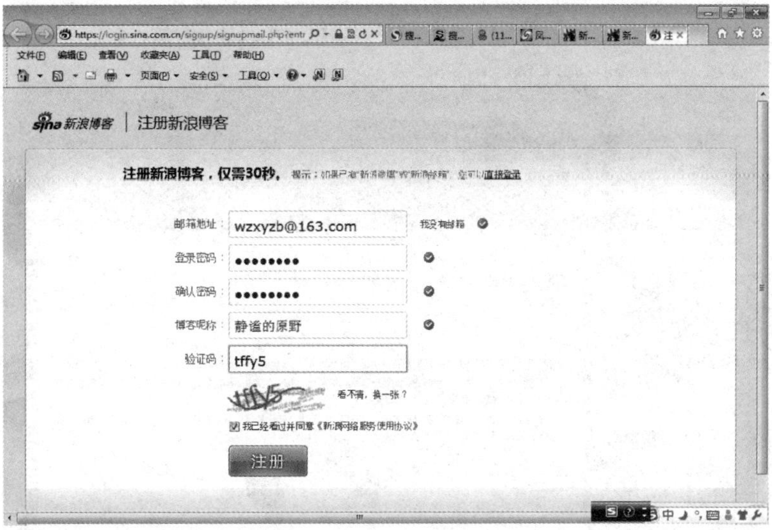

图 4-68　注册新浪博客

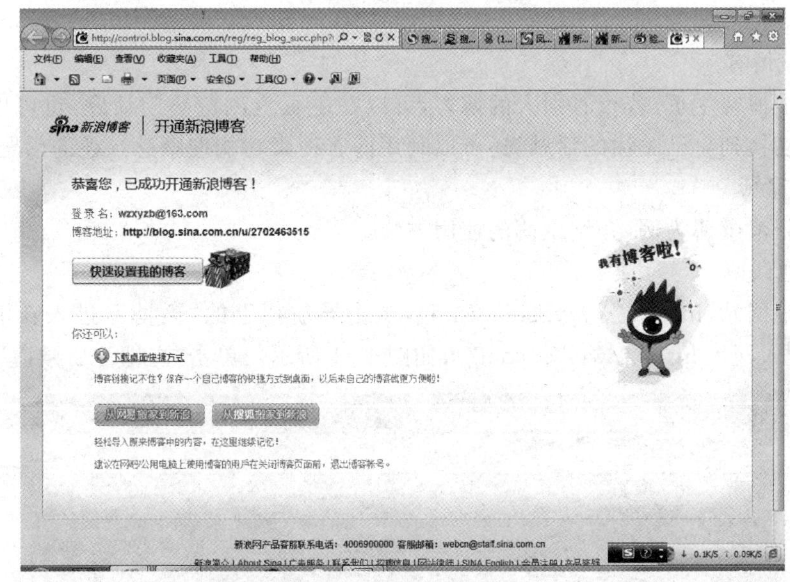

图 4-69　注册成功

(2) 设置博客

开通后可以设置自己的博客，在如图 4-69 所示的窗口中单击“快速设置我的博客”按钮，给自己的博客选一个整体风格，如大方简洁、心情日记、图片展示、个性炫耀等，可以根据自己的喜好选择一个风格，接下来新浪会向你推荐一批热门博客，可以从中挑选自己关注的博客。然后单击“完成”按钮，完成博客设置并立即进入自己的博客，如图 4-70 所示。

(3) 发表博客

登录新浪博客主页，在“登录名”中输入注册的邮箱地址，在“密码”中输入密码，单击“登录”按钮。登录成功后单击“我的博客”即进入自己的博客页面，如图 4-70 所示，单击“发博文”按钮即可发表博文。

图 4-70　自己的博客主页

(4) 浏览博客

进入新浪博客主页，若查看别人的博客，可以在主页上浏览热门话题，也可以利用主页上的导航栏切换到自己关注的话题，还可以利用博客搜索功能搜索感兴趣的话题。

2. 使用微博

以使用新浪微博为例，介绍微博的使用方法。

(1) 开通微博

登录新浪网站(http://www.sina.com)，单击导航栏上的"微博"，进入新浪微博主页(或者直接键入网址 http://weibo.com/)，如图 4-71 所示。单击"立即注册微博"按钮，进入

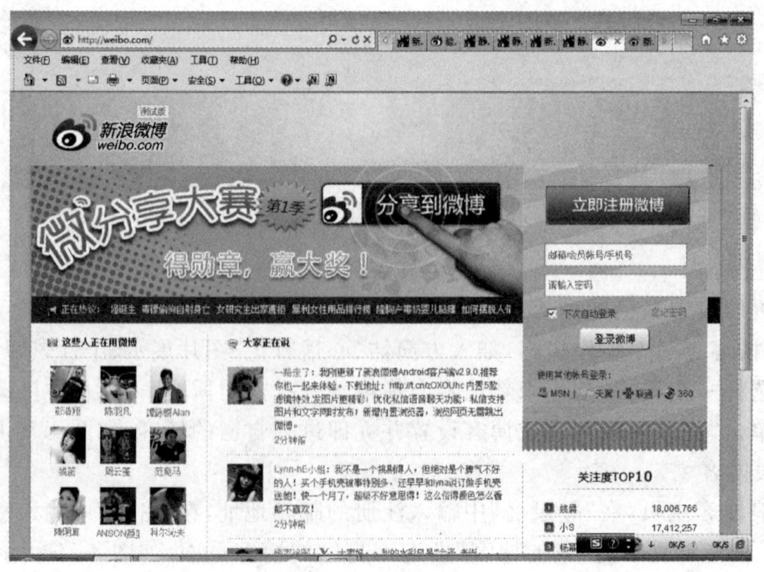

图 4-71　新浪微博主页

注册新浪微博页面，如图 4-72 所示，输入自己已经注册过的邮箱地址和密码，给自己起一个昵称，单击“立即开通”按钮。接下来新浪要给你的邮箱发送一封确认信，登录自己的邮箱，按提示单击一个超链接即可激活自己的微博账号完成注册，如图 4-72 所示。

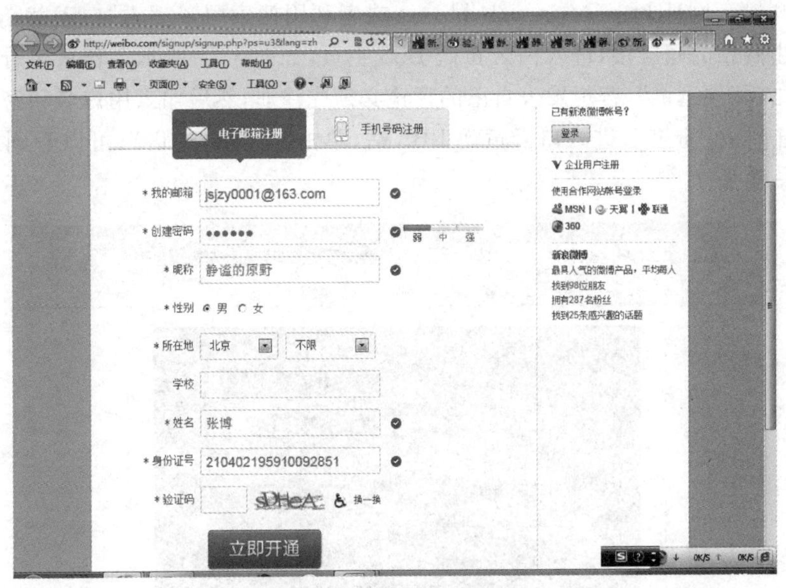

图 4-72　注册新浪微博

(2) 设置微博

激活账号后，新浪会给你推荐一些热门微博，你可以对感兴趣的微博“加关注”，也可以在新浪微博中根据邮箱地址或学校名称或公司名称找到同学或朋友，看看他们谁在玩微博。接下来进入自己的微博页面，在自己的微博页面的“账号”中可以对页面的风格做进一步设置。

(3) 发表微博

登录新浪微博主页，在“会员账号或手机号”中输入注册的邮箱地址，在“请输入密码”文本框中输入密码，单击“登录微博”按钮。登录成功后单击“我的微博”即进入自己的微博页面，如图 4-73 所示，在“有什么新鲜事想告诉大家”中输入博文，单击“发布”按钮可以发表微博。

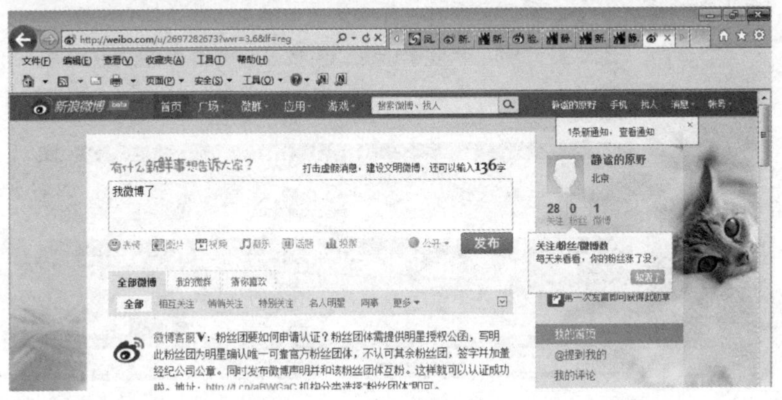

图 4-73　发表微博

3. 使用 BBS

以使用白云黄鹤 BBS 为例，说明 BBS 使用方法。

(1) 登录白云黄鹤 BBS

在地址栏输入网址 http://www.byhh.net 或者利用搜索引擎搜索“白云黄鹤 BBS”，在搜索结果中单击网站的超链接，进入白云黄鹤 BBS 主页，如图 4-74 所示。若只想看别人的讨论内容可以单击“随便逛逛”，若想发表自己的评论必须先注册，然后输入用户名和密码登录。

(2) 单击“随便逛逛”，进入白云黄鹤 BBS 站，单击“分类讨论区”，可以看到站上的讨论分区，如图 4-75 所示。

图 4-74　白云黄鹤 BBS 主页

图 4-75　白云黄鹤 BBS 的分类讨论区

（3）单击一个讨论分区，如“绿茵场”，进入该讨论区，可以查看别人的评论，若是注册用户，也可以发表评论。

4. 使用 QQ 空间

（1）开通 QQ 空间

打开腾讯主页（http://www.qq.com/），单击“QQ 空间”，进入 QQ 空间注册登录界面，如图 4-76 所示。单击“开通空间”，在随后出现的如图 4-77 所示的界面中输入已经注册的 QQ 账号，单击“登录”按钮，进入 QQ 空间，如图 4-78 所示。如果还没注册就先注册后登录。

（2）设置 QQ 空间

用户还可以根据自己的喜爱设定空间的整体风格、背景音乐、小挂件、个性化设置等，从而使每个空间都有自己的特色。单击“空间装扮”按钮，即可装扮自己的空间。

图 4-76　QQ 空间登录界面

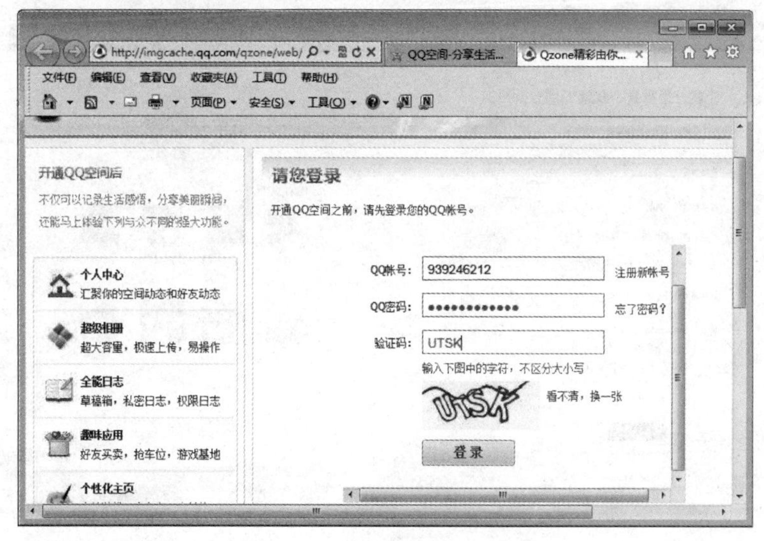

图 4-77　登录 QQ 账号

图 4-78　进入自己的 QQ 空间

(3) 使用 QQ 空间

在 QQ 空间上可以书写日记,上传自己的图片,听音乐,写心情。通过多种方式展现自己。

5. 使用开心网

(1) 开通开心网

打开开心网主页(http://www.kaixin001.com/),单击“立即注册”开始注册,如图 4-79 所示,按照要求输入电子邮箱地址、登录密码和个人信息,单击“注册”按钮,接下来开心网要给你的邮箱发送一封确认信,登录自己的邮箱,按提示单击一个超链接即可激活自己的账号完成注册。

图 4-79　在开心网注册

(2) 完善材料

第一步要填写自己的学校名称或工作单位名称,这样可以快速找到同学、同事或朋友。第二步是上传头像,上传自己的头像,以便别人认出你。

(3) 使用开心网

开心网上具有上传照片、写日记、写记录、发微博、建立圈子、送礼品、团购、玩游戏、看电影、读书等功能,这些功能都可以与同学朋友共享,如图 4-80 所示。

图 4-80　开心网

三、实验任务

1. 在新浪网注册一个博客账户,并发表一篇博客。
2. 在新浪网注册一个微博账户,并发表一条微博。
3. 登录自己学校的 BBS,参与一个主题的讨论。
4. 在腾讯网注册一个账号,并开通 QQ 空间,在自己的 QQ 空间中上传图片、发表博客。
5. 在开心网注册一个账号,查找自己的同学,并利用开心网提供的多种功能与同学交流。

四、思考题

1. 总结使用博客、微博、BBS 以及社交网络的共同规律是什么?
2. 微博和博客有何区别?

第5章 计算机信息安全

实验环境

1. 中文 Windows 7 操作系统、IE 8.0 浏览器、Windows 任务管理器
2. 360 杀毒 V 3.0 正式版
3. 360 安全卫士 V 8.6 正式版

实验1　360杀毒软件的使用

一、实验目的

1. 了解 360 杀毒软件
2. 下载 360 杀毒 V 3.0 正式版
3. 安装 360 杀毒 V 3.0 正式版
4. 对 360 杀毒软件进行设置
5. 使用 360 杀毒软件进行全盘杀毒

二、案例

1. 360 杀毒软件简介

360 杀毒是 360 安全中心出品的一款免费的云安全杀毒软件。具有查杀率高、资源占用少、升级迅速等优点。同时,360 杀毒可以与其他杀毒软件共存,是一个理想杀毒备选方案。360 杀毒是一款一次性通过 VB100 认证的国产杀软。

2. 下载安装 360 杀毒

打开浏览器,在地址栏输入网址 http://www.360.cn,进入 360 安全中心官方网站首页,如图 5-1 所示。单击 360 杀毒 V 3.0 正式版下的"下载",将安装文件保存到本地硬盘。

3. 安装 360 杀毒 V 3.0 正式版

(1) 双击 360sd_se_3.0.0.3031L 安装文件,弹出 360 杀毒正式版安装界面,如图 5-2 所示。选择安装路径,勾选"我已阅读并同意",单击"下一步"。

(2) 勾选"安装 360 安全卫士",如图 5-3 所示,单击"下一步"。

(3) 等待软件安装完毕,进入 360 杀毒主界面,如图 5-4 所示。

4. 对 360 杀毒软件进行设置

(1) 在 360 杀毒主界面中单击"设置",弹出"设置"对话框,如图 5-4 所示。在"常规设

图 5-1 360 安全中心主页

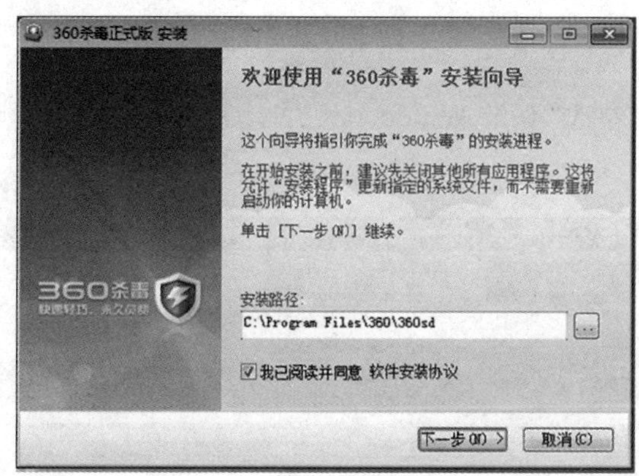

图 5-2 360 安全卫士安装欢迎界面

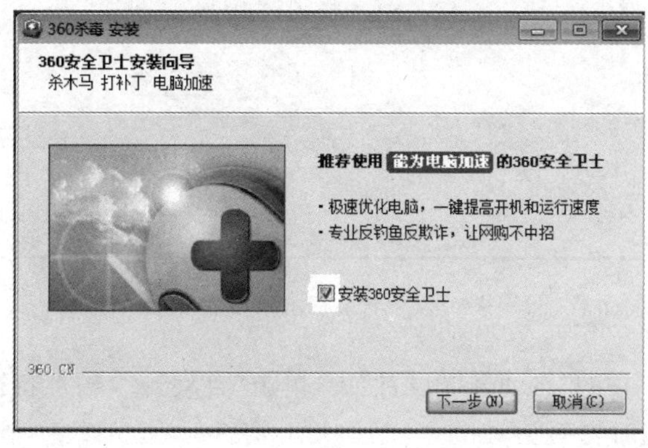

图 5-3 360 安全卫士安装向导

图 5-4　360 杀毒主界面

置”栏的“常规选项”中，勾选“登录 Windows 后自动启动”，如图 5-5 所示，保证操作系统能够受到杀毒软件的保护。

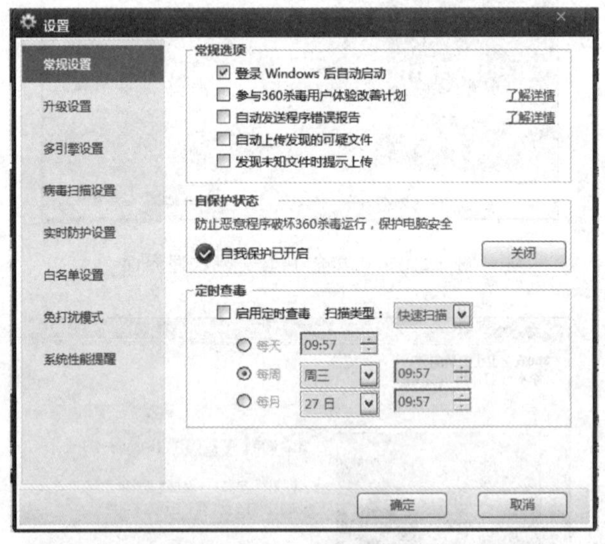

图 5-5　360 杀毒常规设置界面

（2）在“升级设置”栏的“自动升级设置”中，单击“自动升级病毒特征库及程序”，如图 5-6 所示，保证病毒库的随时更新。

5. 使用 360 杀毒软件进行全盘杀毒

在 360 杀毒主界面中单击“全盘扫描”，进入杀毒界面，如图 5-7 所示。等待扫描结果，如图 5-8 所示。

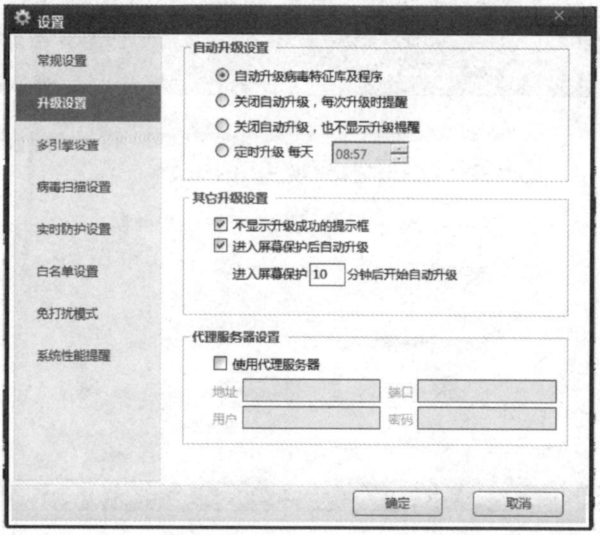

图 5-6　360 杀毒升级设置界面

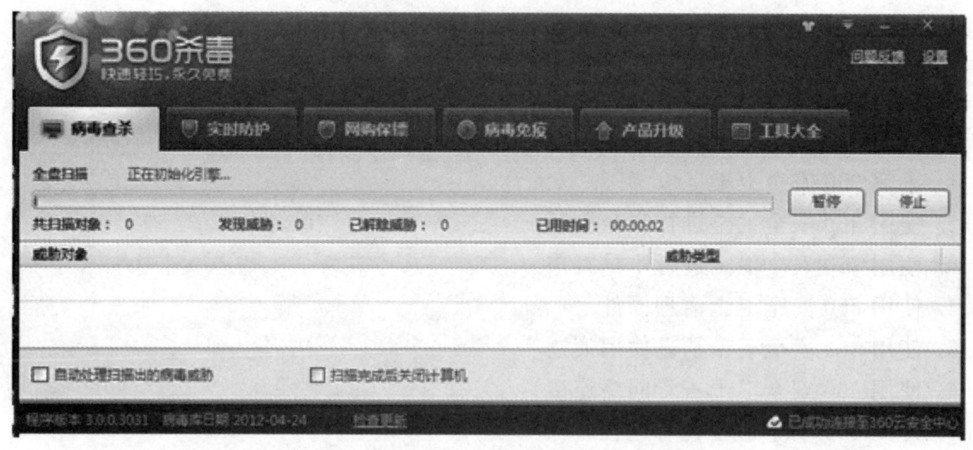

图 5-7　360 杀毒全盘扫描界面

三、实验任务

1. 下载 360 杀毒 V 3.0 正式版并进行安装。
2. 设置自动升级,开机自动启动。
3. 手工使用 360 杀毒进行全盘杀毒。

四、思考题

1. 病毒库多长时间更新一次比较合适?
2. 还有哪些杀毒软件可以选择?

图 5-8　360 杀毒扫描结果

实验 2　360 安全卫士的使用

一、实验目的

1. 了解 360 安全卫士
2. 使用 360 安全卫士进行安全更新
3. 使用 360 安全卫士进行木马查杀
4. 使用 360 安全卫士清理插件
5. 使用 360 安全卫士清理使用痕迹
6. 使用 360 安全卫士查看网络连接
7. 使用 360 安全卫士查看进程

二、案例

1. 360 安全卫士简介

360 安全卫士是北京奇虎科技有限公司推出的一款永久免费杀毒防毒软件。拥有查杀木马、清理插件、修复漏洞、电脑体检、清理垃圾等多种常用功能，并具有“木马防火墙”功能，依靠抢先侦测和 360 安全中心云端鉴别，可全面、智能地拦截各类木马，保护用户的账号、隐私等重要信息。

2. 使用 360 安全卫士进行安全更新

打开 360 安全卫士主界面，单击“修复漏洞”，进入修复漏洞界面，如图 5-9 所示。360 安全卫士可以为系统修复高危漏洞，并进行功能性更新，扫描范围包括操作系统以及多种软件，如 Microsoft Office、Adobe Flash 等。程序自动扫描存在的漏洞，并列出需要更新的补丁。勾选需要安装的补丁，单击“立即修复”。

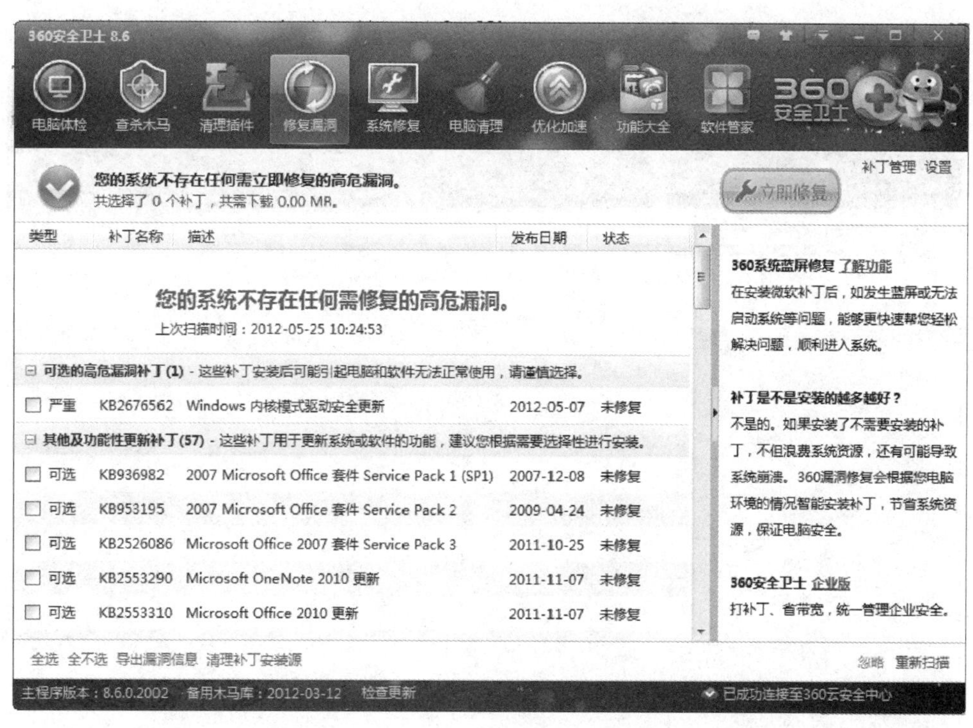

图 5-9　360 安全卫士修复漏洞界面

3. 使用 360 安全卫士进行木马查杀

(1) 打开 360 安全卫士主界面，单击“木马查杀”，进入木马查杀界面，如图 5-10 所示。

图 5-10　360 安全卫士查杀木马界面

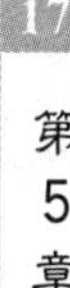

(2) 单击“快速扫描”，等待程序对系统进行扫描，如图 5-11 所示。

图 5-11　360 安全卫士木马扫描界面

(3) 待扫描结果弹出后，勾选需要处理的内容，单击“立即处理”，如图 5-12 所示。处理完毕后重启系统完成修复。

图 5-12　360 安全卫士木马扫描结果

4. 使用360安全卫士清理插件

(1) 打开360安全卫士主界面，单击“清理插件”，进入“清理插件”界面，单击“开始扫描”，如图5-13所示。

图5-13　360安全卫士清理插件界面

(2) 等待扫描完毕后，勾选需要清理的插件，单击“立即清理”，如图5-14所示。

图5-14　360安全卫士插件扫描结果

5. 使用360安全卫士清理使用痕迹

打开360安全卫士主界面，单击“电脑清理”，进入电脑清理界面，勾选“使用电脑和上网产生的痕迹”，单击“一键清理”，如图 5-15 所示。

图 5-15　360 安全卫士电脑清理界面

6. 使用 360 安全卫士查看网络连接

打开 360 安全卫士主界面，单击“功能大全”，在“网络优化”部分单击“流量防火墙”图标；或右击任务栏 360 安全卫士图标，单击“流量防火墙”，进入 360 流量防火墙界面，如图 5-16 所示。可以查看正在连接网络的程序。

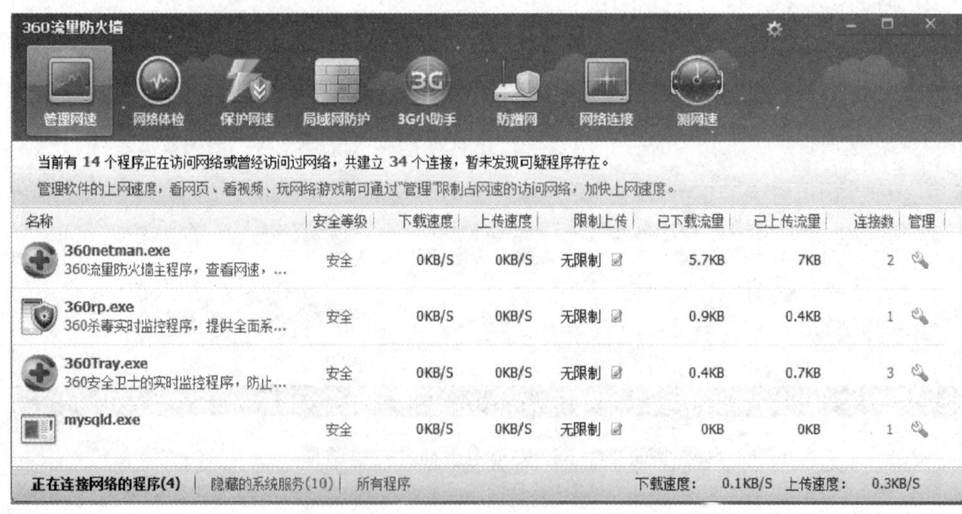

图 5-16　360 安全卫士流量防火墙界面

7. 使用360安全卫士查看进程

打开360安全卫士主界面，单击“功能大全”，如图5-17。在“电脑优化”部分单击“进程管理器”图标，如图5-18所示，可以查看正在运行的程序。

360安全卫士 8.6
电脑体检
查杀木马
清理插件
修复漏洞
系统修复
电脑清理
优化加速
功能大全
软件管家
360安全卫士
全部(53)
新功能推荐(9)
热度推荐(8)
电脑优化(15)
网络优化(7)
360安全产品(14)
搜索应用
手机体检
热度推荐
开机加速
强力卸载软件
360性能体检
游戏优化器
默认软件设置
360电脑专家
360压缩
360硬件大师
电脑优化
进程管理器
系统服务状态
C盘搬家
文件粉碎机
系统防黑加固
文件恢复
360健康精灵
360眼睛卫士
主程序版本：8.6.0.2002 备用木马库：2012-05-23 正在升级备用木马库 67%
已成功连接至360云安全中心

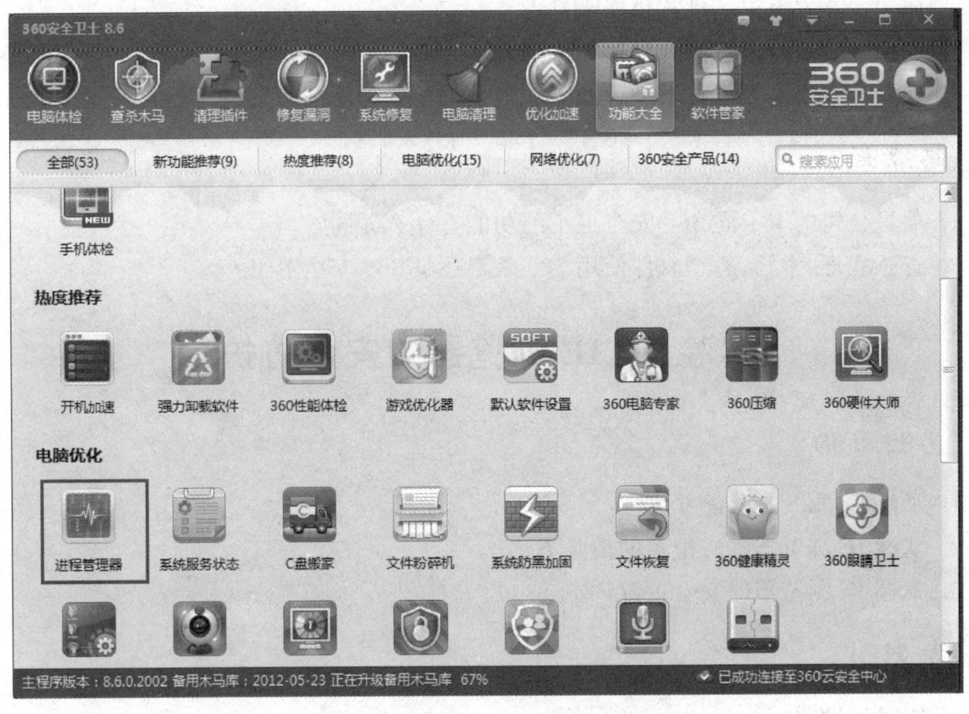

图5-17　360安全卫士功能大全界面

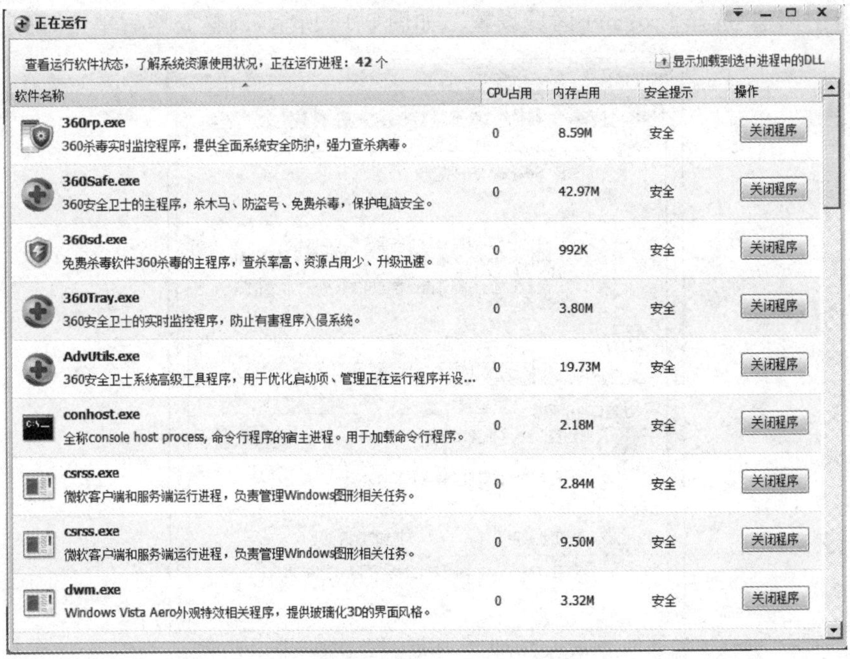

正在运行
查看运行软件状态，了解系统资源使用状况，正在运行进程：42个
显示加载到选中进程中的DLL
软件名称
CPU占用
内存占用
安全提示
操作
360rp.exe
360杀毒实时监控程序，提供全面系统安全防护，强力查杀病毒。
0
8.59M
安全
关闭程序
360Safe.exe
360安全卫士的主程序，杀木马、防盗号、免费杀毒，保护电脑安全。
0
42.97M
安全
关闭程序
360sd.exe
免费杀毒软件360杀毒的主程序，查杀率高、资源占用少、升级迅速。
0
992K
安全
关闭程序
360Tray.exe
360安全卫士的实时监控程序，防止有害程序入侵系统。
0
3.80M
安全
关闭程序
AdvUtils.exe
360安全卫士系统高级工具程序，用于优化启动项、管理正在运行程序并设...
0
19.73M
安全
关闭程序
conhost.exe
全称console host process，命令行程序的宿主进程。用于加载命令行程序。
0
2.18M
安全
关闭程序
csrss.exe
微软客户端和服务端运行进程，负责管理Windows图形相关任务。
0
2.84M
安全
关闭程序
csrss.exe
微软客户端和服务端运行进程，负责管理Windows图形相关任务。
0
9.50M
安全
关闭程序
dwm.exe
Windows Vista Aero外观特效相关程序，提供玻璃化3D的界面风格。
0
3.32M
安全
关闭程序

图5-18　360安全卫士进程管理器界面

三、实验任务

1. 使用 360 安全卫士检查 Windows 及其他软件的漏洞并进行安全更新。
2. 使用 360 安全卫士进行快速木马查杀。
3. 使用 360 安全卫士清理插件和上网痕迹。
4. 使用 360 安全卫士查看进程和正在连接网络的程序。

四、思考题

1. 瑞星公司的卡卡同 360 安全卫士的功能有什么异同?
2. 查杀病毒、木马、恶意软件使用 360 杀毒还是 360 安全卫士?

实验 3　IE 浏览器的安全防护

一、实验目的

1. 了解 Cookie 的设置方法
2. 掌握 IE 浏览器临时记录的清除方法
3. 掌握 IE 浏览器的安全设置

二、案例

1. Cookie 设置

打开 IE 浏览器,执行"工具"→"Internet 选项"命令,打开"Internet 选项"对话框,在"隐私"选项卡中调整"选择 Internet 区域设置",如图 5-19 所示,调整完毕后单击"确定"按钮。

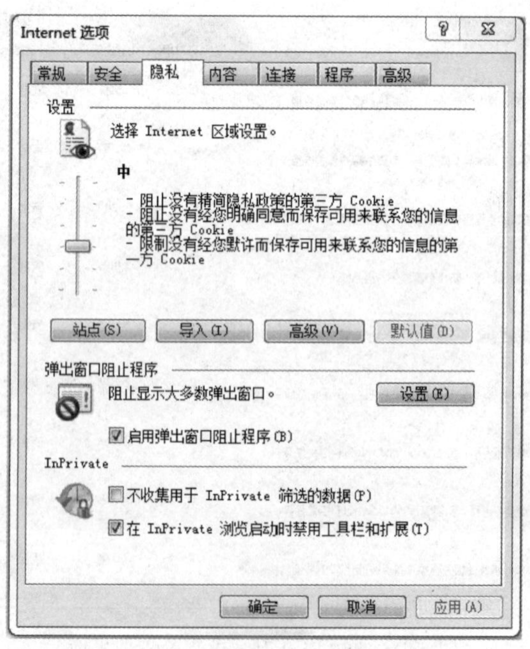

图 5-19　IE 浏览器隐私设置

2. 清除 IE 的临时记录

打开 IE 浏览器，执行“安全”→“删除浏览的历史记录”命令，打开“删除浏览的历史记录”对话框，勾选“Internet 临时文件”、Cookie、“历史记录”、“表单数据”、“密码”，如图 5-20 所示，单击“删除”按钮。

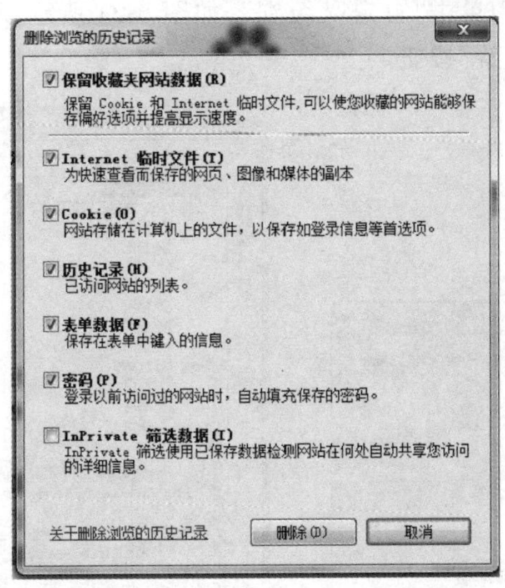

图 5-20 IE 浏览器删除历史记录界面

3. 自动完成设置

打开 IE 浏览器，执行“工具”→“Internet 选项”命令，打开“Internet 选项”对话框，选择“内容”选项卡，如图 5-21 所示，在“自动完成”部分单击“设置”按钮，弹出如图 5-22 所示对话框。在“自动完成功能应用于”区域选择相应选项，单击“删除自动完成历史记录”按钮，单击“确定”完成设置。

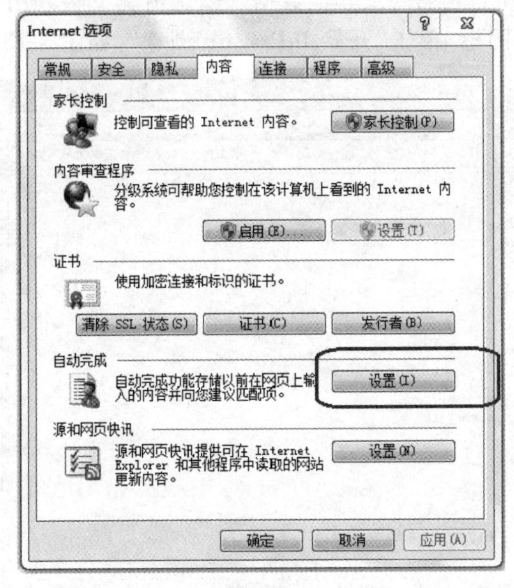

图 5-21 IE 浏览器“内容”选项卡

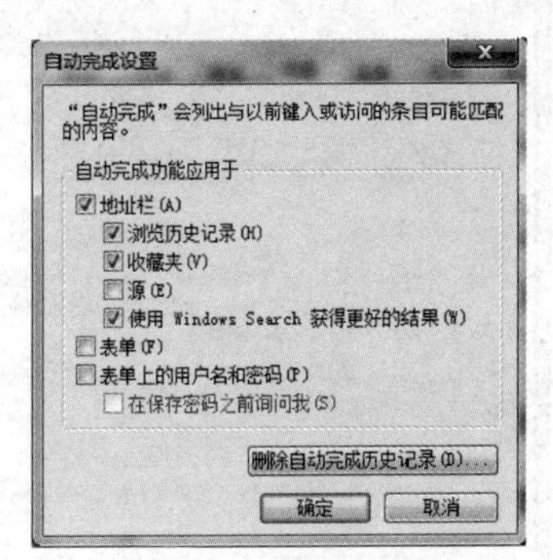

图 5-22 IE 浏览器自动完成设置

4. 对 IE 浏览器进行安全设置

(1) 打开 IE 浏览器,执行"工具"→"Internet 选项"命令,打开"Internet 选项"对话框,在"安全"选项卡中单击"可信站点"→"站点",如图 5-23。检查网站列表中的网址,确认每一个网址都是可信任的。若发现陌生网址,选中该网址后单击"删除"按钮。

(2) 在"安全"选项卡中单击"自定义级别",如图 5-24 所示,将"重置自定义设置"设置为"中-高(默认)",单击"重置"按钮。

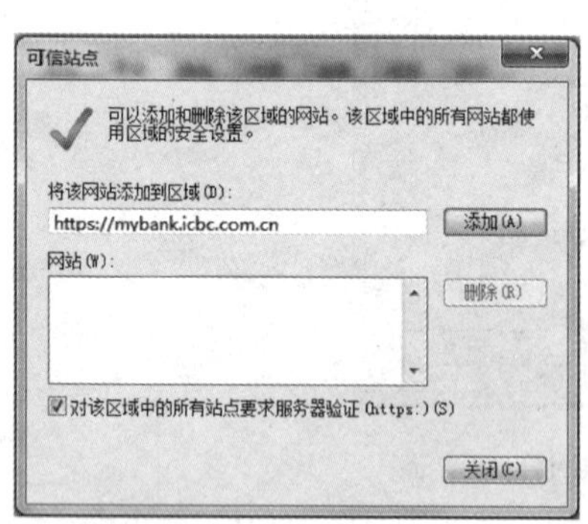

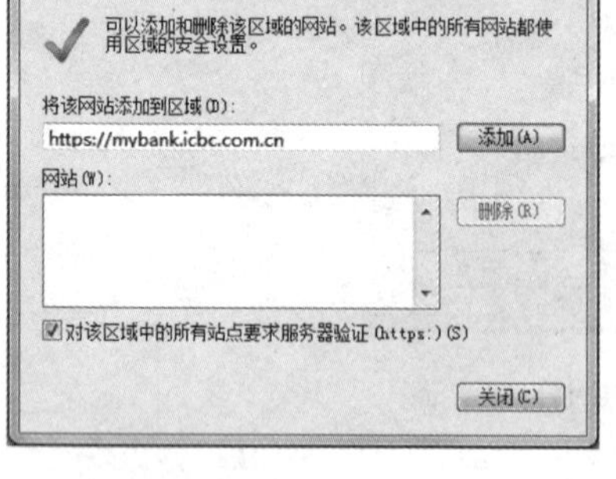

图 5-23 "可信站点"界面

图 5-24 IE 浏览器安全设置——Internet 区域界面

5. 使用 IE 浏览器的"InPrivate 浏览"模式

如果担心上网后留下痕迹被利用,可以使用 IE 浏览器的"InPrivate 浏览"模式。该模式不会留下任何浏览痕迹,"InPrivate 浏览"可阻止 Internet Explorer 存储浏览会话的数据。这包括 Cookie、Internet 临时文件、历史记录以及其他数据。默认情况下将禁用工具栏和扩展。启动方法为右键单击 IE 浏览器图标,单击"开始 InPrivate 浏览",如图 5-25 所示。

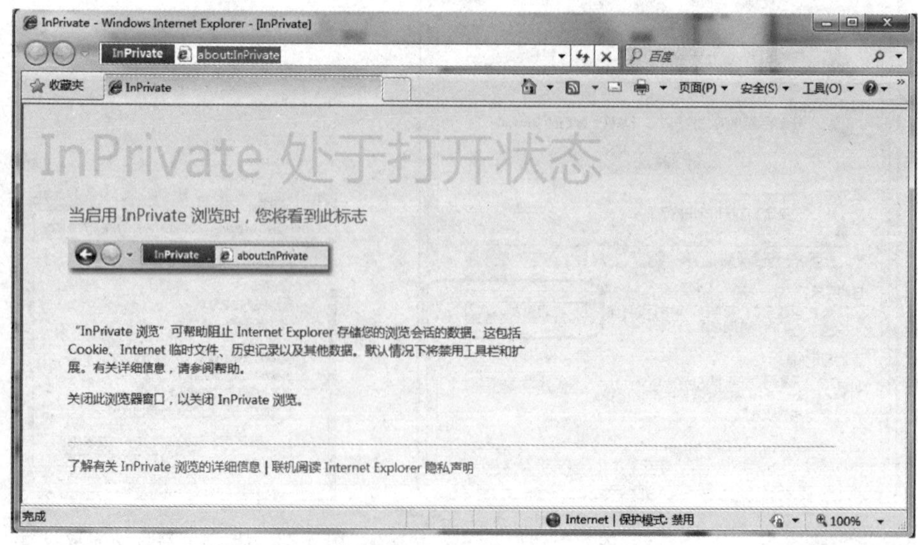

图 5-25 IE 浏览器 InPrivate 浏览界面

三、实验内容

1. 将 Internet 区域设置调整为“中上”,阻止没有经过默许的第一方 Cookie。
2. 清除 IE 浏览器的所有上网记录。
3. 对 IE 浏览器进行安全性设置。
4. 使用 IE 浏览器的 InPrivate 模式进行一次网上购物。

四、思考题

1. IE 浏览器安全设置有何必要?
2. 如不进行 IE 浏览器安全设置会造成什么后果?

第6章 多媒体制作

实 验 环 境

1. 中文 Windows 7 操作系统
2. Photoshop CS 5 应用软件
3. Adobe Audition V 3.0 应用软件
4. Pinnacle Studio 15 应用软件

实验1 使用 Photoshop 制作照片

一、实验目的

1. 了解 Photoshop CS 5 软件
2. 学会使用 Photoshop CS 5 制作用于准考证上的证件照

二、案例

1. Photoshop CS 5 软件介绍

Photoshop 是 Adobe 公司旗下最为出名的图像处理软件之一，集图像扫描、编辑修改、图像制作、广告创意，图像输入与输出于一体的图形图像处理软件，深受广大平面设计人员和电脑美术爱好者的喜爱。

Adobe 公司用于广告设计与制作的产品包括：Adobe Photoshop、Adobe Illustrator、Adobe PageMaker 和 Adobe Acrobat、Adobe FrameMaker 等软件，目前在报纸、杂志、书籍和 Web 上的大多数图像都是用一个或多个 Adobe 产品来设计和制作的。使用 Adobe 的软件，用户可以设计、出版和制作具有精彩视觉效果的图像和文件。

Adobe Photoshop CS 5 是电影、视频和多媒体领域的专业人士，使用 3D 和动画的图形和 Web 设计人员以及工程和科学领域的专业人士的理想选择。其功能有诸如支持宽屏显示器的新式版面、占用面积更小的工具栏、多张照片自动生成全景、灵活的黑白转换、更易调节的选择工具、智能的滤镜、改进的消失点特性、更好的 32 位 HDR 图像支持等。

2. 设置 Photoshop CS 5 的相关参数

(1) 运行 Photoshop CS 5 软件，界面如图 6-1 所示。

(2) 单击导航栏的“编辑”按钮，选择“首选项”，在打开的如图 6-2 所示对话框中，选择“参考线、网格和切片”，设置“网格间隔”为 10，单位为“百分比”，“子网格”为 1，单击“确定”按钮。

图 6-1　Photoshop CS 5 运行界面

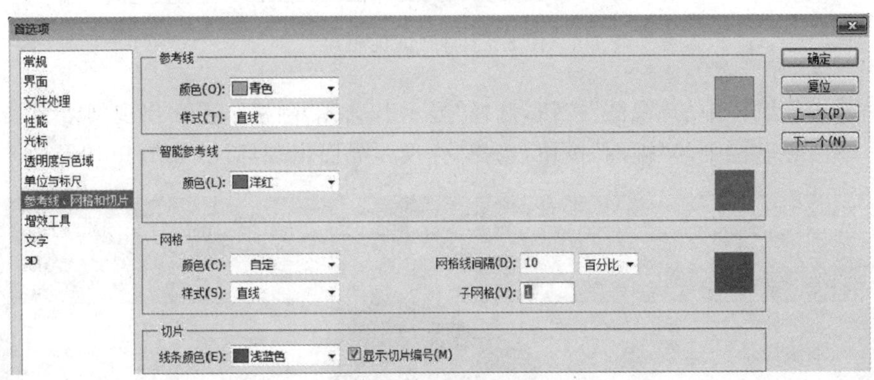

图 6-2　设置参考线、网格和切片

(3) 单击导航栏的“编辑”按钮，选择“首选项”，选择“单位和标尺”，设置“标尺”为“像素”，如图 6-3 所示，单击“确定”按钮。

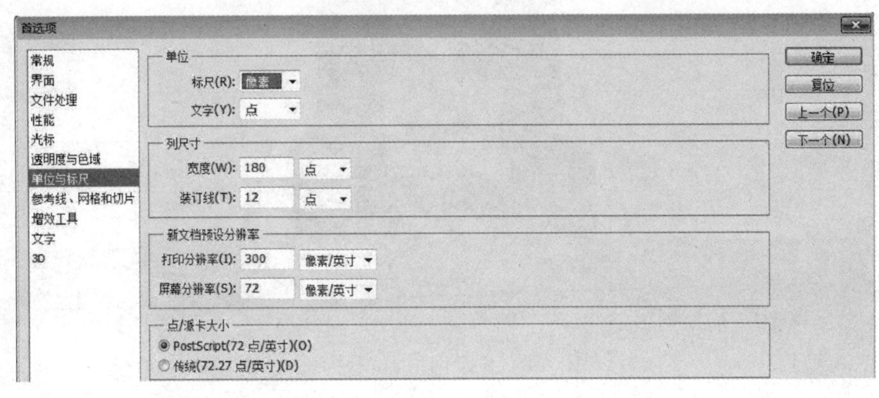

图 6-3　设置单位和标尺

3. 使用 Photoshop CS 5 制作证件照

(1) 参数设置完成后，打开准备好的证件照图片，如图 6-4 所示。

图 6-4　打开证件照片

(2) 单击导航栏中的“视图”按钮，选择“显示”，选择“网格”，界面出现网格。

(3) 单击导航栏中的“视图”按钮，选择“标尺”，界面出现标尺，如图 6-5 所示。

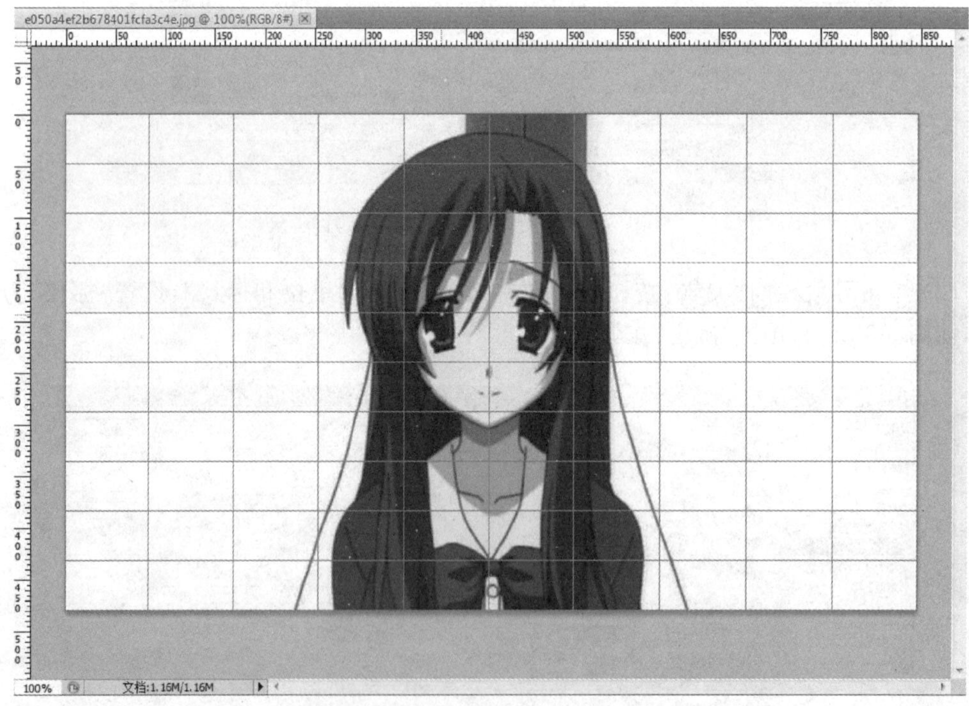

图 6-5　显示网格、显示标尺

(4) 选择左侧工具栏中的“剪裁”按钮，如图 6-6 所示。页面顶部出现“剪裁”工具栏，在工具栏中输入 1 寸照的标准宽度（宽：295px，高：413px），输入分辨率，如图 6-7 所示。

(5) 单击需要剪裁的图片，可以看到剪裁窗口出现固定的宽高比例，拖动剪裁区域至图片中心位置，如图 6-8 所示。

图 6-6　选择剪裁按钮

图 6-7　设置剪裁参数

图 6-8　设置剪裁区域

(6) 完成调整后，单击剪裁工具栏中的“√”按钮，如图 6-9 所示。

图 6-9　完成剪裁

4. 保存新的证件照

(1) 单击导航栏中“图像”，选择“图像大小”，输入 1 寸照的照片规格（宽：2.5cm，高：3.5cm），如图 6-10 所示，单击“确定”按钮。

(2) 单击导航栏中“文件”，选择“存储为”，在保存对话框中选择 JPEG 格式，如图 6-11 所示，重命名文件后，单击“保存”按钮，调整 JPEG 格式的品质，如图 6-12 所示，单击“确定”按钮。

(3) 在目标文件夹中可以看到新保存的证件照，如图 6-13 所示。

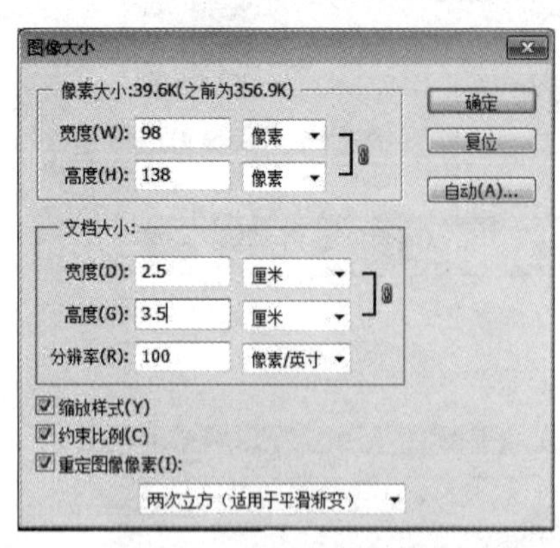

图 6-10 设置图片大小

图 6-11 保存图片为 JPEG 格式

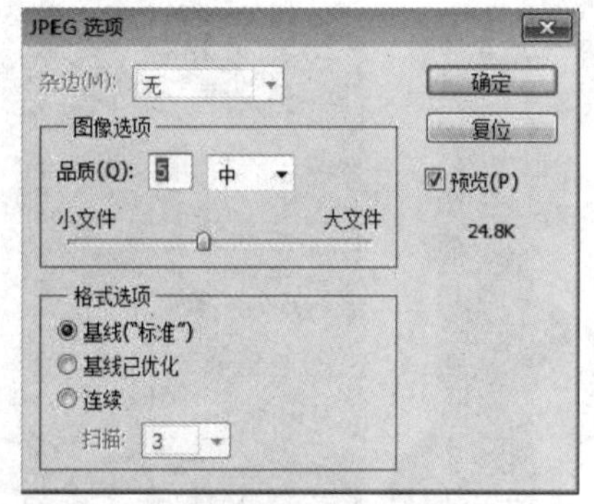

图 6-12 调整图片品质

图 6-13 证件照

三、实验任务

1. 制作一张个人证件照。
2. 调整图片属性。

四、思考题

Photoshop CS 5 与 ACDSee 在图片处理上有什么不同?

实验 2 使用 Adobe Audition 制作音频

一、实验目的

1. 了解 Adobe Audition V 3.0 软件
2. 学会使用 Adobe Audition V 3.0 录制音频
3. 学会利用 Adobe Audition V 3.0 为音频制作混音

4. 学会使用 Adobe Audition V 3.0 进行音频剪切

5. 掌握使用 Adobe Audition V 3.0 进行音频转码

二、案例

1. Adobe Audition V 3.0 软件介绍

Cool Edit Pro 是一个非常出色的数字音乐编辑器和 MP3 制作软件。出品 Cool Edit Pro 的 Syntrillium Software Corporation 卖给了 Adobe 公司，著名的音频编辑软件 Cool Edit Pro 2.1 也随之改名为 Adobe Audition。Adobe 公司接手后对这个软件进行了较大升级，增加了一些功能。Audition 是一款可用于照相室、广播设备和后期制作设备方面工作的音频制作专业软件，可提供先进的音频混合、编辑、控制和效果处理功能。最多混合 128 个声道，可编辑单个音频文件，创建回路并可使用 45 种以上的数字信号处理效果。

2. 在 Adobe Audition V 3.0 中添加音轨

(1) 启动 Adobe Audition V 3.0，单击导航栏中"文件"选项，选择"导入"选项，出现"导入文件选择"的对话框，选择要导入的文件，单击"打开"，如图 6-14 所示。

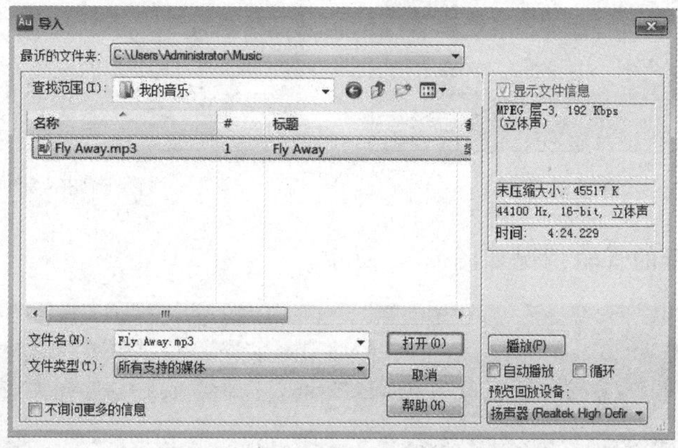

图 6-14 导入文件

(2) 在左侧的导航栏中可以看到导入的文件，在"主群组"中的"音轨 1"位置，单击鼠标右键，在弹出的菜单栏中选择要导入的文件，添加至"音轨 1"中，如图 6-15 所示。

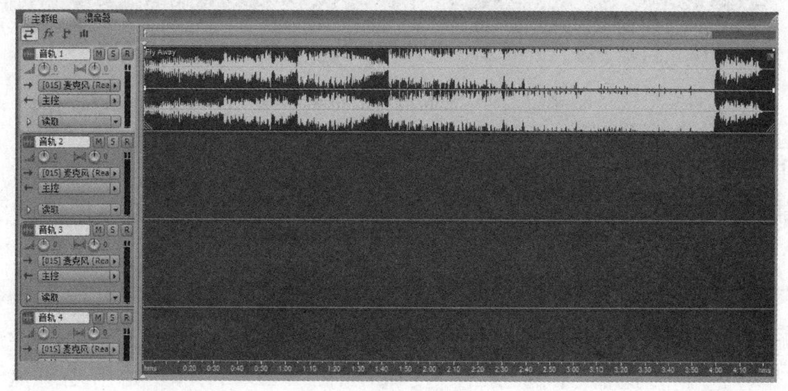

图 6-15 添加文件至音轨

3. 使用 Adobe Audition V 3.0 制作消音伴奏

(1) 单击工具栏中"编辑"选项，如图 6-16 所示，切换至单轨编辑环境中。

(2) 在单轨环境中，单击导航栏中的"编辑"选项卡，选择"选择整个波形"。单击"效果"选项卡，选择"立体声声像"中的"声道重混缩"选项，如图 6-17 所示。

图 6-16　切换工作环境

(3) 在"预计效果"中选择 Vocal Cut，单击"播放/预览"按钮，可以听到消音过后的伴奏效果，拖动白色的箭头，可以即时预览调整后的伴奏效果，如图 6-18 所示。单击"确定"按钮，等待混缩完成。

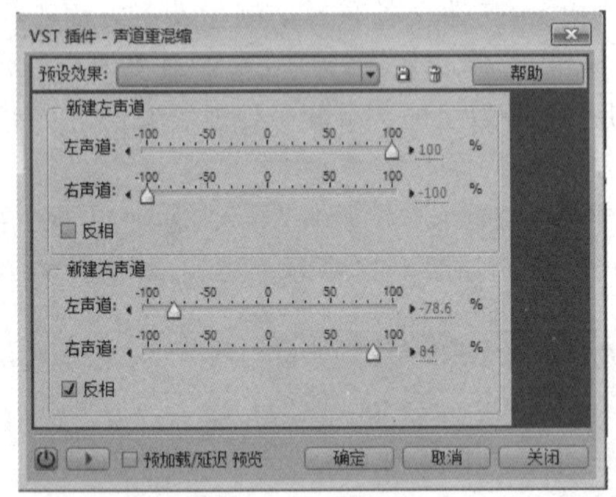

图 6-17　声道重混缩

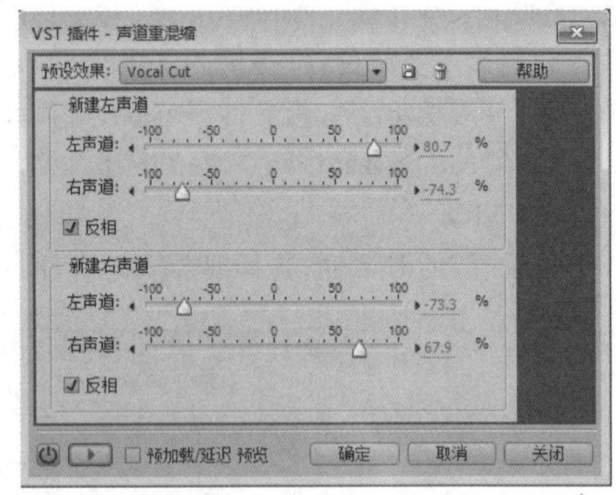

图 6-18　完成消音

(4) 完成的消音的音轨情况如图 6-19 所示。

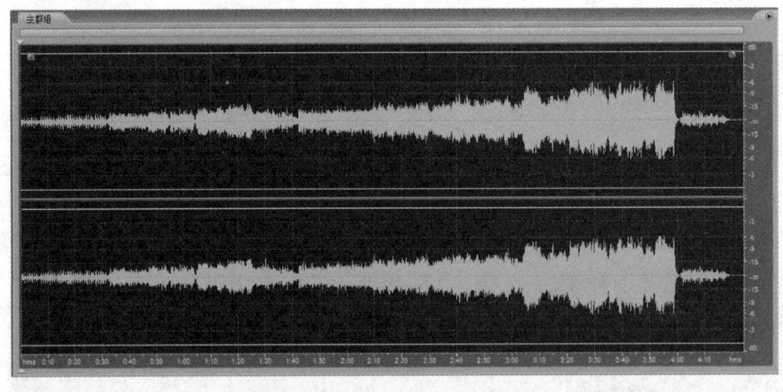

图 6-19　完成消音后的音轨情况

4. 使用 Adobe Audition V 3.0 录制音乐

(1) 单击工具栏中的"多轨"选项，切换至多轨编辑环境中。确认音频硬件设置，如图 6-20 所示。

(2) 在"音轨 2"中，单击"录音备用"按钮，如图 6-21 所示。弹出保存多轨会话的对话框，单击保存后，"录音备用"的按钮变红，该音轨为录制音轨。

(3) 单击左下角"传送器"中的"录音"按钮，如图 6-22 所示，开始用麦克风录制自己的音乐。录制完成后再次单击该按钮即可。

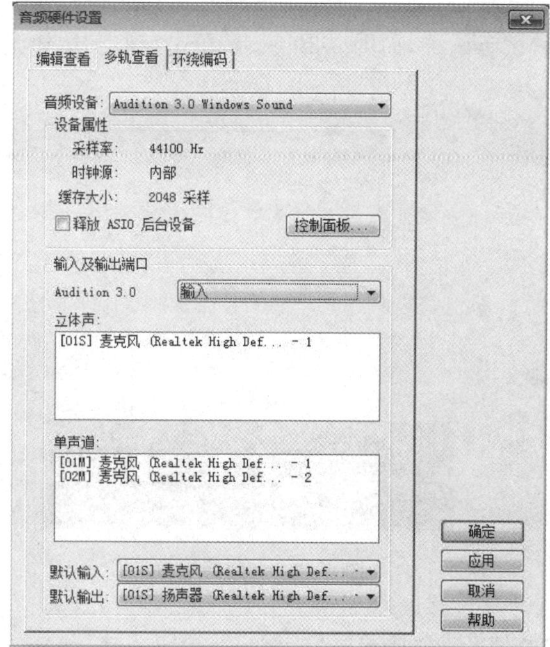

图 6-20　确认音频硬件

图 6-21　选择录制音轨

图 6-22　开始录音

（4）录制完成的音轨情况如图 6-23 所示。单击传送器中的播放按钮可以听到录制好的效果。

（5）单击导航栏中“编辑”按钮，选择“全选”；再次单击“编辑”按钮，选择“合并到新音轨”，选择“所选范围的音频剪辑（立体声）”，生成混缩音轨，如图 6-24 所示。

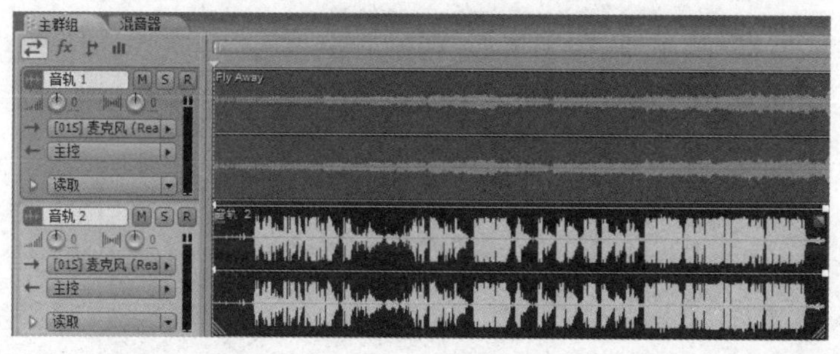

图 6-23　录制完成

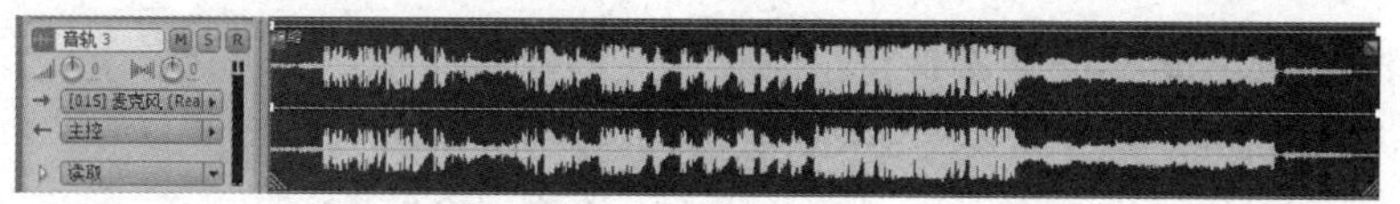

图 6-24　生成混缩音轨

5. 使用 Adobe Audition V 3.0 为音轨降噪

（1）录制一段不含任何有用音频的环境噪音。

（2）单击该音轨，进入单轨工作环境。选择导航栏中的“效果”，选择“修复”，选择“降噪器(进程)”,如图 6-25 所示。

(3) 单击“获取特性”按钮,调整曲线位置,试听效果,如图 6-26 所示,单击“确定”按钮。

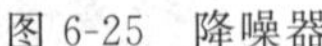

图 6-25 降噪器

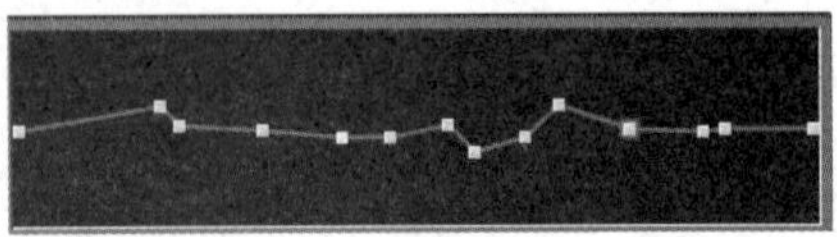

图 6-26 调整降噪效果

(4) 重新选择用于录音的音轨(本例中是音轨 2),选择导航栏中的“效果”,选择“修复”,选择“降噪器(进程)”,单击“获取特性”按钮,如图 6-27 所示,调整好降噪效果后,单击“确定”按钮。

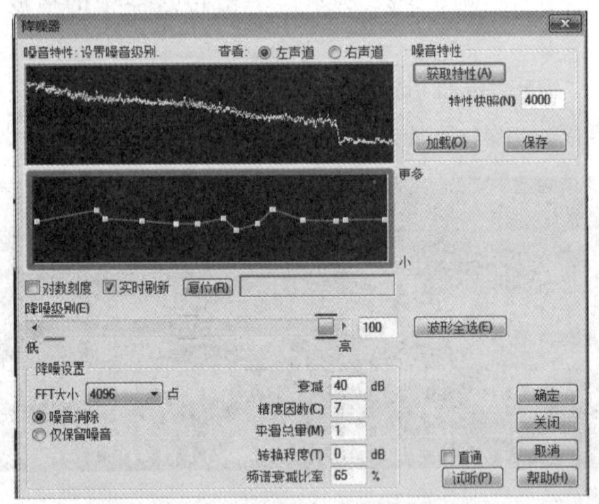

图 6-27 为录制的音轨降噪

6. 使用 Adobe Audition V 3.0 制作混音

(1) 单击“音轨 3”,单击工具栏的“编辑”按钮切换至单轨工作环境,如图 6-28 所示。

(2) 单击导航栏中“效果”按钮,选择“混响”,选择“完美混响”,如图 6-29 所示。在“预设效果”菜单栏中可以选择不同的混响效果,单击“预览”按钮可以试听效果,单击“确定”按钮,完成混音的制作。

(3) 单击导航栏中“文件”选项,选择“另存为”,在弹出的“另存为”对话框中更改文件名,更改文件格式为.mp3 类型,如图 6-30 所示,单击“保存”按钮。

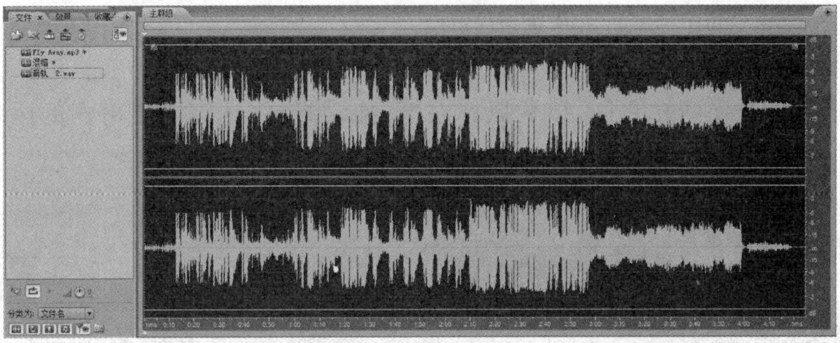

图 6-28　混缩音轨

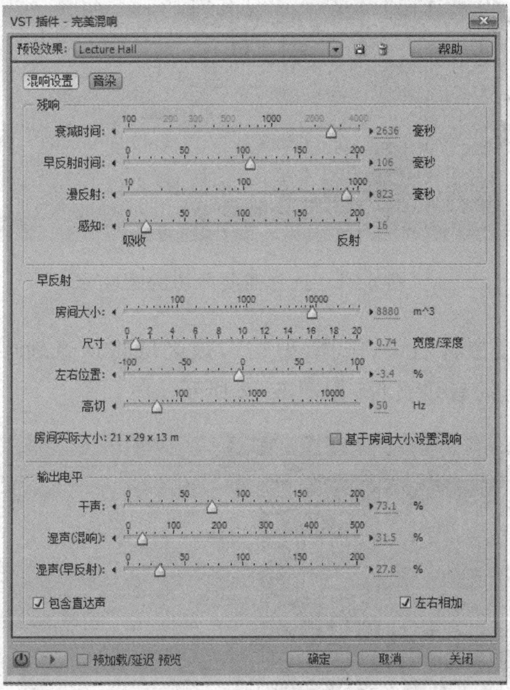

图 6-29　制作混音

图 6-30　保存

7. 使用 Adobe Audition V 3.0 剪切音乐

(1) 导入音乐文件,双击该文件,进入单轨工作模式。

(2) 把光标放置在两轨之间,按住鼠标左键,拖动光标,选定需要剪切的区域,如图 6-31 所示。

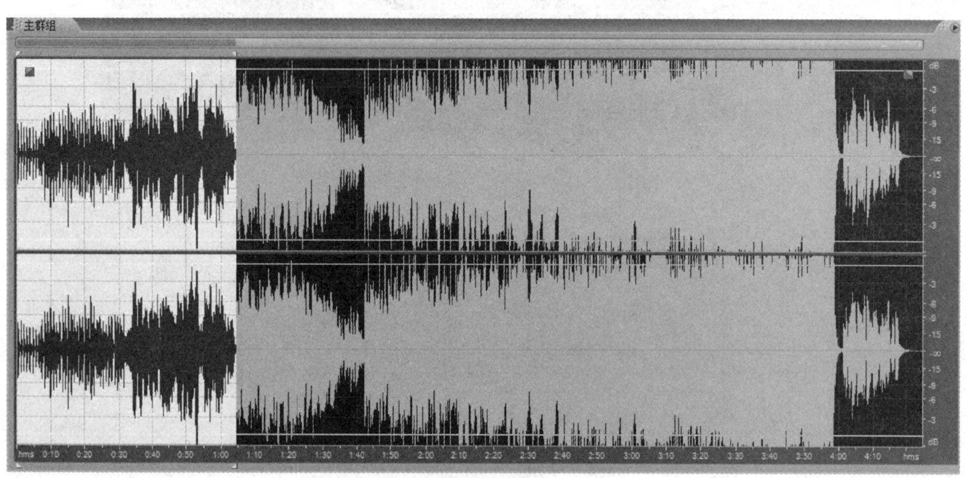

图 6-31　选择需要剪切的区域

(3) 在选择区域单击鼠标右键,选择"剪切",该区域将从音轨中被删除;同一音轨可插入不同的音频,组合成新的音乐文件,如图 6-32 所示。

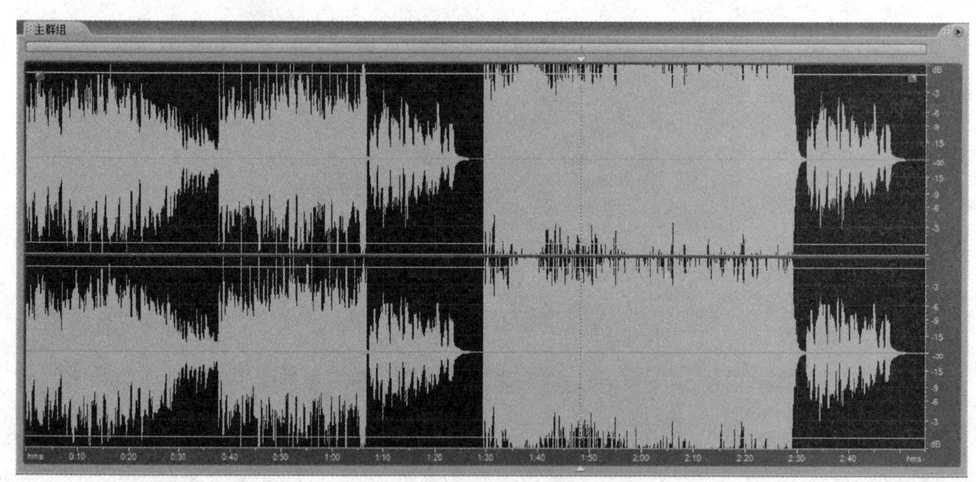

图 6-32　经过剪切粘贴后的新音轨

8. 转换音频文件为 mp3 格式

导入非.mp3 格式的文件,在单轨工作环境下,选择"文件"→"另存为"→"保存类型"选择"mp3PRO?(FhG)"类型文件,单击"选项"按钮,弹出"MP3/mp3PRO? 编码器选项"对话框,如图 6-33 所示,选择相应的比率,如图 6-34 所示,单击"确定"按钮,生成.mp3 格式的文件。

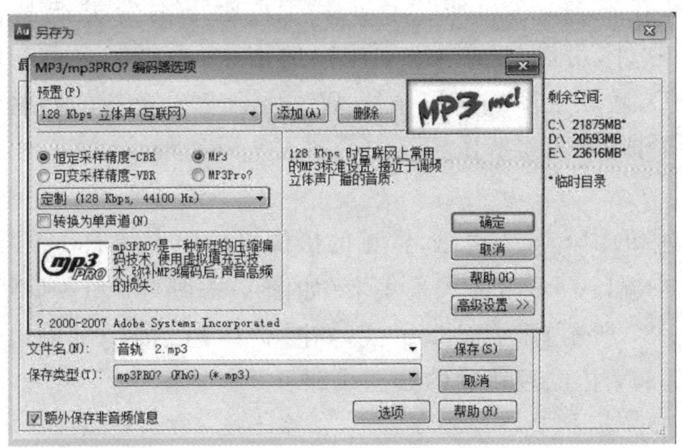

图 6-33 “MP3/mp3PRO? 编码器选项”对话框

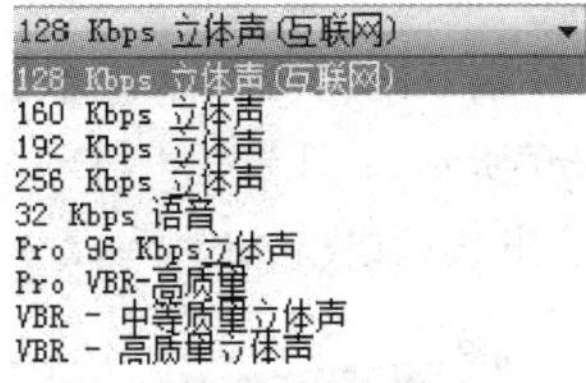

图 6-34 比率选择

三、实验任务

1. 制作消音伴奏。
2. 录制歌曲。
3. 为歌曲制作混音效果。
4. 剪辑一段音乐。
5. 将非.mp3 格式的文件转换成.mp3 格式。

四、思考题

1. 为什么要为音轨进行降噪?
2. 采用多种方法试一试不同的混音效果。

实验 3 使用 Pinnacle Studio 制作视频

一、实验目的

1. 了解 Pinnacle Studio 15 软件
2. 了解如何使用 Pinnacle Studio 15 采集视频
3. 学会利用 Pinnacle Studio 15 制作简单的视频特效

二、案例

1. Pinnacle Studio 15 软件介绍

Pinnacle Studio 是一款具有专业质量的视频编辑软件。Pinnacle Studio 提供了一个专业家庭视频工作室所需要的一切功能，包括一体化的音频/视频同步采集、实时数字视频编辑和 CD、VCD、DVD 制作解决方案。Pinnacle Studio 是针对台式电脑和笔记本的一套完整视频编辑方案，只要将视频素材采集到电脑里，然后使用专业的编辑工具，就可以制作例如场景转换、字幕特效和快慢动作等炫目的电影。

Pinnacle Studio 是 Avid 技术有限公司(纳斯达克：AVID)旗下消费类产品部门 Pinnacle Systems 发布的视频编辑软件，可满足不同级别用户的需求，采用诸多最新的技术，包括支持新的高清格式 AVCHD、微软最新的操作系统 Windows 7 以及新的网络发布功能，此外还有更全面强大的创作工具，方便共享作品。

2. 采集摄像机中的内容

(1) 通过采集卡可以将摄像机中的内容导入电脑，常见的摄像机输出方式有 1394 端口输出，S 端子输出和 AV 输出。1394 端口需要内置式采集卡(如图 6-35 所示)和数据线(如图 6-36 所示)；外置采集卡(如图 6-37 所示)需要 S 端子线(如图 6-38 所示)，AV 输出需要 AV 输出线(如图 6-39 所示)。若是 DV 机则用普通的数据线即可。

图 6-35　1394 内置式采集卡

图 6-36　1394 数据线

图 6-37　外置式采集卡

图 6-38　S 端子线

图 6-39　AV 输出线

(2) 运行 Pinnacle Studio 15 软件，界面如图 6-40 所示。软件会自动搜寻摄像机中已录制的片段，并显示在界面中。

图 6-40　运行界面

(3) 单击工具栏中的“导入”选项，跳转至导入界面，如图 6-41 所示。

图 6-41　采集界面

(4) 选择设备，确定目标文件夹，输入文件名后，单击“开始捕捉”按钮，进行采集。等待页面底端的“已录制”时间完成，单击“停止捕捉”按钮，完成捕捉，如图 6-42 所示。

图 6-42　时间状态栏

(5) 采集完成后，界面出现新的视频信息，如图 6-43 所示。

图 6-43　导入至软件的视频信息

(6) 如果有多个视频文件，则可用鼠标拖动某一文件至视频栏，如图 6-44 所示。单击信息栏右上角的“切换列表”图标可切换到“简易视频列表”。

图 6-44　添加多个视频

3. 为视频制作字幕

(1) 在视频栏中的文字区域(如图 6-45 所示)单击鼠标右键,选择“转到经典标题编辑器”。

图 6-45 为视频添加字幕

(2) 在“经典标题编辑器”中,可以为视频添加标题字幕,设置简单的滚动方向,如图 6-46 所示。

图 6-46 经典标题编辑器

(3) 选择右侧的字体,可以为视频添加标题字幕,可以设置标题的大小、方向等,如图 6-47 所示。

图 6-47 设置标题字幕

(4) 单击“确定”按钮后，回到视频信息页面，可以看到添加的字幕在视频中出现的时间点，如图 6-48 所示。

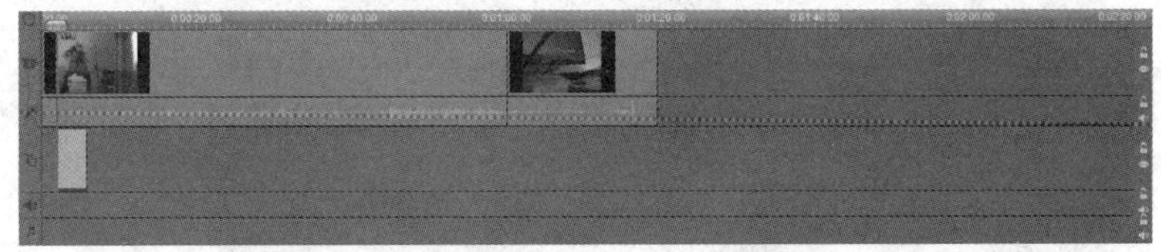

图 6-48　调整字幕出现的时间点

(5) 为开场添加外框效果图，在文字信息处单击鼠标右键，选择“转到运动标题编辑器”，如图 6-49 所示。

图 6-49　运动标题编辑器

(6) 在左侧的工具栏选择“图形”按钮，如图 6-50 所示，为视频添加图形。

图 6-50　为视频添加图形

(7) 调整文本与图形的层。在图片上单击右键，选择“层”，选择“置于下一层”，将文本放置在第一层。调整图片的大小，输入文本的内容。双击“文本”，输入内容，如图 6-51 所示，单击“确定”按钮。

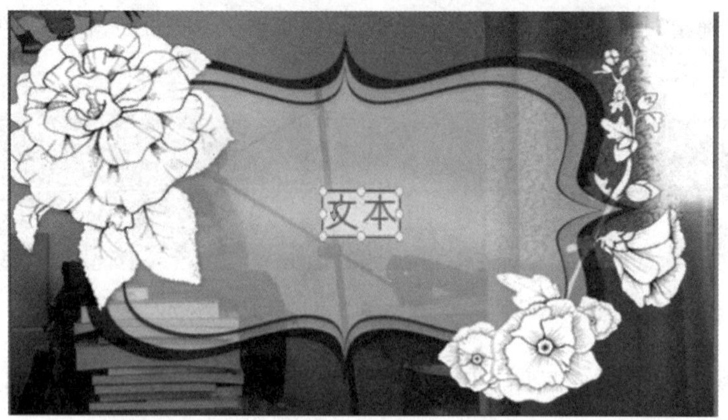

图 6-51　输入文本内容

4. 为视频添加背景音乐

(1) 在页面左侧工具栏中选择“音乐”按钮,如图 6-52 所示。

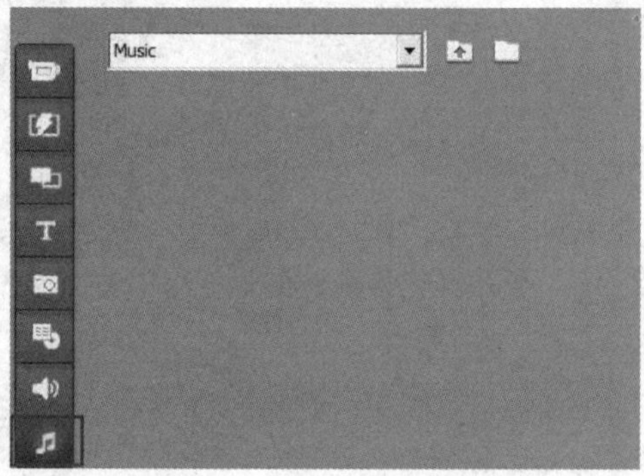

图 6-52　为视频添加音乐

(2) 单击右侧的“打开文件”按钮,弹出音乐地址对话框,选择音乐文件的位置,如图 6-53 所示。

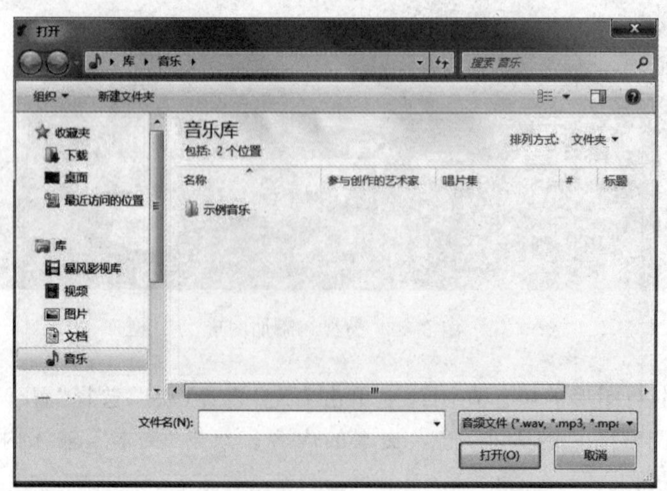

图 6-53　选择文件位置

(3) 打开文件后，文件夹中所有的音乐文件会列在音乐列表中，如图 6-54 所示。选择一个音乐，用鼠标单击后，拖动至视频信息的音乐栏，如图 6-55 所示。

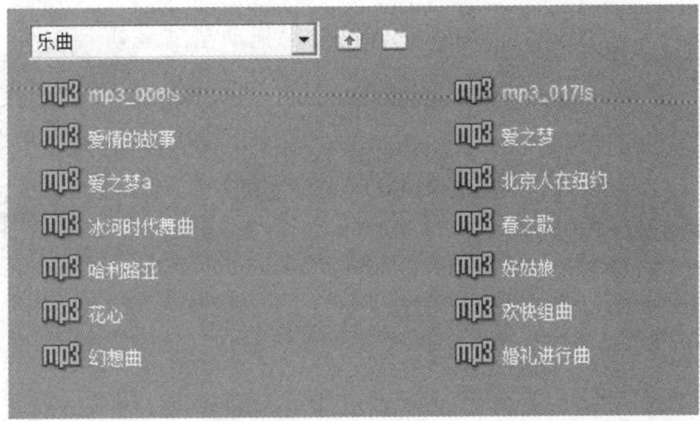

图 6-54　音乐列表

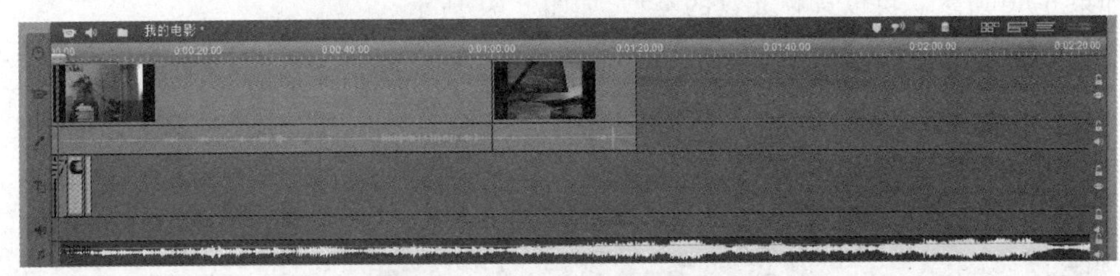

图 6-55　添加至视频信息中

5. 为视频添加过渡效果

(1) 选择左侧工具栏的“效果”按钮，如图 6-56 所示。

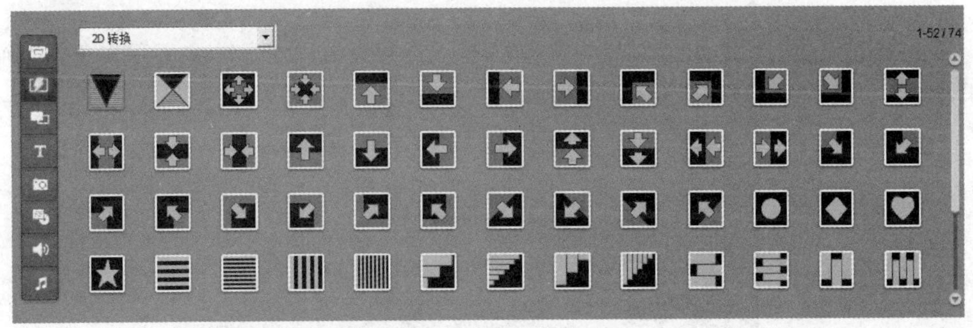

图 6-56　动画效果

(2) 为视频添加过渡效果。对于视频来说，中间的过渡和结尾的闭幕尤为重要，因此选择“淡入或淡出式”作为闭幕效果，如图 6-57 所示，直接将选中的效果拖动至视频栏中。闭幕动画应位于视频的结尾处，如图 6-58 所示。

(3) 根据个人喜好，添加开场动态效果和中间过渡效果，如图 6-59 所示。

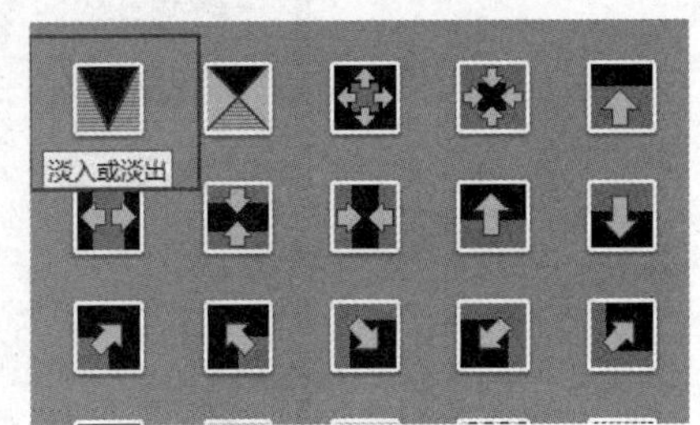

图 6-57　添加闭幕动画

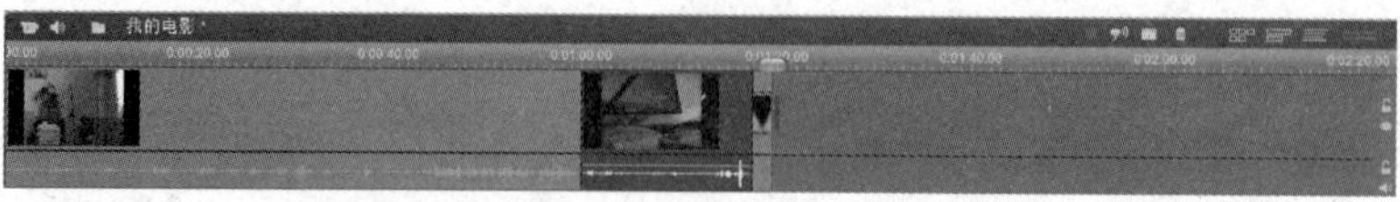

图 6-58　将所选择的效果拖动至结尾处

图 6-59　为视频添加效果

6. 导出视频

(1) 完成视频的制作后,单击“制作电影”按钮,转到导出页面,默认为导出至 DVD 光盘,如果 6-60 所示。可以选择光盘的类型,如图 6-61 所示。

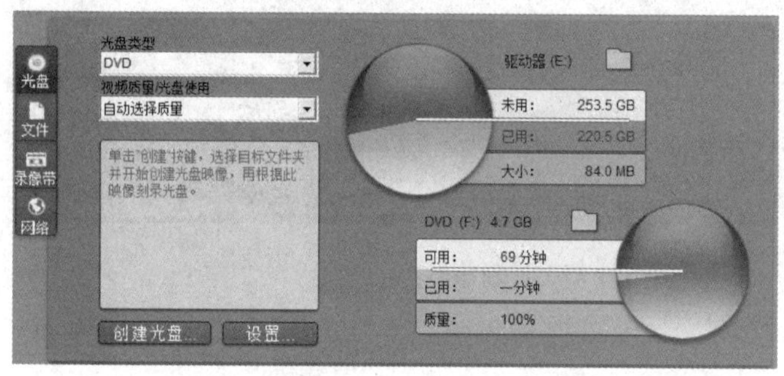

图 6-60　导出视频至 DVD

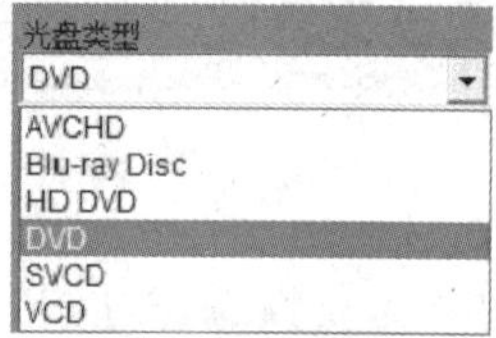

图 6-61　光盘类型选择

(2) 单击“设置”按钮,可以对导出光盘的属性进行设置,如图 6-62 所示。单击“确定”按钮,弹出光驱,放入 DVD 光盘,进行刻录。

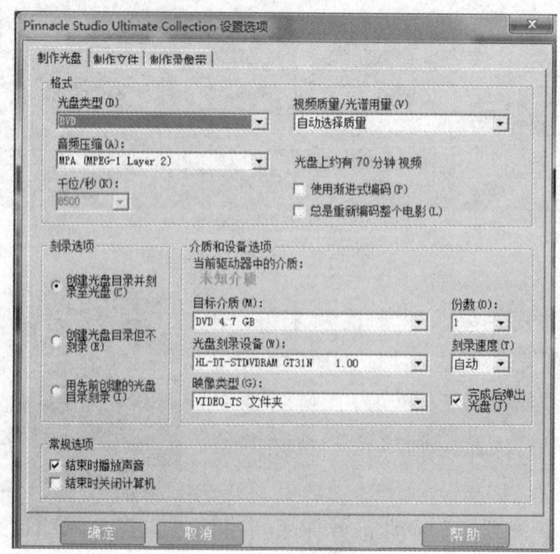

图 6-62　光盘属性设置

(3) 选择导出文件类型的视频方式，默认导出的格式为.avi 文件，如图 6-63 所示。也可以选择其他文件格式，如图 6-64 所示。

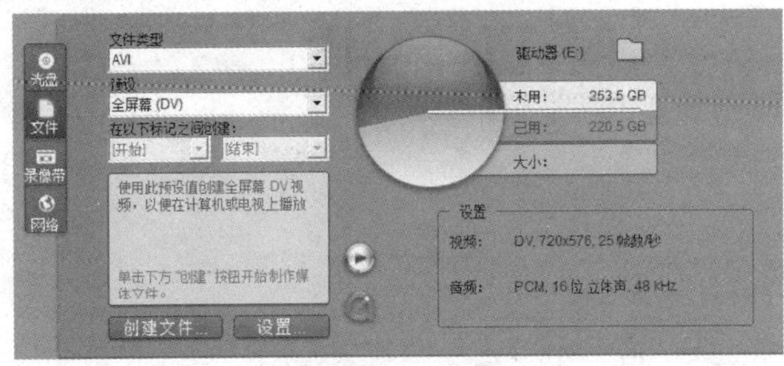

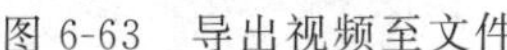

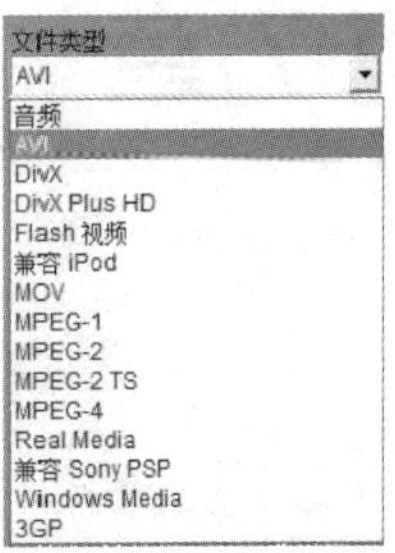

图 6-63　导出视频至文件

图 6-64　文件类型选择

(4) 单击“设置”按钮，可以对导出文件格式的属性进行设置，如图 6-65 所示。单击“确定”按钮，生成文件。

(5) 文件导出后，关闭软件，会弹出询问“保存更改到我的电影.stx”对话框，单击“是”按钮，保存工作空间，如图 6-66 所示。

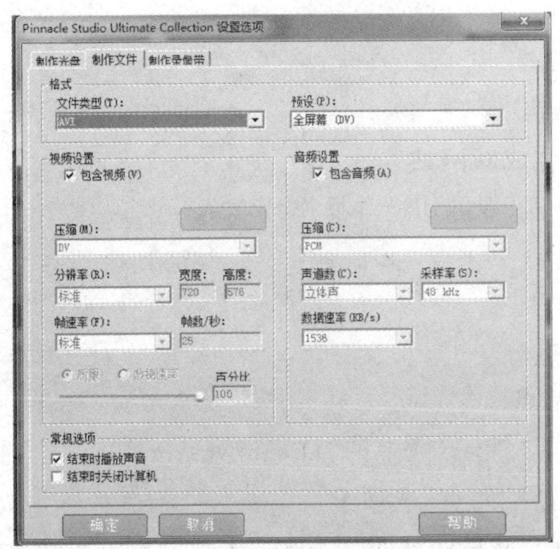

图 6-65　文件属性设置

图 6-66　保存工作空间

三、实验任务

1. 采集一段视频。
2. 为视频添加标题。
3. 为视频制作过渡效果。
4. 导出视频。

四、思考题

1. 为什么视频需要过渡画面？
2. 导出的文件属性的不同设置对视频有什么影响？

第7章 网页制作

实验环境

1. 中文 Windows 7 操作系统
2. Dreamweaver CS 5 应用软件

实验1 网站的创建与管理

一、实验目的

1. 了解网站的基本概念及网站的组织结构
2. 学会使用 Dreamweaver CS 5 定义并生成新网站
3. 掌握利用文件目录对网站进行组织管理、视图切换等操作
4. 了解网站和网页的关系

二、案例

1. 用 Dreamweaver CS 5 定义一个本地站点

(1) 启动 Dreamweaver CS 5,单击开始页“新建”框中的“Dreamweaver 站点”选项,出现“站点设置对象 未命名站点 2”的对话框,选择“站点”选项卡。

(2) 在“站点名称”文本框中输入站点名称“我的个人网站”,在“本地站点文件夹”文本框中输入站点根目录名:D:\newweb,如图 7-1 所示。单击“保存”按钮。

2. 在站点中建立文件夹及网页文件

(1) 在“文件”面板中右键单击站点根文件夹“站点-我的个人网站(D:\newweb)”,在快捷菜单中选择“新建文件夹”命令,新建一个名为 images 的文件夹,该文件夹将用来存放网站中的所有图像文件。

(2) 同样方法,在站点的根文件夹下建立一个名为 document 的文件夹和一个名为 index 的网页文件,如图 7-2 所示。

(3) 在 document 文件夹中创建 2 个网页文件,文件名分别为 home. html 和 song. html。

3. 将已有的图片文件导入站点文件夹中

(1) 在“文件”面板的站点名称下拉列表中选择网站中需要的图片文件,单击鼠标右键,

在快捷菜单中选择的“编辑”→“拷贝”命令。

(2) 在站点名称下拉列表中重新选择站点名称“我的个人网站”。

(3) 右键单击站点根目录下的 images 文件夹，在快捷菜单中选择“编辑”→“粘贴”命令，将图片文件复制到 images 下。

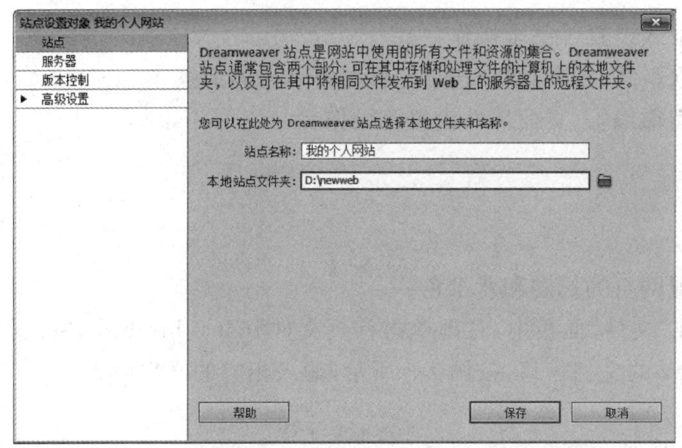

图 7-1　站点设置

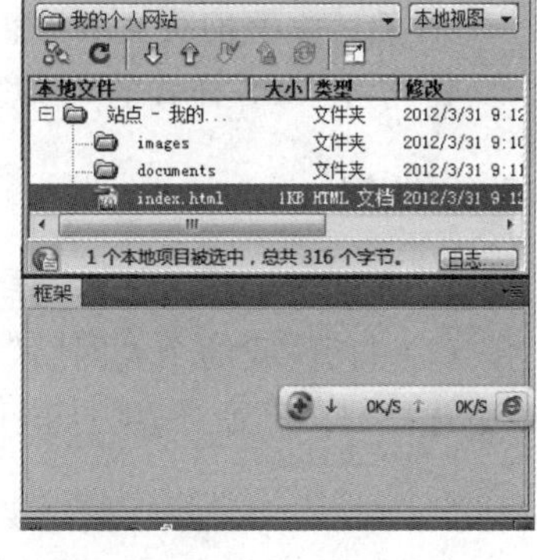

图 7-2　在站点下创建文件夹

4. 导出站点，生成. ste 文件

(1) 在“文件”面板的“站点名称”下拉列表中选择“管理站点”选项，打开“管理站点”对话框。

(2) 选中“我的个人网站”，单击“导出”按钮。

(3) 在打开的“导出站点”对话框中选择文件保存在 D:\上，单击“保存”按钮。

(4) 最后单击“管理站点”对话框中的“完成”按钮。

三、实验内容

1. 新建一个本地站点，站点名称为“我的练习网站”。

2. 在“我的练习网站”下建立子目录 PICTURE。

3. 在网络中搜索一些图片文件，将这些图片文件导入到“我的练习网站”的 PICTURE 子目录中。

4. 在“我的练习网站”下建立 4 个网页文件，分别为：Index. html、page1. html、page2. html、page3. html。

5. 导出站点，生成“我的练习网站. ste”文件。

四、思考题

1. 新建站点时是否必须设置本地文件夹？

2. 文件面板的扩展视图与普通视图相比有何优势与不足？在什么情况下使用扩展视图更加合适？

实验 2　网站设计的基本操作

一、实验目的

1. 掌握网页中文本的输入、格式设置等基本操作
2. 掌握在网页中插入图像、水平线、日期、多个连续空格等特殊内容的操作
3. 熟练掌握网页文本编辑、图像编辑、页面属性设置等操作
4. 学会 CSS 样式的定义

二、案例

1. 在网页中输入文本，并设置网页的标题和背景色

(1) 打开“我的个人网站”：在“文件”面板中，右键单击首页文件 index.html，在快捷菜单中选择“打开”命令，则打开 index 的文档窗口，按图 7-3 所示，输入相应的文字内容。

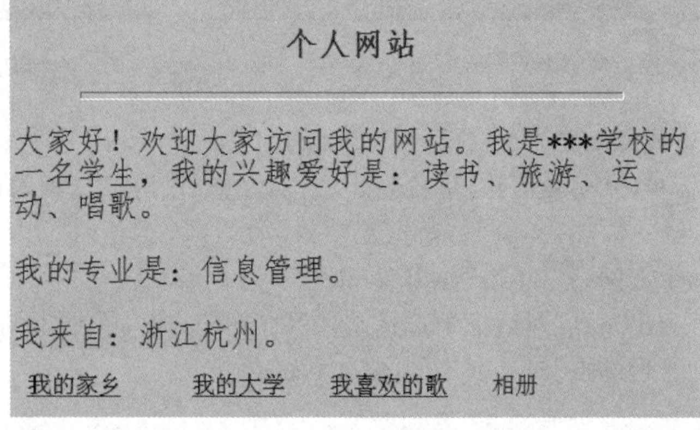

图 7-3　index 文档窗口

HTML 只允许字符之间包含一个空格，若需要输入多个空格，可单击“插入”面板的“文字”类别中的 PRE 按钮。

(2) 执行“修改”→“页面属性”命令，在“页面属性”对话框选择“外观(CSS)”分类，设置文本颜色为＃36C，设置背景颜色为＃CF6。选择“标题/编码”分类，在“标题”文本框内输入“我的网站”，单击“确定”按钮。

(3) 执行“文件”→“保存”命令，将正在编辑的网页文件保存起来。执行“文件”→“在浏览器中预览”→IExplore 命令，打开 IE 浏览器，查看网页的制作效果。

2. 在网页中插入水平线、日期、特殊符号

(1) 将光标定位在第一行文字的末尾处，单击“插入”面板中的“常用”类别中的“水平线”按钮，在第一行文字下方插入水平线。通过“属性”面板设置水平线宽度为 90%，高度为 4，对齐方式为居中对齐，阴影。

(2) 将光标定位最后一行文字的下方，单击“插入”面板中的“常用”类别中的“日期”按钮，在“插入日期”对话框中选择一种日期格式，选中“储存时自动更新”复选框，单击“确定”

按钮。

(3) 在日期右侧按 Shift+Enter 组合键,输入软回车。

(4) 在文档末尾输入文字"版权所有",执行"插入"→HTML→"特殊字符"→"版权"命令,则在光标处输入"©"符号。

3. 设置文本及段落格式

(1) 选取第一行文字"个人网站",执行"格式"→"字体"→"仿宋"命令,在"新 CSS 规则"对话框的"选择名称"中输入名称". a1",单击"确定"按钮。

(2) 选取第一行文字"个人网站",选择"属性"面板上的 CSS 选项,单击"粗体"和"斜体"按钮。

(3) 选取第一行文字"个人网站",执行"格式"→"对齐"→"居中对齐"命令。

4. 设置文本的超链接,设置链接目标,保存、预览和关闭文件

(1) 选取最后一行文本中的"我的家乡"4 个字,选择"属性"面板上的 HTML 选项,在"链接"框右侧单击"浏览文件"按钮,打开"选择文件"对话框。通过浏览选择 document 子目录中的名为 home. html 文件,然后单击"确定"按钮。

(2) 执行"文件"→"保存"命令,按 F12 键,进行预览。执行"文件"→"关闭"命令。

5. 打开已有文件,插入图片并设置图片属性

(1) 执行"文件"→"打开"命令,在对话框中选择要打开的文件 index. html。

(2) 将光标定位在文档的第三行末尾处,执行"插入"→"图像"命令,在"插入图像源文件"对话框中选择 images 子目录中的一个图片文件。

(3) 在图像的"属性"面板中输入宽度和高度为 300 和 240 像素。对齐方式为右对齐。

6. 插入鼠标经过图像

(1) 将光标定位在文档的末尾处,执行"插入"→"图像对象"→"鼠标经过图像"命令。

(2) 在"插入鼠标经过图像"对话框中,单击"原始图像"右侧的"浏览"按钮,打开"原始图像"对话框,选择 images 子目录中的一个图片文件,单击"确定"按钮。

(3) 单击"鼠标经过图像"右侧的"浏览"按钮,打开"鼠标经过图像"对话框,选择 images 子目录中的另外一个图片文件,单击"确定"按钮。

(4) 选定图像,在"属性"面板中设置图像的宽度和高度分别为 300 和 240 像素。

(5) 单击文档工具栏中"实时视图"按钮,在实时视图中预览当前文档,当鼠标指针经过该图像时显示第二幅图像。

7. CSS 样式的自定义和应用

(1) 将光标定位在文本的任意处,单击"属性"面板的 CSS 按钮,在"目标规则"中选择"＜新 CSS 规则＞",单击"编辑规则"按钮,在"新建 CSS 规则"对话框中,"选择器类型"的下拉列表中选择"类(可用于任何 HTML 元素)",在"选择器名称"框中输入名称". a2",单击"确定"按钮。

(2) 在". a2"的 CSS 规则定义"对话框中,选择"类型"分类,在 font-family 中选择"仿宋",在 font-size 中选择 24,选择 underline 复选框,选择 color 为#F00,单击"确定"按钮。

(3) 选取文档中的第一段文字,单击"属性"面板"目标规则"下拉列表中的". a2"的 CSS 样式。

三、实验任务

1. 打开“我的练习网站”中的网页文件 Index. html，输入介绍自己情况的相关文字。
2. 设置网页的标题及背景色属性。
3. 对网页中的文本格式进行设置。
4. 在网页中插入图像文件并设置图像的属性。
5. 在网页中插入鼠标经过图像。

四、思考题

1. 格式化文字包括哪些操作？如何实现？
2. 格式化段落包括哪些操作？如何实现？
3. 同时设置网页的背景颜色和背景图像，预览时会如何显示？

实验 3　网页设计的超链接和多媒体应用

一、实验目的

1. 熟练掌握各种超级链接的设置方法
2. 掌握多媒体对象 Flash 和声音文件的插入及播放
3. 掌握多媒体对象视频文件的插入和播放

二、案例

1. 设置网站外部超链接

打开“我的个人网站”的首页文件 index. html，选择文本“我的大学”，执行“插入”→“超级链接”命令，打开“超级链接”对话框，在“链接”文本框中输入一个网址 http://www. tsinghua. edu. cn，在“目标”下拉列表框中选择 new，如图 7-4 所示，单击“确定”按钮。

图 7-4　“超级链接”对话框

2. 设置网站内部超链接

在首页文件 index. html 中，选择文本“我喜欢的歌”，执行“插入”→“超级链接”命令，打开“超级链接”对话框，单击“链接”文本框右侧的“浏览”按钮，在“选择文件”对话框中选择document\song.html 文件，单击“确定”按钮。

3. 设置电子邮件超链接

将光标定位在首页 index.html 的最后一行，输入文字“请与我联系”，选中该文本，执行“插入”→“电子邮件链接”命令，打开“电子邮件链接”对话框，在“电子邮件”文本框中输入链接的电子邮件地址，如 lihong2012@sina.com，单击“确定”按钮。

4. 设置图像热点超级链接

选中首页 index.html 中的图像，在“属性”面板中单击“矩形热点工具”按钮，沿着图片左上方的图片边沿拖动鼠标，释放鼠标后，在“属性”面板中单击“链接”右侧的“浏览”按钮，选择 home.html 文件。

5. 插入 Flash 文件，设置 Flash 属性并播放

(1) 打开 home.html 文件，将光标定位在要插入 Flash 文件的位置处，执行“插入”→“媒体”→SWF 命令。在打开的“选择 SWF”对话框中选择要插入的 Flash 动画文件，单击“确定”按钮。

(2) 选取上述插入的 Flash 对象，在“属性”面板中设置“宽”为 300 像素，“高”为 100 像素，品质为“高品质”。

(3) 单击“播放”按钮，查看动画效果，单击“停止”按钮，停止播放。选取“自动播放”复选框。

6. 添加背景音乐和视频，设置属性并播放

(1) 打开 home.html 文件，输入文字“我的家乡”。将光标定位在要插入音频文件的位置处，执行“插入”→“媒体”→“插件”命令。在打开的“选择文件”对话框中选择要插入的音频文件，单击“确定”按钮。

(2) 将光标定位在要插入视频文件位置处，执行“插入”→“媒体”→“插件”命令。在打开的“选择文件”对话框中选择要插入的视频文件，单击“确定”按钮。

(3) 分别选取上述插入的对象，在“属性”面板中设置“宽”和“高”，以适应页面的需要。

三、实验任务

1. 打开“我的练习网站”中的网页文件 Index.html，创建首页到本网站其他网页的文字超链接。
2. 在首页中设置电子邮件和图像热点超链接。
3. 在名为 page1 的网页中插入一个 Flash 文件并设置其属性。
4. 在 page1 的网页中插入一个音频文件并设置其属性。
5. 在 page1 的网页中插入一个视频文件并设置其属性。

四、思考题

1. 网页中超级链接方式有多种，它们各有什么特点？
2. 超级链接可以设置链接目标，其作用是什么？
3. 如何将网页中的一幅图片的多个位置链接到不同的目标上？

实验4　网页设计的布局

一、实验目的

1. 学会在网页中插入表格
2. 掌握表格和单元格的属性设置
3. 掌握利用表格布局网页
4. 掌握在表格中插入文本和图像
5. 学会框架和框架集的创建和保存
6. 掌握框架面板的使用以及框架和框架集的属性设置、框架超链接的设置

二、案例

1. 在网页中插入表格，设置表格和单元格的属性

(1) 在"我的个人网站"中打开名为 song. html 的网页，执行"插入"→"表格"命令，在"表格"对话框中设置表格参数为 6 行 2 列，设置表格宽度为 500 像素，设置边框粗细为 0，单击"确定"按钮。

(2) 选中表格的第一行的所有单元格，执行"修改"→"表格"→"合并单元格"命令，在表格的第一行输入文字"音乐排行榜"，设置文字大小为 24，字体颜色为 ＃C06，对齐方式为居中。

(3) 将光标定位在表格的其他单元格，按照如图 7-5 所示，在表格第一列输入歌名，在表格第二列输入歌手姓名，并设置文字的大小、颜色和对齐方式。

(4) 选中整个表格，在"属性"面板的"对齐"下拉框中选择"居中对齐"、"背景颜色"选择浅黄色。

音乐排行榜	
荷塘月色	凤凰传奇
怒放的生命	汪峰
滴答	南风
爱情转移	陈奕迅
红豆	王菲

图 7-5　表格编辑

(5) 执行"文件"→"保存"命令。

2. 创建一个框架集网页，在各框架内添加内容

(1) 执行"文件"→"新建"命令，打开"新建文档"对话框，在左侧栏中选择"示例中的页"选项，在"示例文件夹："列表框中选择"框架页"选项，在"示例页"列表框中选择"上方固定，左侧嵌套"选项，如图 7-6 所示。

(2) 将光标定位在上方框架中，输入文字"在路上"，设置文字大小、颜色及对齐方式。将光标定位在左侧框架中，按照图 7-7 输入相应的文字。

(3) 将光标定位在主框架中，插入一个 2 行 2 列的表格，设置表格各单元格宽度、高度分别为 400 像素和 300 像素。

(4) 在 4 个单元格中分别插入一个大小为 400×300 的图片，如图 7-7 所示。

(5) 保存框架集及各框架网页，文件名分别为 travel. html，top. html，left. html 和 main. html。

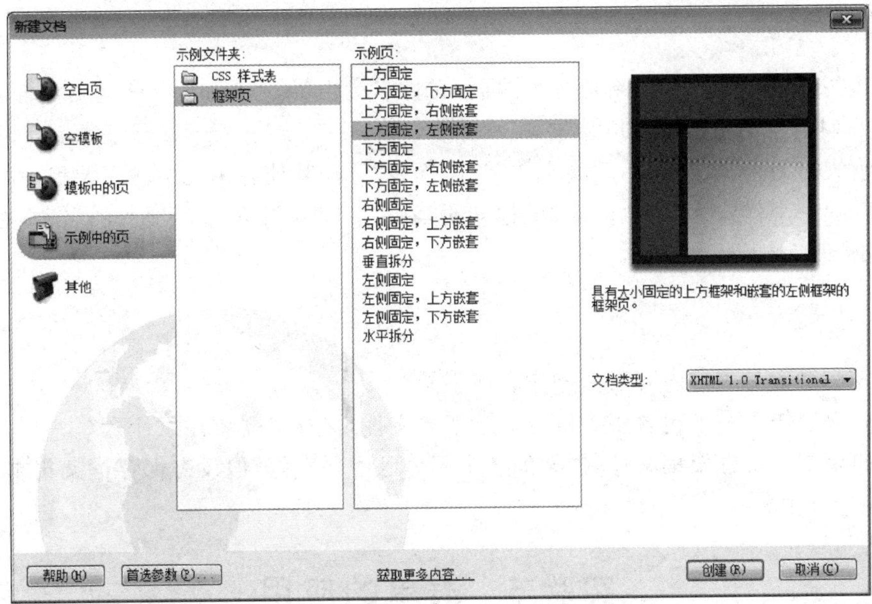

图 7-6 “新建文档”对话框

图 7-7 在单元格中插入图片

3. 设置框架集和框架的超级链接

(1) 在 document 文件夹中新建 5 个网页，文件名分别为：hangzhou. html，guilin. html，nanchan. html，xiamen. html 和 yuntaishan. html，网页内容分别是介绍各旅游景点的文字和图片。

(2) 打开框架网页 travel. html，选中左框架中的“福建厦门”4 字，在“属性”面板中单击“链接”右侧的“浏览文件”按钮，选择 document 文件夹中的 xiamen. html，在“目标”下拉框中选择 mainframe，表示单击该链接在右侧的主框架中将打开 xiamen. html 文件。

(3) 依此类推，分别选中左框架中的另外 4 行文字并设置它们的超链接。

(4) 保存框架网页。执行“文件”→“在浏览器中预览”→IE 命令，打开 IE 浏览器，查看框架网页的效果。

三、实验任务

1. 在“我的练习网站”中新建一个网页，文件名为 biaoge. html，在该网页中插入一个 7 行 6 列的表格，表格宽度为 600 像素，居中对齐。

2. 将表格的第 1 行合并，并输入文字“课程表”。在其他各单元中输入课程表的内容。

3. 新建一个样式为“左侧固定”的框架页，在左框架中显示多门课程的名称，右侧框架中显示相应课程的课程简介。

四、思考题

1. 表格对齐与表格内容对齐操作有何不同？

2. 如果制作了一个包含多个框架的框架集文件，保存时需要注意什么？

3. 如果制作了框架集文件，框架的各个部分已经保存好，但没有保存框架集本身，浏览时会出现什么现象？

实验 5　表单的应用

一、实验目的

1. 学会网页中表单的制作和属性设置

2. 熟练掌握表单中各表单项的插入及属性设置

二、案例

1. 新建网页

在“我的个人网站”中新建一个名为 zhuce. html 的网页文件，网页标题为“用户注册表”。具体内容及格式安排如图 7-8 所示。

(1) 执行“文件”→“新建”命令，新建一个空白网页。

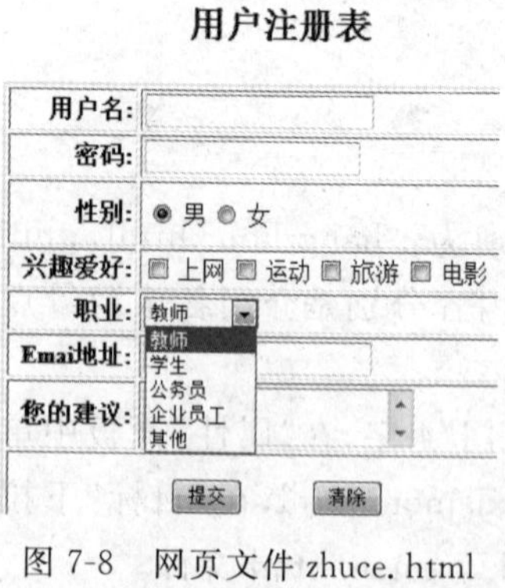

图 7-8　网页文件 zhuce. html

(2) 在窗口的“标题”框中输入标题“用户注册表”，在文档顶部输入文字“用户注册表”。

2. 插入表单域，在表单域中添加表格和文字

(1) 将光标定位在文字下方，执行“插入”→“表单”→“表单”命令，则在光标处插入了红色虚线表单域。

(2) 将光标定位在红色虚线框中，执行“插入”→“表格”命令，在“表格”对话框中设置表格参数，行数为 8，列数为 2，宽度为 200 像素。

(3) 按照图 7-8 所示，在表格的第 1 列输入相应的文字。设置第 1 列各单元格对齐方式为右对齐。

3. 插入各种表单对象并设置属性

(1) 将光标定位在“用户名”右侧的单元格中，在“插入”面板中选择“表单”类别，单击“文字字段”按钮，创建一个文本域。在“属性”面板中设置其类型为“单行”。同样方法，在

“密码”右侧单元格中插入一个文本域，其类型为“密码”。在“Email 地址”的右侧单元格中插入一个类型为“单行”的文本域。在“您的建议：”右侧单元格中插入一个类型为“多行”的文本域。

(2) 将光标定位在“性别”右侧的单元格中，单击“表单”对象面板中的“单选按钮组”按钮，出现“单选按钮组”对话框，在对话框中的“标签”中输入“男”，“值”为 1。单击对话框中的“＋”按钮，添加一项，“标签”中输入“女”，“值”为 2。在“布局使用”部分选择“表格”，最后单击“确定”按钮。通过合并单元格将两行合并为一个单元格。

(3) 将光标定位在“兴趣爱好”右侧的单元格中，单击“表单”对象面板上的“复选框”按钮，创建一个复选框，在复选框的旁边单击，然后输入标签文字 “上网”。同样方法，再插入三个复选框，标签分别为：“运动”、“旅游”、“电影”。

(4) 将光标定位在“职业”右侧的单元格中，单击“表单”对象面板上的“列表/菜单”按钮，插入一个下拉列表。单击“属性”面板上的“列表值”按钮，打开“列表值”对话框，在“项目标签”列输入文字“教师”，“值”为 1，单击“＋”按钮，添加其他文字选项，如图 7-9 所示。

(5) 将光标定位在表格的最后一行，单击“表单”对象面板上“按钮”按钮，插入一个“值”和“动作”为“提交”的按钮。同样方法插入一个“值”为“清除”、“动作”为“重设表单”的按钮。

(6) 执行“文件”→“保存”命令，保存该网页。

三、实验任务

1. 在“我的练习网站”中新建一个网页，文件名为 diaocha. html。
2. 按照图 7-10 所示的样张，设计“用户调查表”表单。

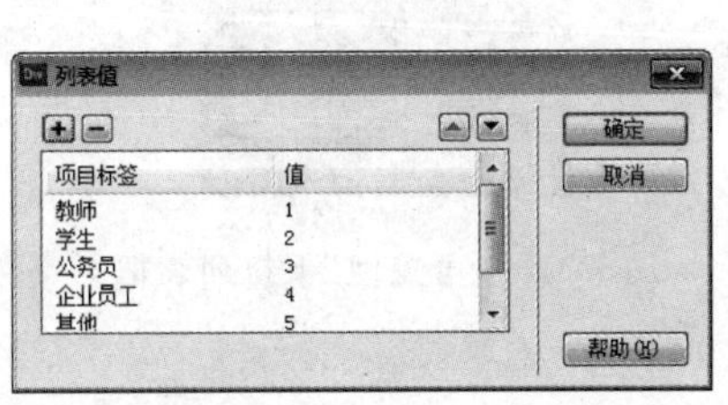

图 7-9 “列表值”对话框

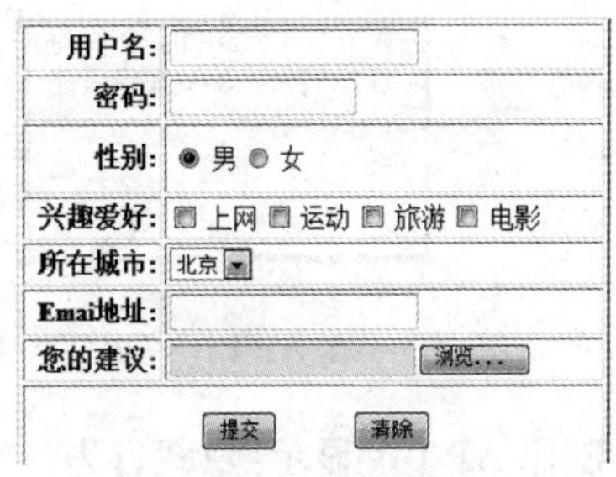

图 7-10 样张

3. 表单中的用户名字符数为 20，密码字符数为 10。
4. 表单中的“所在城市”为菜单项，内容为“北京”、“上海”、“天津”、“重庆”、“广州”和“南京”。

四、思考题

1. 表单中表单域的作用是什么？
2. 表单的内容如何通过 Email 提交？
3. 表单中如果有两组单选项，要使它们互相独立，应如何实现？

实验6 网站中行为特效的应用

一、实验目的

1. 了解 Dreamweaver CS 5 的行为概念
2. 学会利用行为控制 AP Div 显示/隐藏
3. 学会 Spry 行为特效的制作

二、案例

1. 在"我的个人网站"中新建一个名为 texiao.html 文件

(1) 打开"我的个人网站",执行"文件"→"新建"命令,选择"空白页"和 HTML 页面类型,单击"创建"按钮。

(2) 执行"文件"→"保存"命令,在"另存为"对话框中,输入文件名 texiao.html,单击"保存"按钮。

2. 插入图片,制作 AP Div 文字,并设置隐藏属性

(1) 执行"插入"→"图像"命令,在打开的"选择图像文件"对话框中选择要插入的图像文件,单击"确定"按钮。

(2) 选定插入的图片,执行"插入"→"布局对象"→AP Div 命令,在图片右侧出现 AP Div 框,在 AP Div 框中输入文字,如图 7-11 所示。

(3) 选定该 AP Div 框,在"属性"面板的"可见性"下拉列表框中选择 hidden,如图 7-12 所示。

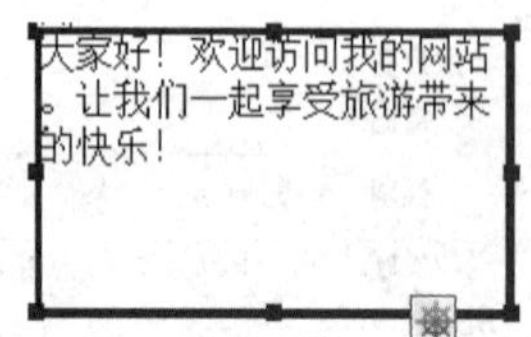

图 7-11 在 AP Div 框中输入文字

图 7-12 "可见性"下拉列表框

3. 制作 AP Div 显示/隐藏行为

要求当鼠标指向图片时,显示 AP Div 中的文字;当鼠标离开该图片时,隐藏 AP Div 中的文字。

(1) 选定图片,执行"窗口"→"行为"命令,打开"行为"面板。

(2) 单击"行为"面板上的"添加行为"按钮,选择"显示-隐藏元素"行为,在如图 7-13 所示的"显示-隐藏元素"对话框中单击"显示"按钮。

(3) 单击"行为"面板上"事件"的下拉列表,选择 onMouseOver 事件,如图 7-14 所示。

(4) 重复步骤(2)和步骤(3),添加隐藏行为,事件为 onMouseOut。

(5) 保存文件,按 F12 键预览,可预览显示/隐藏 AP Div 效果。

4. 制作图像缩放 Spry 行为特效

要求当鼠标移到图像上时,图像从 10%放大至 100%。

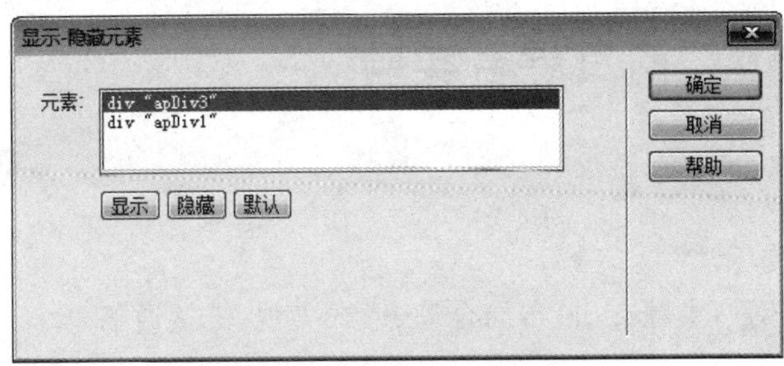

图 7-13 “显示-隐藏元素”对话框

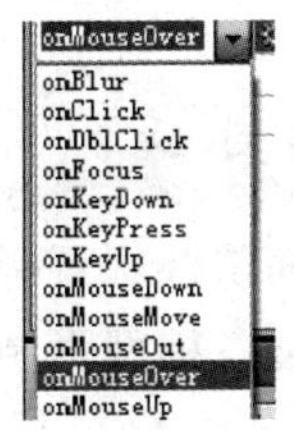

图 7-14 “事件”的下拉列表

(1) 将光标定位在第二行，执行“插入”→“图像”命令，在打开的“选择图像文件”对话框中选择要插入的图像，单击“确定”按钮。

(2) 单击“行为”面板上的“添加行为”按钮，选择“效果”下的“增大/收缩”行为，在如图 7-15 所示的“增大/收缩”对话框中，将“效果”改为“增大”，将“增大自”改为 10%。

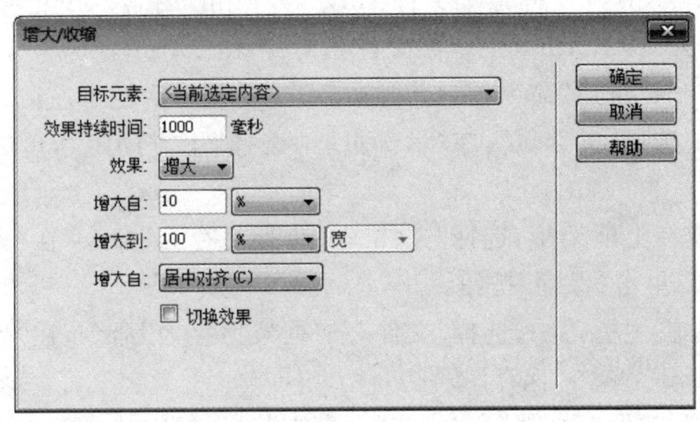

图 7-15 “增大/收缩”对话框

(3) 单击“行为”面板上“事件”的下拉列表，选择 onMouseOver 事件。

(4) 保存文件，按 F12 键预览，可看到效果。

三、实验任务

1. 在“我的练习网站”中新建一个网页，在该网页中插入一幅图片，在图片旁添加 AP Div 文字。

2. 隐藏 AP Div 文字，制作图片的行为，当鼠标指向图片时，显示 AP Div 中的文字；当鼠标离开该图片时，隐藏 AP Div 中的文字。

3. 在原图像下插入另一幅图片，并制作图像缩放 Spry 行为特效，当鼠标移到该图像上时，图像从 100%收缩至 10%。

四、思考题

1. 一个行为包括事件和动作，它们之间是什么关系？

2. 当制作好一个行为之后，为什么往往还需要修改事件？

3. Spry 行为特效有几种？它们需要 AP Div 元素吗？

实验7　网页综合实验

一、实验目的

1. 全面掌握网页制作的各种技巧
2. 综合各种网页制作技术，使网站主题突出、布局合理、形式美观、链接通畅

二、案例

1. 新建一个名为“我的站点”本地站点

执行“站点”→“新建站点”命令，在“站点名称”文本框中输入站点名字“我的站点”，在“本地站点文件夹”文本框中输入站点根目录名：D:\mynewweb，单击“保存”按钮。

2. 创建框架文件

在站点“我的站点”中新建框架集文件 shiyan7.html，内含两个框架文件（“上方固定”型）；顶框架文件名为 top1.html，主框架文件名为 main1.html。

(1) 执行“文件”→“新建”命令，在打开的“新建文档”对话框中左侧选择“示例中的页”，在“示例文件夹：”中选择“框架页”，在“示例页”中选择“上方固定”，单击“创建”按钮，再单击“确定”按钮。

(2) 将光标定位在上框架中，选择“文件”→“框架另存为”命令，在“另存为”对话框中输入文件名 top1.html，单击“保存”按钮。

(3) 将光标定位在主框架中，选择“文件”→“框架另存为”命令，在“另存为”对话框中输入文件名“main1.html”，单击“保存”按钮。

(4) 执行“文件”→“保存全部”命令，在“另存为”对话框中选择文件夹，输入框架集文件名 shiyan7.html，单击“保存”按钮。

3. 参照图7-16制作上框架网页 top1.html

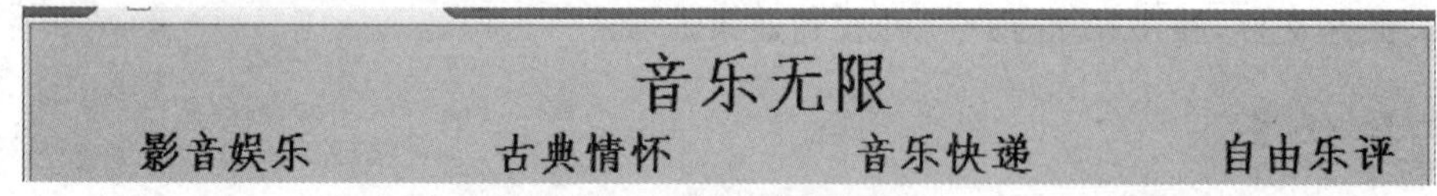

图7-16　上框架网页

(1) 打开网页文件 top1.html，执行“修改”→“页面属性”命令，在“页面属性”对话框的“外观(CSS分类)”选项卡中设置背景颜色为＃CF6，文本颜色为＃309，单击“确定”按钮。

(2) 执行“插入”→“表格”命令，设置表格参数，行数为2，列数为4，表格宽度为800，边框为0，间距为0，边距为4，单击“确定”按钮。

(3) 在“属性”面板中将表格对齐方式设置为“居中对齐”。拖动鼠标选取所有单元格，执行“格式”→“对齐”→“居中对齐”命令。

(4) 选取表格第一行的4个单元格，执行“修改”→“表格”→“合并单元格”命令。在表格的第一行输入文字“音乐无限”，选取文字，在“属性”面板中设置字体大小为36，字体为“仿宋”。

(5) 按照样张，在表格第二行输入相应文字，设置字体大小为 24，字体为“仿宋”。

(6) 执行“文件”→“保存”命令，保存上框架网页文件。

4. 参照图 7-17 制作主框架网页 main1. html

图 7-17 主框架网页 main1. html

(1) 打开主框架网页 main1. html，设置背景颜色为＃CF6，文本颜色为＃309。

(2) 执行“插入”→“表单”→“表单”命令，添加一表单域，在红色虚线框中插入 3 行 1 列的表格，设置边框为 0，间距为 0，边距为 0，表格居中，表格内容居中。

(3) 将光标定位在表格的第一行，按照样张输入文字“会员 ID：”，并在其后插入一个文本字段，在“属性”面板中设置该文本字段的“类型”为“单行”，“字符宽度”为 10。输入文字“密码”，在其后插入一个文本字段，在“属性”面板中设置该文本字段的“类型”为“密码”，“字符宽度”为 10。

(4) 将光标定位在表格的第二行，按照样张添加“登录”按钮。选取表单域，在“属性”面板的“动作”框内输入 mailto：pass@sina. com，如图 7-18 所示。

图 7-18 添加“登录”按钮

(5) 添加“重填”按钮，并在“属性”面板中将“重填”按钮的动作设为“重设表单”。

(6) 将光标定位在表格的第三行，按照样张输入文字“加入会员请发 Email：”，执行“插入”→“超级链接”命令，在对话框中的文本行和链接框内输入 music@www. play. com. cn，单击“确定”按钮。

(7) 执行“文件”→“保存”命令，保存主框架网页文件。

5. 参照图 7-19 制作网页文件 move. html

(1) 新建一个名为 move. html 的网页文件，设置页面背景颜色为＃CF9，文本颜色为＃309。

(2) 插入一个 7 行 2 列表格，边框为 0，间距为 0，边距为 0。

(3) 合并表格第 2 列的 2～7 行，设置表格居中，表格内容居中。

(4) 按照样张在各单元格输入文字，网页左侧的三张图片为鼠标经过图像图片。

(5) 按照样张在表格右侧插入图片。在该图片上的文字区域上建立矩形图像热点，当单击图片的文字区域时能够返回 shiyan7. html 框架集页。在“目标”下拉列表中选择_parent。

(6) 保存文件。

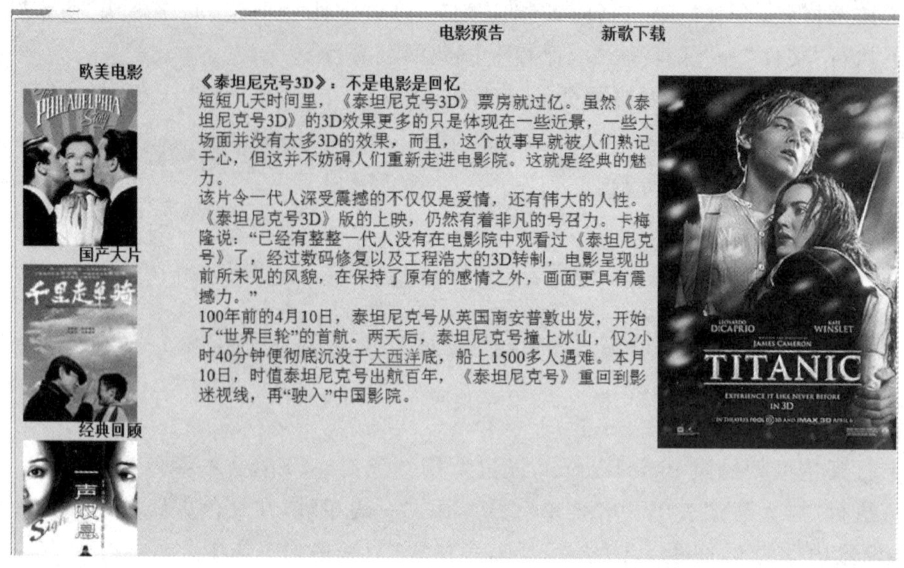

图 7-19　网页文件 move. html

(7) 打开 top1. html 网页文件，选择文字"影音娱乐"，单击"属性"面板上"链接"旁的"浏览文件"按钮，选择 move. html 文件。在"目标"下拉列表中选择 mainFrame。执行"文件"→"保存"命令。

(8) 最后预览框架效果如图 7-20 所示。

图 7-20　预览框架效果

三、实验任务

按照下列要求，自行设计一个网站：

(1) 选择一个主题，收集相关的素材，如文字、图片、声音、动画和视频等。

(2) 定义站点，并将所有素材存放在该站点下。

(3) 新建一个框架集文件“lx7.html”,利用表格和框架布局网页。

(4) 利用CSS样式设置文本、段落的属性。

(5) 在设计的网页中插入多媒体插件,如声音文件、视频及Flash动画等。

(6) 在设计的网页中建立多个超级链接,如图像热点链接、锚点链接等。

(7) 全部完成后,保存全部框架文件和框架集文件并预览。

(8) 保存站点并导出站点。

四、思考题

1. 网页设计流程中需要注意哪些问题?
2. 在网页设计中如何实施技术整合?
3. 分析和介绍你所设计的网页有哪些特点?

参考文献

[1] 郭风,朱韶红.大学计算机基础实验教程.北京:航空工业出版社,2006.

[2] 刘永.大学计算机基础.北京:清华大学出版社,2011.

[3] 闫鲁超,李娜,陈月娟.Windows 7+Office 2007 入门与提高.北京:希望电子出版社,2010.

[4] 九州书源.电脑入门 Windows 7+Office 2010 版(第 2 版).北京:清华大学出版社,2011.

[5] 卢湘鸿.计算机应用教程(第 7 版)(Windows 7 与 Office 2007 环境).北京:清华大学出版社,2011.

[6] 张博.计算机网络技术与应用.北京:清华大学出版社,2010.

[7] 智丰工作室.Dreamweaver CS 5 入门与提高.北京:希望电子出版社,2011.